D1639850

BIOS – Das Buch

Rainer Koffmane

BIOS – Das Buch

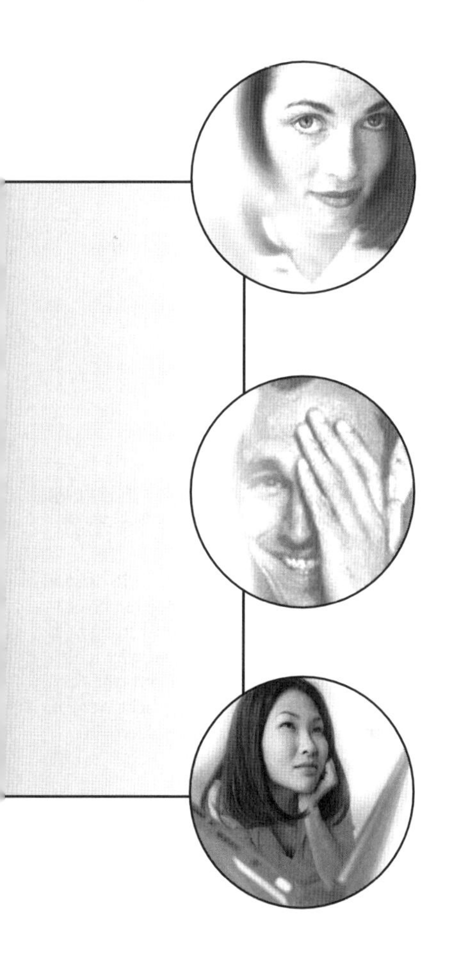

Fast alle Hard- und Software-Bezeichnungen, die in diesem Buch erwähnt werden, sind gleichzeitig auch eingetragene Warenzeichen und sollten als solche betrachtet werden. Der Verlag folgt bei den Produktbezeichnungen im wesentlichen den Schreibweisen der Hersteller.

Der Verlag hat alle Sorgfalt walten lassen, um vollständige und akkurate Informationen in diesem Buch bzw. Programm und anderen evtl. beiliegenden Informationsträgern zu publizieren. SYBEX-Verlag GmbH, Düsseldorf, übernimmt weder die Garantie noch die juristische Verantwortung oder irgendeine Haftung für die Nutzung dieser Informationen, für deren Wirtschaftlichkeit oder fehlerfreie Funktion für einen bestimmten Zweck. Ferner kann der Verlag für Schäden, die auf eine Fehlfunktion von Programmen, Schaltplänen o.ä. zurückzuführen sind, nicht haftbar gemacht werden, auch nicht für die Verletzung von Patent- und anderen Rechten Dritter, die daraus resultiert.

Projektmanager: Katja Roth
Endkontrolle: Mathias Kaiser Redaktionsbüro, Düsseldorf
Satz: reemers publishing services gmbh, Krefeld
Umschlaggestaltung: Guido Krüsselsberg, Ratingen
Farbreproduktionen: More Colour, Meerbusch
Belichtung, Druck und buchbinderische Verarbeitung: Media-Print, Paderborn

ISBN 3-8155-0024-9

1. Auflage 2001

Printed in Germany

Vorwort

In einer Zeit, in der die neueste Technik im Halbleiterbereich und gerade in der Computerbranche derartig schnell überholt ist und durch ständige Neuerungen ersetzt wird, kommt es zwangsläufig zu einem für den Käufer nachteiligen Effekt:

Computer müssen schnell gebaut werden, die nächste Generation steht schon in den Startlöchern und der Preisverfall des eben noch hochgepriesenen Highend-Rechners ist enorm. Viele Hersteller und auch Händler können sich die Zeit für ein optimales Setup des Rechners schon aus Kostengründen nicht nehmen.

Für den Käufer bedeutet das viel Geld für wenig Leistung, im Extremfall ist der Leistungssprung des neuen Rechners zu dem bisher verwendeten so gering, dass sich die Anschaffung gar nicht gelohnt hat.

Genau hier setzt dieses Buch an: Das, was Hersteller und Handel in vielen Fällen nicht bieten können – nämlich ein optimales, auf die jeweilige Hardware abgestimmtes Tuning – kann man selbst erledigen. Anhand der Beschreibungen einfach nachvollziehbar und in den meisten Fällen auch mit dem entsprechenden Hintergrund ausgerüstet, werden Sie zum gefragten Spezialisten im Bekanntenkreis. Denn Sie werden in der Lage sein, aus einem neu gekauften und mit den Standardwerten eingestellten PC ein Leistungsplus herauszuholen, das sich im Bereich von 30% bis 50% bewegt. Und das alles, ohne eine Mark zu investieren.

Dieses Buch ist auch dann eine nützliche Hilfe, wenn es darum geht, den Computer mit neuer Hardware aufzurüsten. Hier bekommen Sie das Rüstzeug für die neuen Einstellungen im Bios-Setup vermittelt und erfahren eine Menge über die Zusammenhänge innerhalb eines PC. Sie entscheiden ab sofort selbst, ob ein Neukauf lohnenswert ist oder Aufrüsten, Tuning oder Übertakten ausreicht. So können Sie eine Computergeneration auslassen und trotzdem auch der komplexeren Software ein stabiles, flinkes System als Arbeitspferd anbieten.

Übersichtlich nach Themen geordnet finden Sie alles, was Sie brauchen, wenn Sie Ihrem PC Leistungen entlocken wollen, von denen Sie bisher noch nichts ahnten:

- Wie kann man gefahrlos Prozessor und Grafikkarte übertakten?
- Wie kann man den Datenfluss im Bussystem optimieren?
- Was bringt dasTuning des Arbeitsspeichers?
- Welches sind die besten Einstellungen des Bios-Setup?

- Was, wenn Sie ein neues Bios brauchen?
- Wer ist der Hersteller Ihres Boards?

Antwort auf diese und noch viel mehr Fragen gibt dieses Buch. Dabei finden Sie immer noch kleine Tipps, die zwar direkt mit dem Bios nichts zu tun haben, aber großen Einfluss auf die Geschwindigkeit des PC nehmen.

Holen Sie aus Ihrem PC die wirklich volle Leistung und geben sich nicht damit zufrieden, was der Händler Ihnen gönnt. Sparen Sie Zeit, Geld und Ärger.

Viel Spaß dabei wünscht Ihnen

Rainer Koffmane

P.S. Auf der Begleit-CD finden Sie viele der hier vorgestellten Programme, die Ihnen helfen werden, Ihren Rechner zu optimieren. An der Stelle, an der lizenzrechtliche Probleme eine Veröffentlichung verhinderten, finden Sie zumindest Adressen zum Downloaden. Beachten Sie dabei bitte, dass sowohl die Inhalte der Webseiten als auch die dort zum Download angebotenen Programme in der alleinigen Verantwortung der jeweiligen Webmaster liegen. Laut eines Urteils des BGH müssen wir uns vom Inhalt verlinkter Webseiten distanzieren und tun das hiermit. Schäden, die durch den Einsatz der empfohlenen Software entstehen sollten, verantworten weder der Autor dieses Buches noch der Verlag.

Ein weiterer Hinweis erscheint unumgänglich: Die hier zusammengestellten Tipps und Verfahren zum Optimieren funktionieren auf den meisten Rechnern. Gerade an den Stellen, an denen Verfahren zum Übertakten beschrieben werden, wurde mit größter Sorgfalt gearbeitet. Trotzdem ist es auf Grund von Serienstreuungen in der Herstellung nicht 100%ig auszuschließen, dass die Hardware einen Schaden davonträgt. Deshalb übernehmen Sie die alleinige Verantwortung für Ihre Hardware und es liegt in Ihrer alleinigen Entscheidung, solche Tipps nachzuvollziehen. Nicht umsonst erlischt auch die Herstellergarantie.

Prozessoren – die CPU: für jeden Einsatz das Richtige

1

AMD, Intel & Co. – den richtigen Prozessor auswählen

Wer das Vergnügen hat, sich seinen PC von Grund auf selbst zusammenstellen zu können, der hat auch die Möglichkeit, das Gerät genau seinen Bedürfnissen anzupassen.

Die Anforderungen an den Prozessor, das Mainboard und die gesamte Peripherie können in Einsatzgebieten wie Office, Multimedia, Games, Internet oder Server kaum unterschiedlicher sein.

Da ein Hauptteil der zu bewältigenden Aufgaben vom Prozessor zu erledigen ist, gebührt ihm auch die größte Aufmerksamkeit bei der Auswahl.

Es macht wenig Sinn, viel Geld für einen Highend-Prozessor auszugeben, wenn man nur mal eben online seinen Kontostand überprüfen will oder sich hauptsächlich mit Office-Anwendungen beschäftigt. Andererseits wäre es schade, wenn man bei toll animierten Spielen die Effekte abschalten muss, nur um in den Genuss eines halbwegs flüssigen Spiels zu kommen.

Hat man sich einmal für einen Prozessor entschieden, dann ist auch die Auswahl des Mainboards (siehe *Kapitel 2: Mainboard – Optimierung schon beim Kauf*) in engere Grenzen gerückt, alles in allem also eine ziemlich komplexe Sache.

Damit die Auswahl ein wenig leichter fällt, finden Sie hier eine Übersicht über die derzeit im Handel erhältlichen Prozessoren und ihre Haupteinsatzgebiete:

Anwender	Betriebssystem	Programme	Empfehlung	MHz
Heim	Windows 98, Windows Me	Textverarbeitung, 3D Spiele, Internet, Bildbearbeitung, MP3-Bearbeitung	AMD Athlon, AMD K6-III, Intel Pentium III, Intel Celeron	700
Profi	Windows NT, Windows 2000	Video- oder Musikbearbeitung	Intel Pentium III, AMD Athlon	1000
Büro	Windows NT, Windows 2000	Textbearbeitung, Tabellenkalkulation, Präsentationen	Intel Pentium III, AMD Athlon	500
Server	Windows NT, Windows 2000, Linux	Applikationsserver, Internetserver	Multiprozessorsysteme	
Workstation	Windows NT, Windows 2000	Software-entwicklung, CAD Anwendungen	Intel Pentium III, AMD Athlon	

Wenn man sich die gewaltigen Preisunterschiede von unter DM 200,- für einen Pentium 233 MMX bis hin zu ca. DM 1400,- für einen Highend-Prozessor jenseits der Gigahertzgrenze verdeutlicht, wird klar, in welchen Größenordnungen schon beim Prozessorkauf gespart werden kann.

Mit ein paar Tricks kann man zum Beispiel aus einem Intel Celeron 300A (leider nicht mehr im Handel) bessere Benchmarkergebnisse erzielen als mit einem Pentium III 500, oder aus einem neu gekauften AMD Athlon-700 die Leistung eines Prozessors im 1GHz-Bereich herauskitzeln. Wie das funktioniert, wird im nächsten Abschnitt beschrieben.

Eingebaute Mehrleistung aktivieren

Hinweis: Mehrleistung mit Garantieverlust

In diesem Abschnitt werden Methoden und Verfahren vorgestellt, die zwar die Prozessorleistung erhöhen, aber den Verlust der Herstellergarantie nach sich ziehen. Für eventuell auftretende Schäden oder Datenverlust durch unsachgemäße Behandlung der Hardware haften weder der Autor noch der Verlag.

Sowohl Intel als auch AMD und andere Hersteller von CPUs haben eines gemeinsam: Bis zu einem gewissen Punkt ist die Produktion aller Prozessoren identisch. In einer Qualitätskontrolle wird dann entschieden, in welcher Leistungsklasse der gerade geprüfte Prozessor verkauft werden kann. Ab da trennen sich die Wege der „Rohlinge" und entsprechend ihrer Qualität werden die verschiedenen Geschwindigkeitsklassen produziert. Dass dabei Fertigungstoleranzen eingehalten werden müssen, heißt für den Anwender, dass „nach oben" immer noch Platz ist und die Geschwindigkeit des Prozessors relativ gefahrlos erhöht werden kann.

Dieses Wissen und etwas Glück beim Prozessorkauf vorausgesetzt, bedeuten, dass man eigentlich jedem Prozessor zumindest die Werte seines nächstgrößeren „Bruders" entlocken kann.

Berücksichtigt man die Formel

Prozessorfrequenz = Boardfrequenz x Multiplikator,

hat man schon halb gewonnen.

Eigentlich bedeutet diese Formel nichts weiter, als dass der Prozessor um ein Vielfaches (Multiplikator) schneller ist als der Takt, den das Board vorgibt. Die Boardfrequenz – auch Frontsidebus (FSB) genannt – beträgt derzeit standardmäßig entweder 66 MHz, 100 MHz oder 133 MHz, je nach eingesetztem Prozessor.

Betrachtet man die zur Zeit der Drucklegung im Handel erhältlichen Prozessoren, ergibt sich folgendes Bild:

	Highend-CPU	Low-Cost-CPU		
Hersteller	AMD	Intel	AMD	Intel
Prozessor	Athlon	Pentium III	Duron	Celeron
Codename	Thunderbird	Coppermine	Spitfire	Coppermine 128
FSB	100 MHz DDR [1]	100, 133 MHz	100 MHz DDR [1]	66 MHz
CPU-Sockel	Slot A, Sockel A	Slot 1, Sockel 370	Sockel A	Sockel 370
Core-Spannung	1,70 V-1,75 V	1,65 V-1,70 V	1,40 V-1,60 V	1,50 V
max. Temperatur	90° C	75° C	85° C	75° C

Hinweis

Beim Übertakten eine der wichtigsten Größen: Wie heißwird der Prozessor?

1 DDR = Double Data Rate, entsprechen also 200 MHz.

Wenn man die in der Tabelle grau hinterlegten Werte erhöht, beschleunigt man die Frequenz des Prozessors und nimmt damit Einfluss auf die Gesamtperformance – und meistens auch auf die Stabilität des Systems. Damit bei Ihrem Computer die Stabilität nicht leidet, wurde sich im Folgenden nicht auf das maximal Machbare, sondern auf durchschnittliche Werte konzentriert.

Natürlich gibt es noch mehr wichtige Daten der Prozessoren, für das Übertakten sollen diese hier aber einmal genügen. Besonders die Temperatur sollten Sie durch die erhöhte Wärmeentwicklung im Auge behalten. Die meisten Boards haben deshalb Wärmesensoren, die in unmittelbarer Prozessornähe angebracht werden sollten. Keine Frage, dass effektivere Kühler in diesem Fall das Prozessorleben erheblich verlängern: die Firmen Pabst oder Alpha haben sich hier einen ganz guten Namen gemacht.

Abb. 1.1

Kühlkörper zur effektiveren Kühlung nach dem Übertakten

Ein weiterer Punkt, der für eine ausreichende Kühlung wichtig ist, ist die Wahl der richtigen Wärmeleitpaste: Manch ein übertakteter Prozessor läuft erst mit Paste von Thetatech stabil. Das hängt mit der extrem guten Leitfähigkeit dieses Produktes zusammen.

Wollen Sie die Prozessorfrequenz erhöhen und damit den Prozessor um ein bis zwei Leistungs(=Preis)klassen schneller machen, haben Sie die Möglichkeit, entweder den Multiplikator zu verändern oder die Boardfrequenz zu erhöhen.

Die Hardwareproduzenten sind dabei nur teilweise kooperativ: Die Prozessorhersteller AMD und Intel haben ihre CPU mit fest verdrahteten Multiplikatoren ausgestattet, so dass zumindest hier relativ geringe Aussichten auf Erfolg bestehen. Findige Hardware-Tüftler haben allerdings diverse Möglichkeiten gefunden, die Multiplikatorsperre bei AMD aufzuheben und so Leistungssprünge im Bereich von 50% zu erreichen. Dieses Leistungspotenzial zu erschließen, ist der Abschnitt „Die Chance bei AMD – Variablen Multiplikator nachträglich „einbauen““ gewidmet.

Erhöhung des Frontsidebus – mehr Performance gratis

Dank Intel & Co. ist die Veränderung des Multiplikators nicht so einfach. Der interessierte Anwender hat also –zumindest wenn es schnell gehen soll – nur die Chance, den FSB (Frontsidebus=Boardtakt) zu verändern. Zum Glück kann man dabei auf die Unterstützung der Mainboardhersteller bauen, denn alle im Handel erhältlichen Boards –außer die Intel Boards, wen wundert es? – lassen entweder über Jumper oder per SoftBios die Einstellung des FSB zu. Dabei liegen die Bereiche meistens zwischen 50 MHz und 83 MHz für die etwas älteren Pentium Prozessoren oder auch die neueren Celeron-CPU und zwischen 100 MHz und ca. 166 MHz für die aktuelle CPU Generation.

Die Abstände zwischen den jeweils einstellbaren Werten variieren von Board zu Board und sollten für den ambitionierten Overcklocker auch mit kaufentscheidend sein. Je geringer die Abstände, umso präziser lässt sich ein stabiles System aufbauen, der Idealfall sind Abstände in 1MHz-Schritten.

Für alle Prozessoren, unabhängig ob mit oder ohne festem Multiplikator, gilt: Die Erhöhung des FSB verleiht dem System kostenlos mehr Geschwindigkeit. Was muss man dabei beachten?

Diese Grafik zeigt, dass Sie durch Veränderung des FSB Einfluss auf die Taktrate nehmen, mit denen die Steckplätze für PCI-, AGP- und ISA-Karten betrieben werden. Im hier gezeigten Beispiel ist der FSB 100 MHz, der PCI-Takt 33 MHz (der Teiler beträgt 1/3), und der ISA-Takt beträgt mit 8,3 MHz genau des PCI-Taktes. Entsprechend können Sie auch die Frequenzen des AGP-Busses (2/3 FSB) und den Speichertakt (1/1 FSB) berechnen. Allen Chipsätzen gemeinsam ist, dass sich sämtliche Busfrequenzen aus dem FSB ergeben, deshalb hier stellvertretend der weit verbreitete Intel 440 BX Chipsatz mit ein paar Beispielen zum Übertakten durch den FSB:

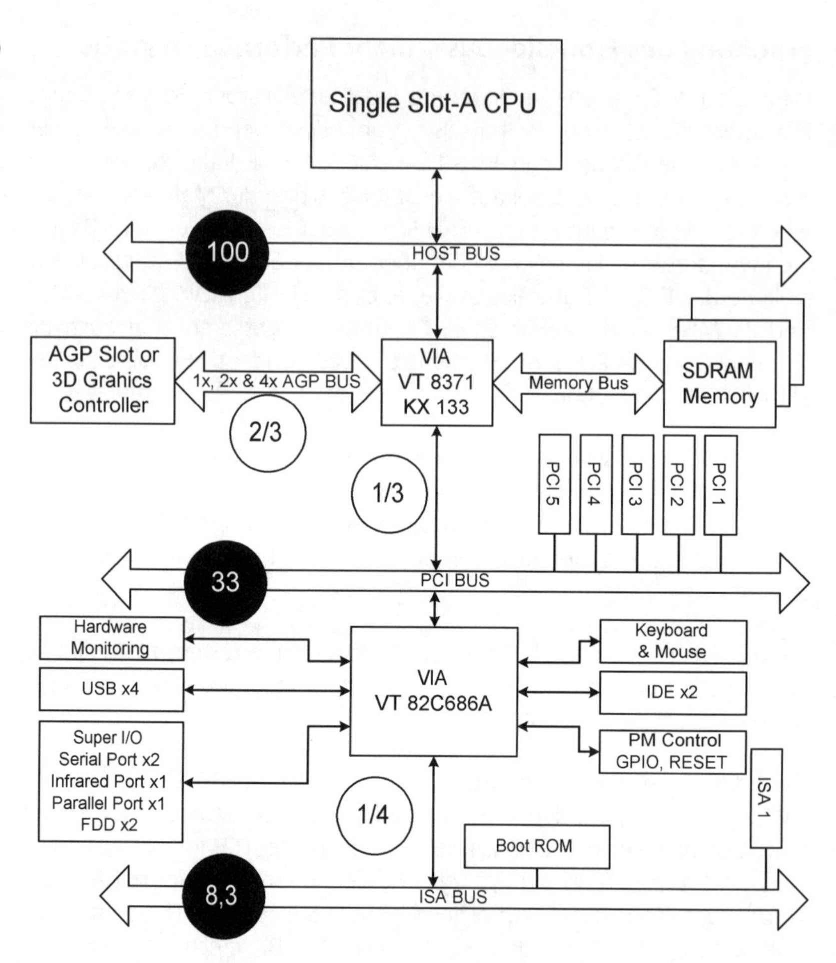

Abb. 1.2

Zusammenhänge zwischen den Busfrequenzen am Beispiel des KX133 Chipsatzes

Chipset	FSB	AGP Teiler	AGP Bus	PCI Teiler	PCI Bus	ISA Teiler	ISA Bus
440 BX Standard	100 MHz	2/3	66 MHz	1/3	33 MHz	PCI	8,3 MHz
440 BX	103 MHz	2/3	68,7 MHz	1/3	34,3 MHz	PCI	8,6 MHz
440 BX	112 MHz	2/3	74,6 MHz	1/3	37,3 MHz	PCI	9,3 MHz
440 BX	133 MHz	2/3	88,7 MHz	1/3	44,3 MHz	PCI	11 MHz
440 BX	133 MHz		66 MHz		33 MHz	PCI	8,3 MHz

Die grau markierten Felder zeigen Taktfrequenzen weit außerhalb der Spezifikation. Hier wäre es unwahrscheinlich, ein stabil laufendes System zu erhalten, da sich die Erweiterungskarten in den Steckplätzen eher früher als später „aufhängen" oder durch thermische Probleme zerstört werden. Wer das Glück hat, auf seinem Board die Teiler einstellen zu können (per DIP-Schalter oder im Bios), könnte den Prozessor mit einem FSB von 133 MHz betreiben, effektive Kühlung und viel Mut zum Risiko vorausgesetzt.

Damit Sie mit Ihrem Prozessor kein zu großes Risiko eingehen, hier ein paar erprobte Werte (sofern bei den älteren CPUs möglich, wurde der Multiplikator mit einbezogen):

Hersteller	Typ	Originaltakt	FSB	x	OC-Takt 1
Intel	Pentium MMX	166 MHz	66 MHz	3	200 MHz
Intel	Pentium MMX	200 MHz	75 MHz	3	225 MHz
Intel	Pentium MMX	233 MHz	75 MHz	3,5	262 MHz
Intel	Celeron A	300 MHz	100 MHz	4,5	450 MHz
Intel	Celeron A	333 MHz	75 MHz	5	375 MHz
Intel	Celeron A	366 MHz	75 MHz	5,5	413 MHz
Intel	Celeron A	400 MHz	75 MHz	6	450 MHz
Intel	Pentium II	233 MHz	75 MHz	3,5	262 MHz

Hersteller	Typ	Originaltakt	FSB	x	OC-Takt 1
Intel	Pentium II	266 MHz	75 MHz	4	300 MHz
Intel	Pentium II	300 MHz	75 MHz	4,5	338 MHz
Intel	Pentium II	333 MHz	75 MHz	5	375 MHz
Intel	Pentium II	400 MHz	112 MHz	4	448 MHz
Intel	Pentium II	450 MHz	112 MHz	4,5	504 MHz
Intel	Pentium III	500 MHz	112 MHz	5	560 MHz
Intel	Pentium III	600 MHz	112 MHz	6	672 MHz
Intel	Pentium III	650 MHz	105 MHz	6,5	682 MHz
Intel	Pentium III	700 MHz	105 MHz	7	735 MHz
AMD	K6	166 MHz	75 MHz	2,5	187 MHz
AMD	K6	200 MHz	75 MHz	3	225 MHz
AMD	K6	300 MHz	66 MHz	5	333 MHz
AMD	K6-II	300 MHz	108 MHz	3	324 MHz
AMD	K6-II	333 MHz	100 MHz	3,5	350 MHz
AMD	K6-II	350 MHz	108 MHz	3,5	372 MHz
AMD	K6-II	400 MHz	105 MHz	4	420 MHz
AMD	K6-II	450 MHz	105 MHz	4,5	472 MHz
AMD	K6-II	500 MHz	105 MHz	5	525 MHz
AMD	K6-III	400 MHz	105 MHz	4	420 MHz
AMD	K6-III	450 MHz	105 MHz	4,5	472 MHz
AMD	Athlon	500 MHz	110 MHz	5	550 MHz
AMD	Athlon	550 MHz	109 MHz	5,5	600 MHz
AMD	Athlon	600 MHz	108 MHz	6	648 MHz

Hersteller	Typ	Originaltakt	FSB	x	OC-Takt 1
AMD	Athlon	650 MHz	108 MHz	6,5	702 MHz
AMD	Athlon	700 MHz	107 MHz	7	749 MHz

1 OC-Takt = interner Prozessortakt nach dem Übertakten

Sollten Sie Ihren Prozessor hier nicht gefunden haben oder sich nicht für die hier aufgeführten, relativ sicheren sondern für die Maximalwerte interessieren, dann finden Sie die komplette Tabelle unter http://www.2Nite.de/Theorie/CPUTakt/cputakt.html

Wenn Sie noch einen älteren Prozessor mit variablem Multiplikator besitzen, haben Sie mehrere Möglichkeiten zu übertakten, wie folgendes Beispiel zeigt:

Übertakten am Beispiel des Pentium 200 MMX

Standard FSB = 66MHz Multiplikator = 3 (3x66=200)

Erhöhung des Multiplikators auf 3,5 Effekt: 3,5 x 66 MHz = 233 MHz

Erhöhung des Boardtaktes auf 75 MHz Effekt 3 x 75 MHz = 225 MHz

Für welche der beiden Möglichkeiten der Prozessor geeignet ist, lässt sich nur durch Ausprobieren erkennen. Nicht alle Prozessoren dieser Baureihe lassen den stabilen Betrieb unter 233 MHz zu. Hinzu kommt, dass die Benchmarkwerte der 225 MHz-Variante besser sind als die der „schnelleren" 233 MHz-Version: Schuld ist der erhöhte FSB von 75 MHz. Er treibt als Nebeneffekt den PCI –Bus von 33 MHz auf 37,5 MHz (= $1/2$ FSB) und die angeschlossene Peripherie kommuniziert ca. 13% schneller miteinander. Sofern es die Peripherie verkraftet, ist der Erhöhung des FSB hier der Vorzug zu geben.

Auf jeden Fall produziert jeder Prozessor nach dem Übertakten mehr Wärme, die ihm entzogen werden muss. Das kann zum Beispiel durch effektivere Kühlung geschehen, manchmal reicht schon eine geschicktere Luftzirkulation innerhalb des Rechners (da bietet sich ein Bigtower-Gehäuse an), Wärmeleitpaste zwischen Kühlkörper und CPU oder gleich ein besserer Kühler.

Die Chance bei AMD – Variablen Multiplikator nachträglich „einbauen“

Produktionsbedingt baute AMD bei den Slot A-Varianten der Athlon-Prozessoren einen so genannten Debug-Port (siehe Abbildung 1.3) im Prozessorgehäuse ein. Eine tolle Sache, wenn man weiss, dass man über diesen Anschluss (im Internet auf diversen Seiten als „Goldfinger“ bezeichnet) ein Modul betreiben kann, welches die nachträgliche Veränderung des Multiplikators ermöglicht.

Abb. 1.3

Geöffneter Athlon-Prozessor

Hier kann man sehr leicht den Debug-Port (Markierung) erkennen. Im Internet und über einige Versandhandelsfirmen sind solche OC-Cards (OC für Overclocking) zu haben, ziemlich unterschiedlich in Preis und Bauform, manchmal aktiv –also mit eigener Stromversorgung- oder passiv , wenn sie vom Prozessor mit Strom versorgt werden. Einen sehr guten Service bietet die Firma MADEX (http://www.madex.com), die dem Anwender sogar den Einbau des Moduls, die Konfiguration und den Versand zu einem Pauschalpreis anbietet. Ein Service, der nicht zu verachten ist, bedenkt man, dass natürlich sämtliche Garantieansprüche erlöschen, sobald man mit Gewalt an ein so empfindliches Bauteil wie einen Prozessor herangeht.

Darüber hinaus kann man zwischen verschiedenen OC-Cards wählen: je nach verwendetem Mainboard, die in ihrer Bauart ja auch verschieden sind (Platzierung von Lüftern, Kühlrippen, Kondensatoren usw.).

Abb. 1.4

OC-Card „Centurion" von Madex

Tipp

Weitere OC-Cards mit Datenblatt finden Sie im Internet unter http://www.2Nite.de/

Sollten Sie anstelle der Slot A-Ausführung eine Sockel-Variante besitzen und damit solch ein OC-Modul nicht einsetzen können, ist das kein Grund zur Verzweiflung. Im Gegenteil: Diese Prozessoren lassen die Veränderung des Multiplikators auf eine andere Art und Weise zu: einfacher und billiger.

Es klingt wie ein Witz, funktioniert aber tatsächlich:

Man kann die Multiplikatorsperre beim Duron und beim Thunderbird in der Sockel A Variante mit einem Bleistift (!) aufheben.

Die Sockel-A-Variante wurde anfangs nämlich ohne Multiplikatorsperre ausgeliefert, später dann mit. Der einzige von außen erkennbare Unterschied besteht in Folgendem: Auf dem Keramikkörper des Prozessors sind winzige Brücken erkennbar, von denen manche unterbrochen sind, andere wiederum nicht.

Abb. 1.5

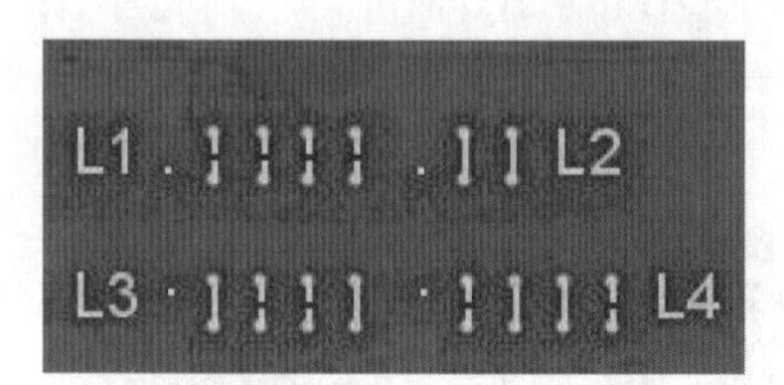

Ansicht der Brücken auf dem Duron 650 mit Multiplikatorsperre

In der Abbildung 1.5 sieht man den AMD Duron mit Multiplikatorsperre. Die L1 Brücken sind unterbrochen. Auf dem Duron ohne Multiplikatorsperre sind die L1-Brücken nicht unterbrochen! Das heißt, wenn man diese Brücken schließen könnte, wäre ein manuelles Einstellen des Multiplikators per DIP-Schalter oder über das Bios möglich. Und genau so ist es! Ein Tipp aus Korea: Wenn man mit einem Bleistift der Härte HB mehrmals über die Brücken malt, kann man die Leitfähigkeit der unterbrochenen Bahnen wieder herstellen.

Abb. 1.6

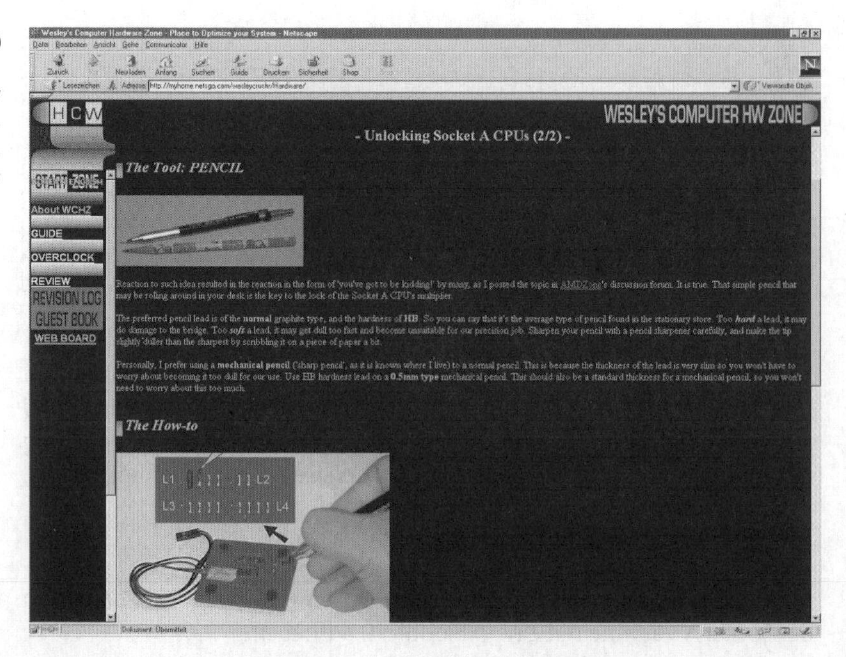

Website von Wesley Chung http://myhome.netsgo.com/wesleycrushr/hardware/

Wenn man jetzt den Prozessor in ein Board einbaut, das die manuelle Einstellung des Multiplikators erlaubt, ist man auf der Siegerseite und hat einen Duron 650 MHz gekauft, dem man gut 150% seiner eigentlichen Leistungsfähigkeit entlocken kann. Leider übernimmt niemand die Erfolgsgarantie solchen Vorgehens und die Garantie seitens AMD erlischt natürlich. Es ist nur noch eine Frage der Zeit, bis sich AMD etwas gegen diese Art des Übertaktens einfallen lässt, die nachfolgende Tabelle lässt ahnen, warum:

Geschwindigkeit	FSB x Multiplikator	Core-Spannung	Erfolg?
650 MHz	100 MHz x 6,5	1,50 V	Ja
700 MHz	100 MHz x 7,0	1,50 V	Ja
800 MHz	100 MHz x 8,0	1,50 V	Nein
800 MHz	100 MHz x 8,0	1,70 V	Ja
850 MHz	100 MHz x 8,5	1,80 V	Ja
892 MHz	105 MHz x 8,5	1,85 V	Ja

Einige Zwischenschritte wurden nicht aufgeführt, denn die Frage, die sich stellt, ist nicht, wo es nicht funktioniert, sondern: mit welchen Boards ist so etwas möglich?

Hinweis

Die Hersteller im Internet: http://www.abit.nl, http://www.qdigrp.com, http://www.luckystar.nl

Bisher sind mir die Boards Kinetiz 7T von QDI, das K7VAT von Luckystar und das KT7 Raid von Abit bekannt, die solche Einstellungen zulassen. Dabei wird der „Normal-Anwender" wohl dem Luckystar-Board den Vorzug geben, denn es lässt bei geringeren Kosten zusätzlich den FSB bis auf 155 MHz hochschrauben, das QDI-Board nur bis 112 MHz. Das Board von Abit liegt zwar eine Preisklasse höher, dürfte jedoch die Hardcore-User mit den vielfältigen Einstellmöglichkeiten des FSB (in 1 MHz-Schritten) und der Core-Spannung (in 0,025V-Schritten!) locken. Zudem ist es UDMA 100-tauglich und hat einen RAID-Controller on Board.

Übersicht über OC – Module im Internet

Übersichten über OC-Cards http://www.2Nite.de/Tuning/800/Goldfinger_OC-Cards/goldfinger_oc-cards.html

Übersicht über Tuningerfolge http://anthouse.co.uk/k7core/Results.html

SoftFSB – Übertakten per Software

Das Übertakten der CPU ist mittlerweile auch per Software möglich. Die Alternative zum Jumper setzen, im Bios Einstellungen verändern und dutzendfach den Rechner hoch- und wieder herunterfahren heisst SoftFSB und wurde von H.Oda entwickelt. Der Zweck war nur, herauszufinden, ob es möglich ist, den FSB per Software zu beeinflussen. Im Moment werden nur wenige Mainboards unterstützt. Ob Ihres dabei ist, können Sie sehr leicht nach der Installation herausfinden. Die Bedienung ist kinderleicht, da außer dem FSB auch noch der PCI-Bustakt beeinflusst und annähernd in den Grenzen der Spezifikation gehalten wird (schwankt zwischen 31 MHz und 41,5 MHz). SoftFSB kann also relativ gefahrlos eingesetzt werden. Natürlich sollte man die Fertigungstoleranzen nicht allzu sehr überschätzen. Auf jeden Fall erlöschen auch hier alle Garantieansprüche durch unsachgemäßen Einsatz.

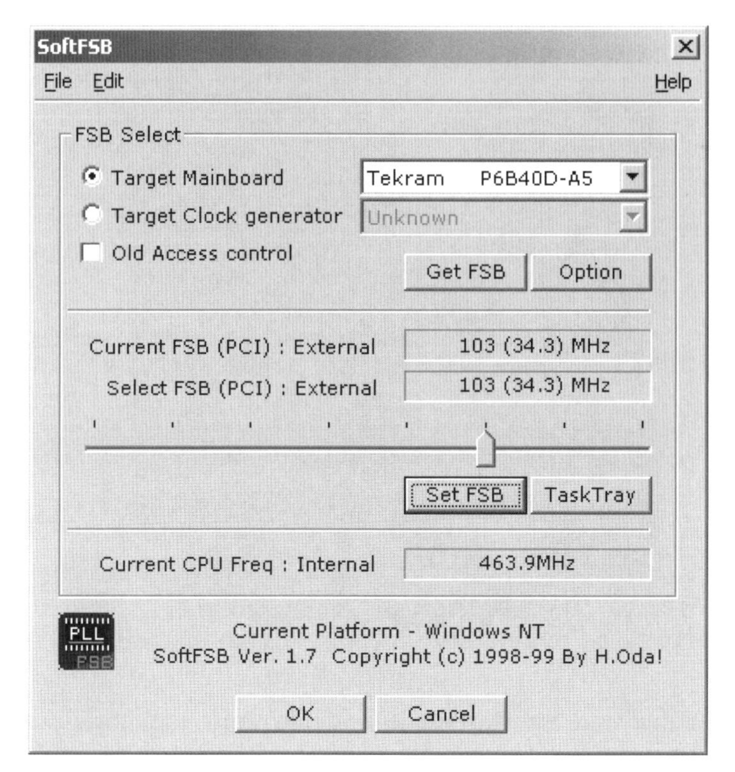

Abb. 1.7

Übertakten des Celeron 300A per SoftFSB

Ein Screenshot des Programms beim Einsatz auf meinem Rechner (Celeron 300A bei 450 MHz) zeigt, dass ohne Veränderung der Corespannung immer noch ein stabiler Betrieb bei fast 464 MHz möglich ist. Ein Rechnerstart bei einem FSB von 103 MHz war ohne SoftFSB nicht möglich, man hätte die Corespannung noch auf 2,2V erhöhen müssen. Diese Einstellmöglichkeiten ließ mein Board nicht zu, so dass nur ein Eingriff in die CPU weitergeholfen hätte.

Ein Tipp zum Schluss: Der Celeron 566 MHz soll ähnlich wie damals der 300A, ohne besonderen Aufwand auch mit 100 MHz FSB anstelle 66 MHz laufen.

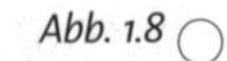

Abb. 1.8

Intel Celeron 566 MHz

Nachtrag: es stimmt, ich habe es noch während des Schreibens dieses Buches mit 2 Celeron 566 FCPGA ausprobiert, es funktionierte mit beiden (siehe auch *Kapitel 4: Bustypen – mehr Geschwindigkeit durch Optimieren*)

Damit wäre eine Taktfrequenz von 850 MHz erreichbar. Diese Angaben stammen aus dem Internet. Die Wahrscheinlichkeit, dass dies stimmt, ist relativ hoch, verschiedene OC-Seiten haben sich dem Thema Celeron 566 gewidmet: der höchste mir bekannte Wert liegt bei 977 MHz. Wieder ein Beweis dafür, dass die „schwächsten“ Prozessoren einer Baureihe schon immer die größten Leistungsreserven hatten.

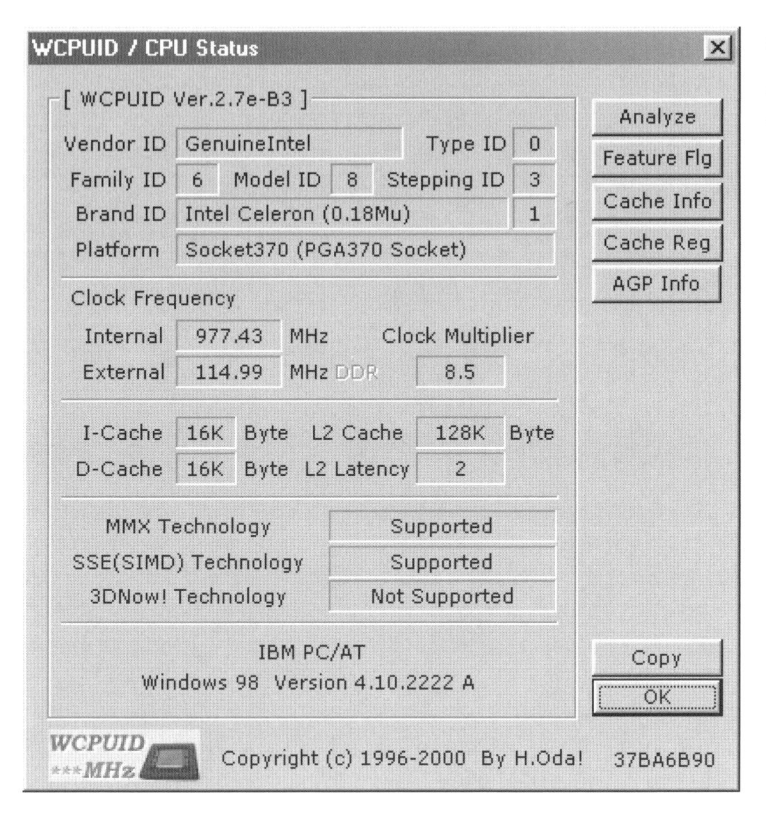

Abb. 1.9

Celeron 566 bei 977 MHz

Wie Sie sehen, geht es noch schneller, dann allerdings nicht ohne aufwändige Kühlung. Ausserdem sind Datenverluste durch Systemabstürze in diesem Bereich dann wahrscheinlicher. Testen sollten Sie das nur, wenn Sie Ihre Daten vorher gesichert haben.

Mainboard – Optimierung schon beim Kauf

2

Ein PC besteht aus vielen einzelnen Komponenten, von denen jede eine wichtige Aufgabe erfüllt: die Daten werden auf Festplatten gespeichert, vom Prozessor werden sie verarbeitet und um ein Bild zu sehen, benötigt man die Grafikkarte. Von Netzwerkkarten, Soundkarten, Modems, Tastatur und Maus hat auch jeder schon einmal gehört. All diese Teile müssen miteinander verbunden werden und kommunizieren. Diese Funktion übernimmt das Mainboard, was so viel bedeutet wie „Hauptplatine".

Abb. 2.1

Mainboard Kinetiz von K7T von QDJ

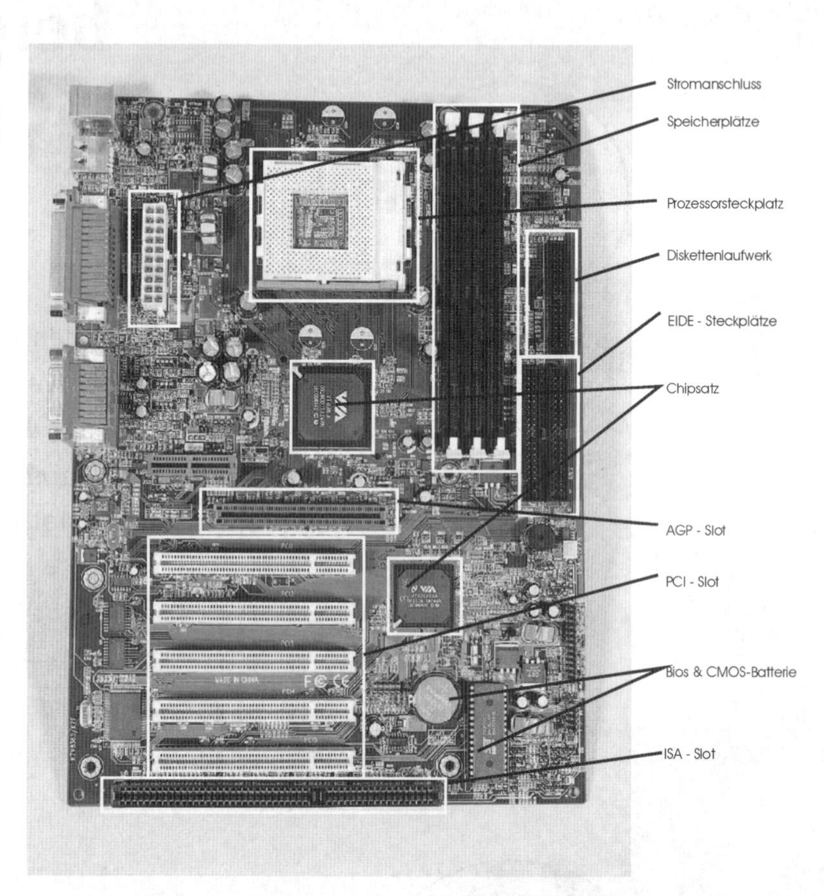

Genau wie es viele unterschiedliche Prozessoren und Steckkarten gibt, so sind auch die am Markt angebotenen Mainboards unterschiedlich aufgebaut und in ihren Eigenschaften auf die anderen Bauteile im PC abgestimmt.

Wenn man sich nun vorstellt, dass ein PC eigentlich wie ein LEGO-Kasten zusammengesteckt wird, wird klar, dass man bereits vor dem Kauf einige grundlegende Überlegungen treffen muss. In *Kapitel 1: Prozessoren – die CPU: für jeden Einsatz das Richtige* ist die Entscheidung für die CPU schon gefallen. Das schränkt die Auswahl des Mainboards gewaltig ein, denn nicht jeder Prozessor passt auf jedes Board. Aber langsam und der Reihe nach:

Sockel, Slots & Co. – der Steckplatz für den Prozessor

Vor nicht allzu langer Zeit wurden bei Intel und AMD noch Prozessoren für den Sockel 7 gebaut. Irgendwann gab Intel diese Bauweise auf und schwenkte zur so genannten Slotbauweise um. Der Slot 1 wurde entwickelt. Später zog AMD mit dem Slot A für die Athlon Prozessoren nach, und das Chaos konnte beginnen. Für jeden Prozessor ein Board, denn selbst innerhalb einer Prozessorgeneration gibt es unterschiedliche Bauformen.

Steckplätze für Intel-Prozessoren

Intel hat derzeit Prozessoren in drei verschiedenen Bauformen auf dem Markt:

1. Slot-1: für diesen Steckplatz gibt es Prozessoren derzeit bis über 1 GHz (Pentium III), die alten Pentium II und manche ältere Celeron-CPUs nutzen denselben Steckplatz, es gibt ein großes Angebot an Mainboards (meistens auch preisgünstiger als FCPGA – Boards), und die Systeme laufen stabil

2. FCPGA-370: verfügbare Prozessoren: Intel Pentium III derzeit bis 933 MHz, Celeron derzeit bis 700 MHz, klarer Sieger in der Zukunftssicherheit.

3. PPGA-370: verfügbare Prozessoren: Intel Celeron bis 533 MHz, hier ist schon das Ende der Fahnenstange erreicht, denn die Celerons werden nur noch als FCPGA-Variante gebaut (nicht kompatibel).

Die Hauptaufmerksamkeit dürfte dem Slot-1-Board gelten, wenn man sofort einen schnellen Prozessor einsetzen will oder muss. Wer mit der Leistung noch Zeit hat, sollte sich für ein FCPGA-370-Board und einen Celeron der Mittelklasse (etwa einen 600 MHz für derzeit ca. DM 200,-) entscheiden und warten, bis die Pentium III Prozessoren im Gigahertzbereich für diesen Sockel gebaut werden und erschwinglich sind.

Steckplätze für AMD-Prozessoren

AMD baut im Moment Prozessoren in drei Bauformen:

1. Sockel 7: verfügbarer Prozessor AMD K6-2 mit 500 MHz.
2. Slot A: Optisch wie der Slot-1 von Intel, aber nicht kompatibel. verfügbare Prozessoren Athlon bis 1 GHz.
3. Sockel A: verfügbare Prozessoren Athlon Thunderbird bis 950 MHz und im Low-Cost-Bereich der Duron bis 750 MHz.

ISA, PCI und AGP – Steckplätze für Erweiterungen

Jedes Mainboard hat Steckplätze für Erweiterungskarten. Für die heute gängigen Karten sind folgende Steckplätze zum Standard geworden:

ISA-Slot: sehr langsam (8 MHz), wird für ältere Sound-, Netzwerk- oder ISDN-Karten benötigt

PCI-Slot: der Standard für alle möglichen Erweiterungen, z.B. Sound-, Grafik-, Beschleuniger-, ISDN- und Netzwerkkarten sowie SCSI-Adapter. In der Geschwindigkeit mit 33 MHz auch deutlich schneller als der ISA-Standard.

AGP: für Grafikkarten konzipiert, mittlerweile nur noch als 2xAGP und 4xAGP erhältlich.

Die Steckplätze werden vom Boardtakt aus mit angesteuert und werden auch beim Übertakten mit beeinflusst (siehe *Kapitel 1: Prozessoren – die CPU: für jeden Einsatz das Richtige*)

Chipsätze – Steuereinheit auf dem Board

Dem Chipsatz gebührt große Aufmerksamkeit, er bestimmt, mit welchem Prozessor gearbeitet werden kann und welche Speicherbausteine (vor allem wie viele) angesprochen werden können. Er ist verantwortlich dafür, welche Festplatten und welche Grafikkarten in Frage kommen. Natürlich existieren auch hier wieder verschiedene Möglichkeiten für Intel und AMD, und wieder gibt es keine Kompatibilität zwischen den Konkurrenzprodukten.

Intels BX-Chipsatz ist schon etwas älter und arbeitet problemlos mit den Pentium III und den Celeron- Prozessoren zusammen. Bei der Taktfrequenz gilt als Höchstwert 100 MHz, die jedoch von den meisten Boardherstellern auf einen höheren Wert getunt wurde. Somit sind diese Boards auch für neuere Pentium III Prozessoren mit 133 MHz Bustakt verwendbar.

Der VIA Apollo Pro133A Chipsatz von VIA hat ähnliche Merkmale wie der BX, kann jedoch schon standardmäßig mit einem Bustakt von 133 MHz umgehen.

Der i810 wird hauptsächlich in Billigrechnern verbaut, da auf dem Mainboard die Grafikkarte integriert ist und keine Möglichkeit zum Aufrüsten besteht. Eigentlich DER Grund, von solchen Boards abzuraten. Etwas optimaler ist dann der Nachfolger i815.

Der i815e – ähnlich wie der i810, allerdings mit einem AGP-Port zur Aufnahme einer Grafikkarte, er unterstützt billigen SDRAM, allerdings nur bis 512 MB. Der i815e lässt derzeit Taktraten von bis zu 166 MHz zu.

i820 – der Chipsatz für High-End-Systeme. Unterstützt wird RAMBUS-Speicher, der noch sehr teuer ist, aber nur eine Datenbreite von 16 Bit hat. Damit ist der Datendurchsatz nur etwa doppelt so hoch wie bei SDRAM, der zwar nur mit 100 MHz taktet, dafür aber eine Datenbreite von 64 Bit erlaubt. Im Moment durch den Mehrpreis ein relativ zweifelhaftes Vergnügen. Beim i820e gibt es zusätzlich integrierte Netzwerkunterstützung.

AMD lässt mit Ausnahme der Eigenproduktion Irongate die Chipsätze für seine Prozessoren von VIA bauen. Auch hier gibt es wieder unterschiedliche Versionen.

VIA KX133: Der im Moment am meisten verbreitete KX133 ist für die Athlon Prozessoren in Slot-A Bauweise gedacht. Unterstützt wird SDRAM bis zur PC133 Ausführung und in einer Gesamtgröße bis 1536 MByte. Der KX133 ist für die neuen Athlon Thunderbird und Duron Prozessoren nicht oder nur bedingt geeignet.

VIA KT133: Nachfolger des KX133, der jetzt auch mit der Sockel-A-Variante des Thunderbird und des Duron zurechtkommt.

Checkliste für den Mainboardkauf

Die wichtigsten Eigenschaften eines Mainboards sind in diesem Kapitel schon besprochen worden. Was Sie beim Kauf unbedingt beachten sollten, hier noch einmal in einer kurzen Übersicht:

Welcher Prozessor soll eingesetzt werden?
Auswahl nach der Sockel- bzw. Slot- Variante

Soll alte Hardware verwendet werden?
Auf das Vorhandensein von genügend ISA-Steckplätzen achten

Will man SCSI-Geräte anschließen oder ein RAID-System aufbauen?
Eventuell auf ein Board mit Onboard-SCSI-Controller bzw. RAID-Controller zurückgreifen

Begnügt man sich mit Standardwerten oder soll übertaktet werden?
Besonderes Augenmerk sollte auf einen variablen Frontside-Bus gelegt werden, der sich in kleinen Stufen verstellen lässt. Am besten wäre, wenn sich auch die Corespannung erhöhen ließe. Wie so häufig, muss man wieder einmal ein ABIT Board empfehlen: Das KT7-RAID hat alles, was gebraucht wird, RAID-Controller, UDMA/100 Unterstützung, 100-155 MHz in 18 Abstufungen, Corspannung von 1,1 bis 1,85 Volt in 0,025 V-Schritten, Lüfter auf dem Chipsatz usw.

NoName-kontra Marken-Board

Eindeutig ist einem Marken-Board von namhaften Firmen der Vorzug zu geben. ABIT, ASUS, Tekram, Gigabyte, um nur einige zu nennen, haben schon sehr lange einen guten Namen auf dem Mainboard-Markt und versorgen ihre Kunden auf den eigenen Websites mit den neuesten Treibern und Biosupdates. Wer auf so etwas verzichten möchte, kann sich natürlich ein NoName-Board kaufen und vielleicht DM 50,- sparen, wird dabei aber eventuell auf Support verzichten müssen.

Empfehlenswerte Motherboards

Sockel A Boards (Sockel 462)

	ASUS A7V	Luckystar K7VAT	ABIT KT7 Raid
Anzahl Slots AGP/PCI/ISA	1/6/1	1/5/1	1/6/1
AGP-Schnittstelle	AGP Pro, 4x	AGP 4x	AGP 4x
Chipsatz	VIA KT133	VIA KT133	VIA KT133
DIMM-Slots	3 (1536 MB)	3 (1536 MB)	3 (1536 MB)
FSB	100 MHz DDR	100 MHz DDR	100 MHz DDR
OC-FSB	max. 145 MHz	max. 155 MHz	max. 155 MHz
Besonderheiten	UDMA 100, Corespannung per Bios, 4 Lüfteranschlüsse	Multiplikator per Jumper einstellbar	UDMA 100, Raid on board, Multiplikator und Corespannung einstellbar, Northbridge mit aktivem Kühler

Sockel 370 Boards

	ASUS CUSL2	Fujitsu Siemens	Abit BX133 Raid
Anzahl Slots AGP/PCI/ISA	1/6/0	1/5/0	1/5/1
AGP-Schnittstelle	AGP Pro, 4x	AGP 4x	AGP 2x
Chipsatz	Intel 815E	Intel 815	Intel 440 BX
DIMM-Slots	3 (512 MB)	3 (512 MB)	3 (768 MB)
FSB	66/100/133 MHz	66/100/133 MHz	66/100/133 MHz
OC-FSB	max. 166 MHz		200 MHz (!)
Besonderheiten	UDMA 100	integrierte 100 MBit Netzwerkschnittstelle	UDMA 100, Raid on Board, CPUSoftMenu III

Slot A Boards

	Tekram K7X-A	Luckystar K7VA133	Abit KA7
Anzahl Slots AGP/PCI/ISA	1/5/1	1/5/1	1/6/1
AGP-Schnittstelle	AGP 4x	AGP 4x	AGP 4x
Chipsatz	VIA KX133	VIA KX133	VIA KX133
DIMM-Slots	3 (1536 MB)	3 (1536 MB)	4 (2048 MB)
FSB	100 MHz	100 MHz	100 MHz
OC-FSB			150 MHz

	Tekram K7X-A	Luckystar K7VA133	Abit KA7
Besonderheiten	Sound on Board		CPU Soft Menu III

Slot 1 Boards

Der Slot 1 verliert immer mehr an Bedeutung, außerdem sind die Unterschiede durch die ausgereifte Technik marginal. Wenn Sie sich am Asus P3B-F, Gigabyte GA-6VXE oder ähnlichen Boards orientieren, sind Sie – auch was den Support und die Produktunterstützung in Zukunft anbelangt – auf der sicheren Seite.

Hauptspeicher – Systembeschleunigung durch neue Timings

3

Prozessor und Motherboard alleine können so schnell und gut sein wie sie wollen, ohne Hauptspeicher zur Aufnahme der gerade bearbeiteten Daten dreht sich kein Rad. Nun ist die Geschichte des Hauptspeichers so alt wie die des Computers selbst, aber im Laufe der letzten 10 Jahre hat sich einiges auf dem Speichermarkt getan. Da sind Module in Größenordnungen entwickelt worden, deren Nutzen und vor allem deren Finanzierbarkeit vor 10 Jahren jeder noch bezweifelte (zur Erinnerung: ein 4 MByte Fastpage-Modul hat 1994 noch DM 349,- gekostet). Angetrieben wird das nicht zuletzt auch durch die Softwareindustrie, die nach immer mehr Arbeitsspeicher schreit.

Speichertechnologien einfach erklärt – welcher Speicher kommt in welchen Rechner

Es wurden in den vergangenen Jahren neue Technologien entwickelt, um den Speicher leistungsfähiger zu machen und die Zugriffszeiten zu verkürzen. Und nun steht der Anwender da, will seinen PC aufrüsten und hat Mühe im Geschäft „seinen“ Speicher zu finden.

Hier werden Sie die gebräuchlichsten Speichertypen finden, die noch oder schon verwendet werden:

FPM DRAM – Fast Page Mode

Dies ist neben dem EDO-RAM (siehe nächster Abschnitt) der am meisten verwendete RAM in alten 486er oder auch in den ersten Pentium Rechnern.

Normalerweise verlaufen Speicherzugriffe in der Praxis nicht zufällig, die auszulesenden Daten sind meist dicht beieinander im RAM gespeichert. Diese Tatsache macht sich der FPM DRAM zu Nutze durch den so genannten Burst Mode: Dem Speicher wird einmal eine Zeilenadresse (und damit eine Seite=Page) angegeben, innerhalb der dann verschiedene Spalten ausgelesen werden. Da die Zugriffszeiten bei diesem Speicher bei 60-70 ns lagen, musste der Prozessor noch Pausen einlegen, um dem Speicher die Zeit zur Reaktion zu geben. Diese Zeit wird in Taktzyklen gemessen und in den meisten Bios-Versionen durch eine 4-stellige Zahlenkombination angegeben: bei FPM DRAM ist das typischerweise 5-3-3-3 und bedeutet nichts weiter, als dass der Prozessor bei einem 4-Bit-Burst (4 aufeinanderfolgende Bits werden ausgelesen/geschrieben) beim ersten Bit 5 Takte Wartezeiten hat und bei den weiteren dann nur noch 3.

EDO DRAM – Extended Data Out

EDO ist eine Weiterentwicklung des FPM aus dem Jahre 1994. Der Unterschied zum FPM liegt in der Art des Zugriffs: In einem zusätzlichen Register am Ausgang kann schon die Adresse für den nächsten Zugriff abgelegt werden. Während der aktuelle Auftrag zur Abholung bereitliegt, kann sich der Speicherbaustein schon um die nächste Adresse kümmern. Der Zeitgewinn bei Zugriffen innerhalb einer Speicherseite liegt bei ca. 40%, anstelle von 35 ns (28,5 MHz) werden nur noch 25 ns (40 MHz) benötigt. Taktfrequenzen von 40 MHz lassen dann ein Timing von 5-2-2-2 zu (auf das erste Bit wirkt sich das natürlich nicht aus, da es sich um die Zugriffe INNERHALB einer Seite handelt)

Abb. 3.1

16 MByte EDO RAM – Modul

EDO DRAM muss vom Chipsatz unterstützt werden. Manche Boards sind auch in der Lage, eine Mischkombination von FPM- und EDO-Modulen, nach Bänken getrennt, zu verwalten. In der Praxis macht das jedoch meistens keinen Sinn, da sich die Burst-Timings in der Regel nach den langsameren Modulen richten.

BEDO DRAM – Burst Extended Data Out

Eigentlich handelt es sich hier um ein „Konkurrenzprodukt“ zum heutigen SDRAM. Es wird grundsätzlich bei allen Zugriffen im 4-Bit-Burst-Modus gearbeitet. Die Timings betragen 5-1-1-1, d.h. die letzten 3 Bits eines Burst-Zugriffs werden im Bustakt von 66 MHz geliefert. An sich eine schnelle Sache, die in der Praxis aber eher eine untergeordnete Rolle spielt. Anstelle dessen hat sich der SDRAM durchgesetzt, der durch Intels 430 VX- und 430 TX-Chipsätze wesentlich besser unterstützt wurde.

SDRAM – Synchronous Dynamic RAM

SDRAM spielte in der PC-Branche nach Einführung der Pentium II Boards die größte Rolle. Gefragt waren jetzt Speichermodule, die Zugriffszeiten von 10 ns und schneller hatten und die auch von der Kapazität so dimensioniert waren, dass selbst speicherhungrige Anwendungen nicht ins Stocken kamen.

SDRAM liefert Daten generell im 5-1-1-1 Timing und arbeitet dabei als erster Speicher synchron mit dem Bustakt zusammen. Intern verfügt er über zwei unabhängige Speicherbänke (= DIMM = Dual In-Line Memory Modul), die wechselweise oder auch individuell angesprochen werden können. Vorteil: Es ist möglich, zwei unterschiedliche Zeilen gleichzeitig zu adressieren, während von der einen Bank gelesen wird, kann die andere ihre Zellen auffrischen (lassen). Ein weiterer Vorteil: die Burstlänge lässt sich auch auf andere Längen programmieren, Werte von einem, zwei, vier oder acht Bit sind möglich.

Abb. 3.2

128 MByte SDRAM – Modul

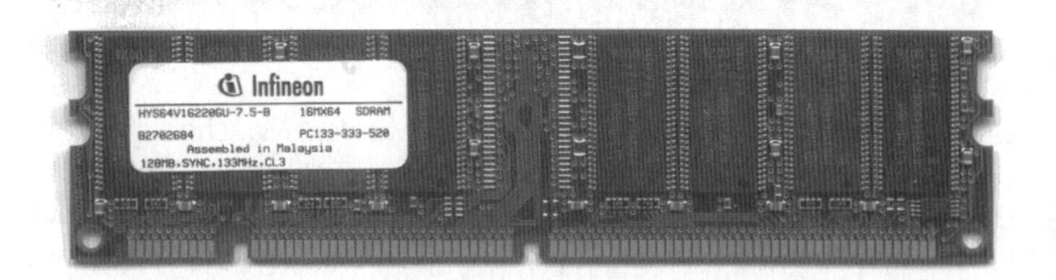

Die DIMM – Technologie macht es im Übrigen auch möglich, dass die Speichermodule nicht mehr paarweise installiert werden müssen. Jedes Modul ist im Grunde genommen schon „ein Paar", das den 64-Bit Datenstrom zum Prozessor alleine bewältigen kann (im Gegensatz zum SIMM=Single In-Line Memory Modul mit 32 Bit Breite)

Durch die Verwendung von 4 Taktsignalen auf einem Speichemodul fällt auch der Zugriff auf das erste Bit nicht mehr so sehr ins Gewicht, der Prozessor bekommt die Daten zwar immer noch zeitverzögert, allerdings wesentlich flüssiger, da ja vier „Aufträge" gleichzeitig in Arbeit sind.

DDR SDRAM – Double Data Rate SDRAM

DDR SDRAM basiert auf demselben Prinzip wie SDRAM, hat aber einige entscheidende Verbesserungen erfahren: DDR – der Name sagt es – erlaubt eine Verdopplung der Datenrate gegenüber SDRAM, indem es sich eine Technik zunutze macht, die Daten sowohl an der steigenden als auch an der fallenden Flanke eines Signals überträgt. Durch eine neue Schaltlogik werden außerdem noch höhere Taktraten möglich. Die maximale Bandbreite bei 200 MHz (also 100 MHz FSB)- Modulen liegt bei 1,6 GByte/s, die der 266 MHz-Module bei 2,1 GByte/s. Damit wird sogar die Datenrate des RAMBUS übertroffen.

DRDRAM – Direct Rambus

DRDRAM wird derzeit hauptsächlich von Intel mit den Chipsätzen i820 und i840 unterstützt. Dabei handelt es sich nicht nur um einen Speichertyp, sondern um ein ganzes Bussystem. Mit der Direct Rambus Technologie sind beim Einsatz eines Moduls Transferraten von 1,6 GByte/s möglich. Das wird erreicht durch den Speichertakt von 800 MHz bei einer Datenbreite von 16 Bit.

Rein rechnerisch ergibt das pro Takt die Verarbeitung von 2 Byte, und das 800 Millionen Mal pro Sekunde, eben die bewussten 1,6 GByte/s. Im Vergleich dazu kann ein SDRAM Modul mit 64 Bit Datenbreite bei 133 MHz pro Sekunde 133 Millionen Mal 8 Byte bereitstellen, das wären dann rund 1 GByte/s. Bei DDR SDRAM natürlich doppelt so viel. Der Performancegewinn beim Einsatz von DRDRAM gegenüber normalem SDRAM steht demnach in keinem günstigen Verhältnis zum Preis (RDRAM kostet ein Vielfaches von SDRAM)

Da die Preise für den Einsatz von Rambus-Modulen im Moment noch gigantisch sind, bieten verschiedene Hersteller Adapter an, die es gestatten, anstelle der benötigten RIMM (Rambus) Module normalen SDRAM zu verwenden.

Abb. 3.3

ASUS DR2: Riserboard zur Verwendung von SDRAM in Rambus-Sockeln

Der Trend

Derzeit gibt es noch Probleme mit der Rambus-Technologie in Verbindung mit den neuen Intel-Chipsätzen. Das gibt der anderen Fraktion, den Verfechtern des DDR SDRAMs, noch genügend Zeit, ihre Entwicklung zur Marktreife voranzutreiben. Letztendlich bleibt auch die Preisgestaltung abzuwarten, denn bezahlbar muss die Technologie ja schließlich sein.

SDRAM – mit schnelleren Timings zu höherer Leistung

Wie im ersten Teil dieses Kapitels schon erwähnt, ist der am weitesten verbreitete Arbeitsspeicher im Moment der SDRAM. Grund genug, diese Teile ein wenig genauer unter die Lupe zu nehmen, denn mit der Leistung der Arbeitsspeicher steht und fällt die Gesamtleistung des PC-Systems.

SDRAM – die Identifikation der Module

SDRAM-Module werden nun schon seit ein paar Jahren lang hergestellt und natürlich ist auch innerhalb dieser Produktgruppe die Entwicklung nicht stehen geblieben.

Nachdem SDRAM Module anfangs mit 10 ns Zugriffszeiten für einen Systemtakt von 66 MHz gebaut wurden, mussten die Qualitätsstandards nach der Masseneinführung des 100 MHz Systemtaktes neu definiert werden. Die PC100-Spezifikation wurde geboren:

Sie beinhaltet genaue Toleranzbereiche, die ein Speichermodul haben muss, um zuverlässig in Boards mit einem FSB von 100 MHz zu laufen.

In Abbildung 3.2 ist ein solcher Baustein der neueren Generation zu sehen. Nahezu alle dieser Bausteine haben einen Aufkleber, der über einen Code verrät, welche technischen Parameter er einhalten kann. Diese sind dann garantiert, und mit einem bisschen Glück ist der Toleranzbereich noch so hoch, dass der Speicher übertaktet werden kann.

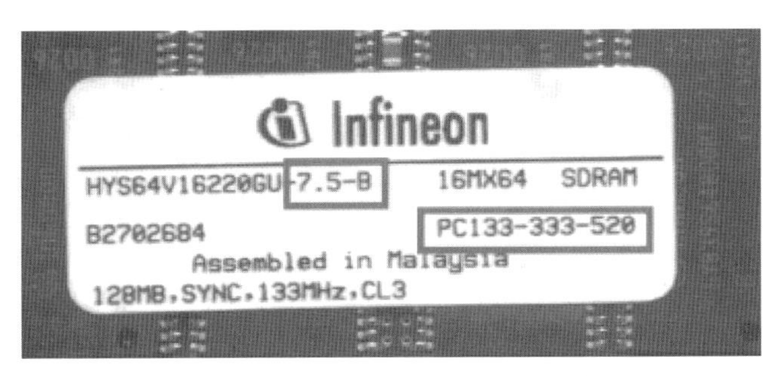

Abb. 3.4

Aufkleber auf einem SDRAM Modul

Das Wichtigste bei diesen Angaben ist in nebenstehender Abbildung eingerahmt: die Zugriffszeiten in Nanosekunden (hier 7,5 ns) und eine Zahlenkolonne in der Art PCXXX-ABC-DEF.

PCXXX-ABC-DEF	
XXX	steht für die garantierte Frequenz PC100 für 100 MHz, PC133 für 133 MHz
A	CAS Latency ,2 oder 3 (besser: 2)
B	RAS-to-CAS-Delay, 2 oder 3 (besser: 2)
C	RAS Precharge Time, 2 oder 3, (besser: 2)
D	Output from Valid Clock in ns, 5 bei PC133, 6 bei PC100
E	SPD-EEPROM Version
F	reserviert oder leer

SPD – EEPROM – Verrat den Verrätern

SPD = Serial Presence Detect

Jeder Speicherbaustein, der der PC100 Spezifikation unterliegt, muss über einen integrierten SPD-EEPROM verfügen. Laut Spezifikation muss dieser EEPROM ein bestimmtes Aussehen haben.

Er ist 2 KBit groß und hat in den ersten 32 Bit und in Bit 61 bis 127 verschlüsselt den Speichertyp, die Geschwindigkeit und diverse Zugriffszeiten festgeschrieben. Der Hersteller kann also die Kenndaten in einem standardisierten Bereich ablegen, so dass das Bios beim Auslesen sofort per Autokonfiguration die entsprechenden Werte übernehmen kann. Natürlich ist das Teil schreibgeschützt und es gibt Tools, mit denen man den EEPROM auslesen kann.

Sollte auf Ihrem Baustein also kein Aufkleber sein, oder eventuell haben Sie das Teil gebraucht gekauft und wollen es überprüfen, dann verwenden Sie am besten ein Tool, mit dem man den EEPROM-Inhalt auf dem Bildschirm anzeigen kann. Ein solches Tool ist beispielsweise Dr. Hardware 2000 (auf Buch-CD)

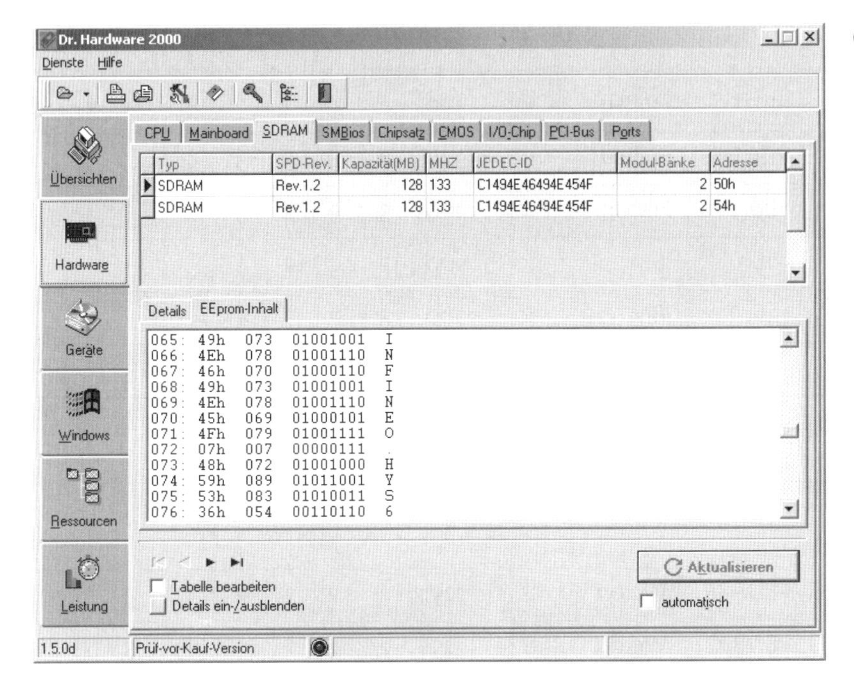

Abb. 3.5

Dr. Hardware Systemanalysetool (Shareware 14 Tage Testversion)

Deutlich sind Hersteller, Zugriffszeiten und die Chipdaten (codiert) ablesbar. Was die codierten Chipdaten bedeuten, ist nachfolgender Tabelle zu entnehmen:

Chipdaten						FSB Takt in MHz						
Teilenummer			Her-steller	ns	MHz	CAS – Takte						
Her-steller	Kern-nummer	Datenteil				66	75	83	100	112	125	143
PDC	8UV64B4C	-102T-S	Fujitsu	10	100	2	2	2	2	-	-	-
PDC	8UV64B4C	-103T-S	Fujitsu	10	100	3	3	3	3	-	-	-
HB	52E88EM	-B6	Hitachi	10	100	3	3	3	3	-	-	-
IBM	13N16644HC	-260T	IBM	10	100	2	2	2	2	-	-	-
IBM	13N16644HC	-360T	IBM	10	100	3	3	3	3	-	-	-
HY	XXVXXXXXX	-8	Hyundai	8	125	2	2	2	2	3	3	-
GM	72V66841CT/ CLT	-7k/-7J	LGS	10	100	2	2	2	2	-	-	-
GM	72V66841CT/ CLT	-8	LGS	8	125	2	2	2	3	3	3	-
MT	48LC8M8A2TG	-8D/-8E	Micron	8	125	2	2	2	2	3	3	-
MT	48LC8M8A2TG	-8°/B/C	Micron	8	125	2	2	2	3	3	3	-
M2	V64S30BTP	-8A	Mitsubishi	8	125	2	2	2	3	3	3	-
V	43648S04VTG	-10PC	Mosel Vit.	10	100	2	2	2	2	-	-	-
V	43648S04VTG	-8PC	Mosel Vit.	8	125	2	2	2	2	3	3	-
*PD	4564821G5	-A80-9JF	NEC	8	125	2	2	2	2	3	3	-
*PD	4564821G5	-A80	NEC	8	125	2	2	2	3	3	3	-
*PD	4564821G5	-A10-9JF	NEC	8	125	2	2	3	3	3	3	-
NN	5264XX5TT	-10	NPNX	10	100	2	2	2	2	-	-	-
NN	5264XX5TT	-80	NPNX	8	125	2	2	2	2	3	3	-
MK	31VT864A	-8YC	OKI	8	125	2	2	2	2	3	3	-
KM	48S8030CT	-G7/-F7	Samsung	7	143	2	2	2	2	3	3	3

Chipdaten						FSB Takt in MHz						
Teilenummer			Hersteller	ns	MHz	CAS – Takte						
Hersteller	Kernnummer	Datenteil				66	75	83	100	112	125	143
KM	48S8030CT	-G8/-F8	Samsung	8	125	2	2	2	2	3	3	-
KM	48S8030CT	-GH/-FH	Samsung	10	100	2	2	2	2	-	-	-
HYB	39S64XXX (AT/ATL)	-8	Siemens	8	125	2	2	2	2	3	3	-
HYB	39S64XXX (AT/ATL)	-8B	Siemens	10	100	3	3	3	3	-	-	-
TMS	XXXXXX	-8	Texas Inst.	8	125	2	2	2	2	3	3	-
TMS	664XX4	-8A	Texas Inst.	8	125	2	3	3	3	3	3	-
TMS	664XX4	-10	Texas Inst.	8	125	2	3	3	3	3	3	-
TC	XXSXXXXBFT (X)	-80	Toshiba	8	125	2	2	2	2	3	3	-

(Quelle: Internet http://optimize.bhcom1.com The High-Performance PC Guide)

Die Timings optimieren – ein Plus von über 30 %

Sollten Ihre Speichermodule vom Bios per Autoconfiguration mit den langsameren Timings von 3 Taktzyklen eingetragen worden sein, dann probieren Sie doch einfach mal die Timings mit den 2er Zeiten.

Dazu gehen Sie ins „Chipset Features Setup“ bei Award oder ins „Advanced Chipset Setup“ von AMI. Hier gibt es Parameter, die so ähnlich lauten wie:

„Set SDRAM Timing by SPD" „SDRAM Configuration" Hier können Sie die Autokonfiguration der Speichermodule ein- beziehungsweise ausschalten. In diesem Fall wird „Ausschalten" gewählt: Dazu werden meistens Werte wie „NO", „None", „User" oder ähnlich angeboten.

Nun haben Sie in den meisten Fällen Zugriff auf folgende Einstellungen:

Einstellung	Wert
SDRAM RAS to CAS Delay / RAS to CAS Delay Time	von 3 auf 2
SDRAM CAS# Latency / SDRAM CAS Latency	von 3 auf 2
SDRAM RAS# Precharge / SDRAM RAS Precharge	von 3 auf 2

Sollten andere Parameter mit Begriffen wie „CAS Latency", „Precharge Time" oder ähnlich auftauchen, die den Wert „3" haben, dann stellen Sie diese versuchsweise auf „2". Gerade die neueren AMI-Bios-Versionen überschütten den Anwender mit Einstellmöglichkeiten. Auf die Performance nehmen aber die drei oben genannten Optionen den größten Einfluss.

Was passiert?

Bei RAS-to-CAS Delay wird die Zeitspanne zwischen der Übermittlung des Zeilen- und des Spaltensignals eingestellt. Bei kürzeren Zeiten wird somit die Adresse schneller übermittelt.

Die CAS Latenzzeit ist die Zeit, die dem Speicher nach Übermittlung der Adresse zur Lieferung der Daten gegeben wird.

Und die RAS Precharge Time ist die „Vorladezeit", die dem Speicher bis zum Neuladen einer gerade ausgelesenen Speicherzelle gegeben wird.

Wenn Sie diese Optionen entsprechend eingestellt haben, ist es möglich, dass beim Start des Rechners ein Hinweis erscheint, der die Einstellungen als zu schnell bemängelt. Diesen können Sie getrost ignorieren, hier vergleicht das Bios nur die eingestellten Werte mit denen, die das SPD EEPROM gespeichert hat. Über Erfolg oder Misserfolg kann man erst urteilen, wenn der Rechner „unter Last" stabil läuft.

Dass diese neuen Settings nicht nur rein rechnerisch ein Leistungsplus von 30% bringen, zeigen folgende Screenshots aus SiSofts Memory Benchmark:

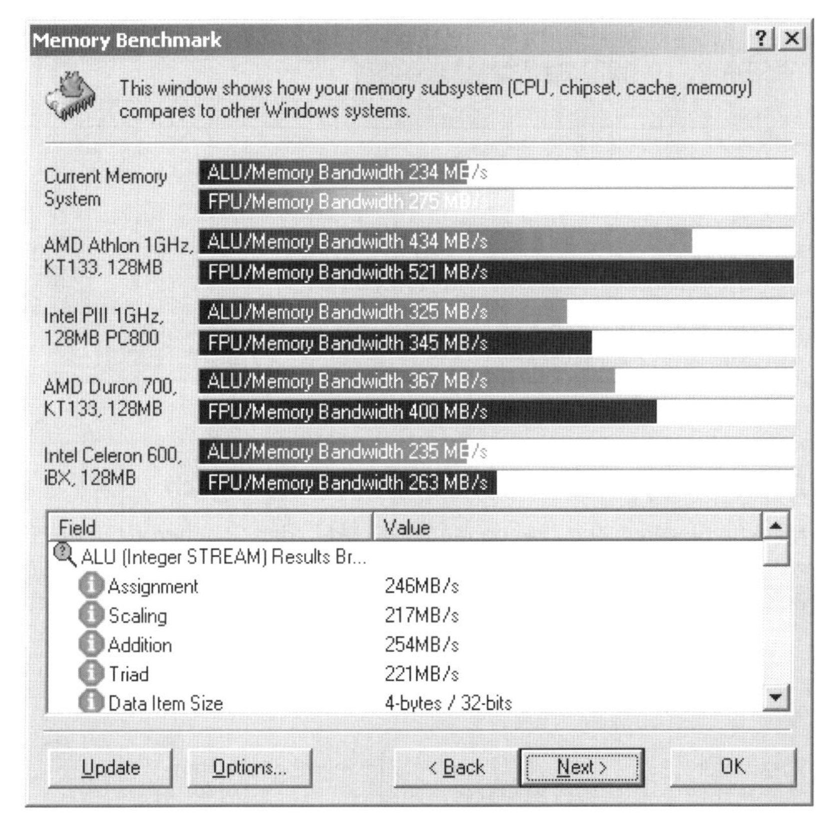

Abb. 3.6

Benchmark mit den Speichertimings auf 3 Taktzyklen

Abb. 3.7

Benchmark mit den Speichertimings auf 2 Taktzyklen

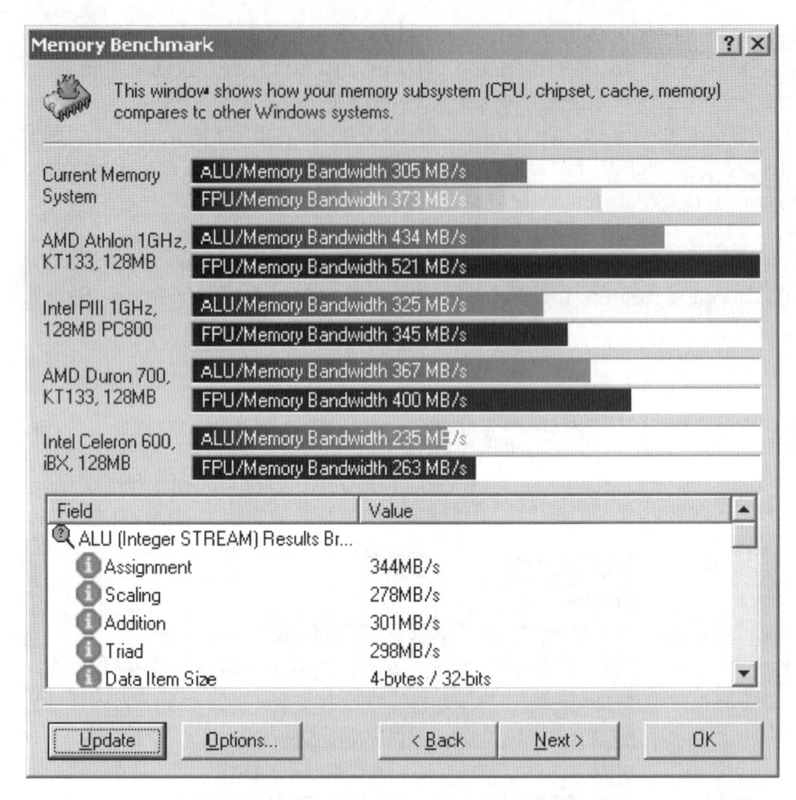

Den Speicher übertakten – auch das ist möglich

Manche Bios-Versionen bieten die Möglichkeit, den Speichertakt vom FSB zu „entkoppeln“: Dabei wird dem Speicher die Möglichkeit gegeben zum Beispiel mit 133 MHz zu takten, auch wenn der FSB nur mit 100 MHz läuft.

Parameter	Einstellmöglichkeiten
DRAM CLK	Host CLK, *HCLK + 33M*
DRAM Clock / Host Clock	3/3 , *4/3*

Solche Einstellungen sollten auch mit PC100 Steinen funktionieren, sofern als Zugriffszeit mindestens 7,5 ns (=133 MHz) angegeben sind, besser noch 7 ns – als Toleranz für die Stabilität. Die fett gedruckten Einstellungen sind die schnelleren. Schwierig wird es, wenn Sie die Latenzzeiten auf 2 stellen UND den Speicher übertakten: Dann wird dem Speicher nicht mehr die erforderliche Reaktionszeit gegönnt und die angeforderten Daten werden nicht oder nur unvollständig geliefert.

Wenn Sie sich für eine der beiden beschriebenen Methoden entscheiden wollen (oder müssen), dann nehmen Sie am besten die mit den besseren Benchmarkergebnissen. Tuning soll ja nicht nur Spaß machen, sondern auch etwas für die Leistung bringen.

Speicherkauf – das müssen Sie beachten

Sollten Sie Ihren Rechner mit Speicher aufrüsten wollen, dann verwenden Sie am besten Speicher von solchen Herstellern wie Infineon, Kingmax oder Crucial/Micron. Das letztere läuft übrigens auch mit 133 MHz und 2er Timings, falls das Board mitmacht.

Der Vorteil, den Sie haben: trotz ein paar Mark mehr beim Kauf haben Sie immer einen Ansprechpartner bei defekten Speichermodulen. Das passiert zwar selten, wird dann jedoch, egal nach welcher Zeit, anstandslos umgetauscht.

Hinweis

(kein Tipp ☺) http://www.ebay.de

Manche PC-Zeitung gibt sogar Tipps, bei ebay oder anderen Online-Auktionshäusern defekten Speicher billig zu kaufen und dann kostenlos beim Hersteller umzutauschen.

Übrigens: In der c't 18/2000 finden Sie einen umfangreichen Artikel über 128 MB-SDRAM Module von Markenherstellern. Hier wurden alle Kenndaten in Labor- und Praxistests überprüft. Bei Interesse können Sie Zeitungen (oder Kopien) unter http://www.heise.de/abo/ct/ nachbestellen.

FP- und EDO-Module – Speicherfossilien in Schwung gebracht

Wenn man davon ausgeht, dass noch vor zwei Jahren viele Rechner mit EDO-RAM ausgeliefert wurden und heute natürlich noch nicht zum alten Eisen zählen (sollten), kann man auch hier durch Optimierung die Hardware an die Anforderungen moderner Software zumindest ein wenig annähern.

Aufrüsten – mehr Speicher für mehr Leistung

Hinweis

Da EDO- und auch FP-Module Daten nur in 32 Bit Breite verarbeiten, sind beim Nachrüsten die Teile paarweise einzubauen. Der Prozessor verarbeitet 64 Bit breit und schreibt/liest die Daten immer auf Bänke verteilt.

Pentium Rechner der MMX-Klasse oder auch die Konkurrenzteile von AMD haben noch bis Mitte 1998 zum absoluten technischen Highlight gehört. Entsprechend gibt es auch mehr oder weniger gut ausgestattete PCs, die heute noch ihren Dienst in einigen Büros oder vielleicht schon weitergegeben im Kinderzimmer des Nachwuchses verrichten. In aller erster Linie wird hier wohl das Aufrüsten stehen. Wenn man bedenkt, dass EDO-RAM heute nur noch den Bruchteil dessen kostet, was damals verlangt wurde eine eher bescheidene Ausgabe: da die Preise aber ständig schwanken, kann ich hier keine verbindlichen Angaben machen.

Auf jeden Fall lohnt sich ein Aufrüsten bis maximal 64 MByte, Sie werden merken, die Festplatte bekommt mit Auslagerungen wesentlich weniger zu tun. Dazu stecken Sie einfach noch zwei 16 MByte Module zu Ihrem vorhandenen Speicher hinzu: öffnen Sie das Rechnergehäuse und suchen Sie auf dem Mainboard die Steckplätze für den Speicher. Damit die Speichermodule richtig eingesetzt werden können (schließlich haben sie 72 Pole), sind kleine Führungsmarkierungen ausgespart, die sowohl die Mitte des Moduls anzeigen, als auch ein Verdrehen unmöglich machen.

Abb. 3.8

Markierung zur verpolungssicheren Installation von RAM-Modulen

In 80% aller Fälle dürfte Ihr PC 16 MByte oder 32 MByte haben. Wenn Sie nun noch zwei von den günstigen 16-MByte-Modulen nachrüsten, wird Ihr Rechner mit Sicherheit ein ganzes Stück fixer. Wichtig ist, dass Sie dabei EDO-und FP-Module nicht mischen. Manche Boards verkraften so etwas nicht und starten den Rechner nicht.

In den Handbüchern steht unter „Memory“, wie die Speichermodule verteilt werden müssen, um zum gewünschten Erfolg zu kommen: Bei Boards mit 4 Steckplätzen empfiehlt es sich zum Beispiel, alle vier Plätze mit jeweils einem 16-MByte-Modul auszurüsten.

Troubleshooting

Der PC startet nach dem Aufrüsten nicht mehr

Eventuell haben Sie EDO-RAM gekauft und in Ihrem Rechner vorher FP-Module gehabt, leider sind diese Module optisch identisch. Sie können aber beim Start Ihres Rechners feststellen, welche Speichersorte Sie haben: An der Stelle beim Start, wo Festplatte, Arbeitsspeicher usw. angezeigt werden, drücken Sie einfach einmal auf die Pausetaste. Nun haben Sie genügend Zeit, sich den Bildschrim anzusehen. Sie werden irgendwo etwas lesen wie: „EDO RAM in Raw: 0“ oder „FP Modul in Raw...“ – ein Hinweis auf den verwendeten Speicher. „EDO RAM in Row:0“ heisst dabei nicht, dass Sie keinen EDO-RAM haben, wie die „0“ vermuten lassen könnte, sondern dass sich der Speicher in Steckplatz 0 befindet.

Sie können den Rechner nicht aufrüsten, weil alle Steckplätze belegt sind.

Leider haben viele Anbieter aus Kostengründen die Bänke mit kleinen Speichermodulen vollgebaut, 4 x 4MByte sind ja auch 16 MByte. Das war billig in der Zeit, als die Speichergrößen langsam höher dimensioniert wurden, und die Lagerbestände der Händler wurden so künstlich wieder „gesäubert". Bei 4 x 8 MByte Modulen können Sie zwei der Teile gegen 16 MByte Module austauschen und haben dann 48 MByte im Rechner. Das ist schon mal etwas. Bei 4-MByte-Modulen lohnt nur der komplette Austausch. Die dann nicht mehr verwendeten Speicher können Sie im Internet unter http://www.ebay.de versteigern. Ein paar Mark bringen sie dann eventuell noch.

Der Einbau ist gemacht, aber der Speicher wird nicht hochgezählt.

Beim Speichereinbau (und gerade bei den EDO- oder FP-Modulen) kann es vorkommen, dass die Teile in der Führung leicht verkanten. Unangenehmerweise sind die Bänke auch meistens in der Nähe größerer Teile (Netzteil o.Ä.), so dass man nur schwer herankommt. Achten Sie genau auf den richtigen Sitz der Module – es muss ein leises Knacken zu hören sein, wenn die Halterung einrastet. Also nicht mit Gewalt arbeiten, aber ein sanfter Druck ist schon erlaubt. Außerdem: IMMER paarweise einbauen.

Der Rechner gibt „wirre" Piepzeichen von sich.

Auch hier ist etwas schiefgelaufen beim Speichereinbau, meistens sind die Module dann gemischt. Es könnte sein, dass Sie EDO mit FP gemischt haben und das Board nicht mitspielt. Eine andere Möglichkeit ist, dass das Board entsprechende Speichergrößen nur auf bestimmten Steckplätzen erwartet: also nicht 8-8-16-16 MByte, sondern 16-16-8-8 MByte. Dritte Möglichkeit: Sie haben die Module nicht paarweise eingebaut oder eventuell 8-16-8-16 MByte. Das quittiert der Rechner manchmal auch mit Piepzeichen. (was die Beep-Codes bedeuten, können Sie detailliert in *Kapitel 9: Es piept – die richtige Fehlerdiagnose* nachlesen)

Die Timings – EDO am Rand der Leistungsfähigkeit

Tipp

Sichern Sie unbedingt vor den Veränderungen Ihre aktuellen Einstellungen, um im Falle der Instabilität Ihres Systems die Ausgangswerte wieder einstellen zu können

Ähnlich wie im vorhergehenden Abschnitt mit den SDRAM kann man natürlich auch EDO- und FP-Module mit anderen Timings versorgen. Möglich wird das durch Bios-Einstellungen im Chipset Features Setup bzw. im Advanced Chipset Setup. Sehr häufig hört man da von Timings, Refresh, Burst oder Waitstates.

Die in der Autoconfiguration eingestellten Werte sind eigentlich schon gar nicht mal so schlecht: Sie versprechen ein leistungsfähiges System bei einer maximalen Stabilität.

Wenn Experimente gewünscht sind, um die Leistungsfähigkeit zu erhöhen, bieten sich hauptsächlich Veränderungen in den Bereichen an, die die Zugriffszeiten betreffen.

Zunächst einmal müssen Sie viel Zeit mitbringen. Nicht so sehr für das Einstellen der Werte, das ist schnell gemacht. Wichtiger ist die Überprüfung der Stabilität des Systems.

Als Erstes setzen Sie den Wert bei „DRAM Speed" von 70ns auf 60 ns. Das ist nur bei FP-Modulen nötig, bei EDO steht der Wert schon da.

In manchen Bios-Versionen werden unter „DRAM-Speed" keine Zahlenwerte, sondern verbale Beschreibungen wie „Normal", „Fast" „Turbo" oder ähnlich angeboten. Beginnen Sie mit dem Wert der Autoconfiguration und arbeiten Sie sich langsam zu den schnelleren Werten vor. Zwischendurch ist ein Test auf Stabilität ratsam. Damit das schneller geht, empfiehlt sich ein Programm, welches Prozessor und RAM mit praxisnahen Aufgaben beschäftigt. Auf der Buch-CD finden Sie Burn-In-Test V2.1 in einer 30 Tage-Testversion.

In nachstehender Tabelle sind noch einige relevante Optionen aufgeführt. Die Bezeichnungen sind in verschiedenen Bios-Versionen unterschiedlich, aber ähnlich, so dass Sie sie erkennen werden:

Option	Werte	Empfehlung
DRAM Data Latch Delay	enabled/disabled	enabled
DRAM Leadoff Timing	n	je kleiner n, desto besser
DRAM Paging Mode	enabled/disabled	enabled
DRAM Pipelining	enabled/disabled	enabled
DRAM Read Burst Time	x222/x333	x222
DRAM Read Cycle Delay	n	je kleiner n, desto besser
DRAM Speculativ Off	enabled/disabled	enabled
DRAM Turbo Leadoff	enabled/disabled	enabled
DRAM Write Burst Time	xnnn	je kleiner n, desto besser
Enhanced Paging	enabled/disabled	enabled
Fast DRAM R/W Leadoff	enabled/disabled	enabled
Fast EDO Leadoff	enabled/disabled	enabled
Fast Memory Delay	enabled/disabled	enabled
Fast RAS to CAS Delay	enabled/disabled	enabled
Turbo EDO Mode	enabled/disabled	enabled
Turn Around Insertion	enabled/disabled	enabled

Sie werden in Ihrem Bios sicher nicht alle Optionen finden, hier handelt es sich um eine aus verschiedenen Versionen zusammengetragene Auswahl. Falls Ihr System beim Optimieren irgendwann einmal instabil wird, dann nehmen Sie einfach die zuletzt umgestellte Option auf den Ausgangswert zurück, das setzt voraus, dass nicht alle Parameter gleichzeitig verändert werden.

Bei Speicheroptimierung greifen sehr viele technische Parameter ineinander, unmöglich, hier alle zu erklären oder aufzuzählen. Das Speichertuning ist demzufolge eine der Maßnahmen, die beim Optimieren am längsten dauern. Sie können sich übrigens über die Bedeutung der einzelnen Parameter in *Kapitel 12: Bios Tuning – die Best Settings für mehr Sicherheit, Stabilität und Geschwindigkeit* informieren.

Bustypen – mehr Geschwindigkeit durch Optimieren

Die im PC vorhandenen Einsteckkarten kommunizieren mit Prozessor, Speichern, Festplatten oder Cache über so genannte Bussysteme. Zu solch einem Bus gehören aber nicht nur die Steckplätze für die verschiedenen Erweiterungskarten, sondern noch eine Menge mehr als nur Datenleitungen für den Transport oder Austausch von Daten.

Solch ein Bus ist eine Art Kommunikationsstandard, den verschiedene Hardwarehersteller aufgestellt haben, um das „WIE" beim Datenaustausch abzuklären. Chips und Schaltkreise werden so konstruiert, dass die Daten in beide Richtungen (Senden und Empfangen) auf eine Art und Weise übergeben werden, die das jeweils „gegnerische" Gerät versteht, diesen Standard also auch einhält.

Um den technischen Fortschritt bezüglich der Geschwindigkeit in der Datenübertragung mitzuhalten, sind im Laufe der Jahre verschiedene Bussysteme konzipiert worden, die nicht einzeln, sondern in einem Mix in Computern auftauchen. Solche Systeme zu optimieren, wird durch das Auftreten verschiedener Busse in einem System verkompliziert. Um eventuell auftretenden Fehlern entgegenzuwirken, erfahren Sie zunächst einmal die Hintergründe und Eigenschaften der in Ihrem PC auftretenden Bussysteme. Für dieses Buch soll es genügen, den 64-Bit breiten Pentium Local Bus, den PCI Bus und den ISA-Bus genauer zu betrachten. Diese drei Busarten „hängen" über den Chipsatz miteinander zusammen und beeinflussen sich gegenseitig in Bezug auf Geschwindigkeit und Performance.

Der Systembus – Aufgaben im PC

Wenn man sich ein Motherboard einmal von unten betrachtet, sieht man ein Wirrwarr von unübersichtlichen Leitungen, die im Großen und Ganzen im PC für den Transport von vier verschiedenen Größen sorgen:

Größe	Zweck
Elektrischer Strom	Jeder Chip auf dem Mainboard benötigt Strom. Den holt er sich aus den Stromleitungen des Systembusses.
Steuersignale	Die Steuersignale sind nötig, um die verschiedenen Aktivitäten auf dem Board zu koordinieren oder synchronisieren.
Speicheradressen	Eine sehr wichtige Größe, die immer dann transportiert wird, wenn Komponenten einander Daten übergeben. Die Anzahl der Adressleitungen des Systembusses legt fest, wie hoch die Nummer der Speicheradresse sein darf. Sie legt sozusagen die Kapazität fest, die der Bus adressieren kann.
Daten	Auch die Daten werden über eine Anzahl von Leitungen des Systembusses übertragen. Die Anzahl der Datenleitungen legt fest, wie viele Daten parallel übertragen werden können. Das sind prozessorabhängig 8, 16, 32 oder 64 Datenleitungen (man spricht dann von z.B. 32-Bit Breite)

In der schematischen Darstellung sehen Sie, wie die einzelnen Bussysteme, die sich im Laufe der Zeit entwickelt haben, auf dem Board zusammenarbeiten.

Abb. 4.1

Schematische Darstellung der Funktionsweise eines Mainboards

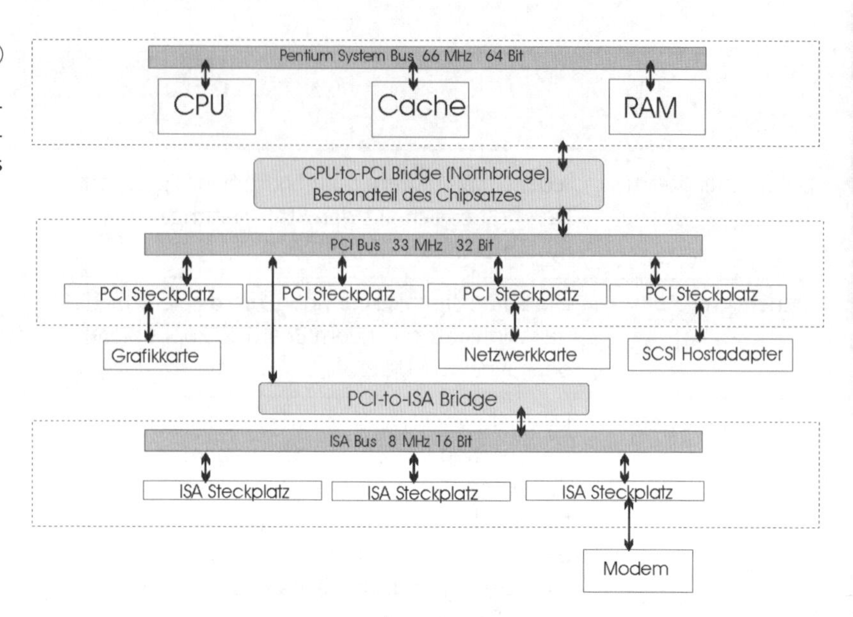

Hinweis

Bei den Originaleinstellungen des FSB (66 MHz, 100 MHz bzw. 133 MHz) ist der PCI-Bus immer 33 MHz und der ISA-Bus 8,3 MHz schnell.

Dabei sind die Elemente, die unmittelbar über die Bridges miteinander verbunden sind, grau unterlegt. Solch eine Bridge funktioniert dabei wie ein Teiler, in diesem Fall (ein Systembus mit 66 MHz) ist der Teiler zum PCI-Bus auf „2“ gesetzt, und vom PCI-Bus zum ISA-Bus auf „4“. So kommen dann die einzelnen Taktfrequenzen in den Bussen zustande.

Für verschiedene Systemtaktfrequenzen gelten natürlich unterschiedliche Teiler. Die gebräuchlisten sehen Sie in nachfolgenden Abbildungen.

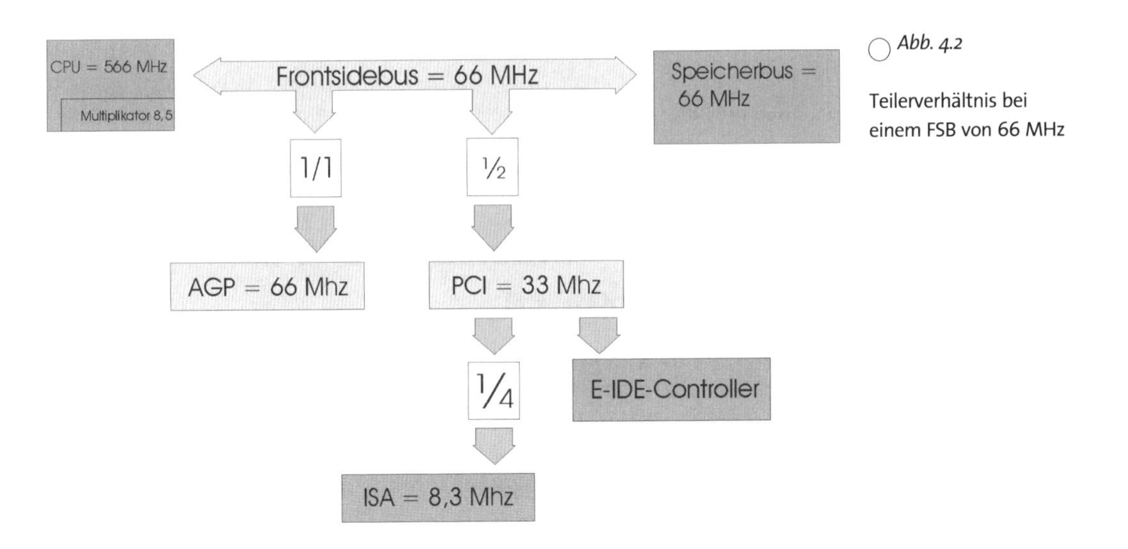

Abb. 4.2

Teilerverhältnis bei einem FSB von 66 MHz

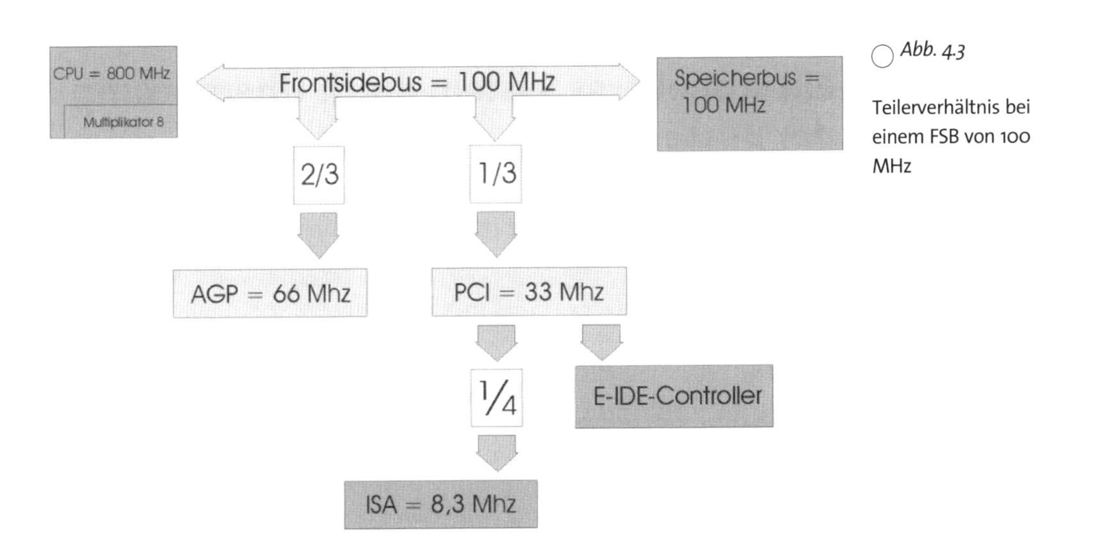

Abb. 4.3

Teilerverhältnis bei einem FSB von 100 MHz

Aus diesen beiden Darstellungen ist ersichtlich, dass die Teiler vom Mainboardhersteller so eingerichtet werden, dass über die Northbridge dem PCI-Bus immer 33 MHz zugeteilt werden. Voraussetzung dafür ist, dass man die Einstellungen des FSB bei 66 MHz bzw. 100 MHz lässt.

Bussysteme – Unterschiede und Gemeinsamkeiten

Um Bussysteme zu beschleunigen, gibt es zwei Wege. Zum einen kann man im Bios die Parameter so einstellen, dass die Zusammenarbeit der einzelnen Komponenten optimiert wird. Dadurch wird der Datenaustausch beschleunigt und die Performance des Systems erhöht. Die andere Möglichkeit ist das gezielte Übertakten der Busse. Auch hier wird der Datenaustausch beschleunigt, allerdings nicht durch optimale Zusammenarbeit, sondern einfach durch Erhöhung des Bustaktes.

Ein schnelleres System durch Übertaktung der Busse

Um Sie nicht lange mit theoretischen Abhandlungen über die Entstehung der Bussysteme zu quälen, hier nur die wichtigsten technischen Daten:

	ISA [1]	EISA	VLB	PCI	AGP
Breite des Datenpfades in Bit	8 / 16	32	32	32	32
Datenbustakt in MHz	5,33/8,33	8,33	33	33 / 66 [2]	66
Datendurchsatz in MByte/s	5,33/8,33	33	132	132	264
max. Anzahl an Steckplätzen	8	8	2	4	1
Bus-Master-Unterstützung	nein	ja	ja	ja	ja

1 Der ISA-Bus existierte sowohl als 8-Bit als auch als 16-Bit-Bus.

2 Für die PCI 2.0 Spezifikation sind maximale Taktraten von 33 MHz bei 32 Bit Breite vorgesehen, für die Version 2.1 sind es 66 MHz (das kommt in der Praxis nur sehr selten vor, denn leider bestimmt das schwächste Glied in der Kette den Modus, unter dem alle teilnehmenden Geräte zu „leiden" haben).

Die in der Tabelle grau unterlegten Felder haben für etwaige Übertaktversuche die größte Bedeutung. In Kapitel 1 haben Sie die Möglichkeiten kennen gelernt, Prozessoren unter anderem mit Hilfe des FSB zu übertakten. In *Kapitel 6: Tuning von Grafikkarten – das Plus an Geschwindigkeit* werden Bustakte angehoben, um Grafikkarten zu beschleunigen. Natürlich beschleunigt man die anderen Karten gleich mit, und das ist eigentlich das „Gefährliche":

Übertakten des FSB – so halten Sie ISA, PCI und AGP im sicheren Rahmen

Hinweis

Bei Veränderung des FSB werden alle anderen Busse mit beeinflusst!

Bei Veränderung des Frontsidebus MUSS man darauf achten, dass die Taktfrequenzen der ISA-, PCI- und AGP-Busse zumindest annähernd im Bereich der Spezifikation liegen, also ISA bei 8,3 MHz, PCI bei 33 MHz und AGP bei 66 MHz. So will es Intel, so wollen es die Hersteller der Erweiterungskarten und Sie natürlich auch: denn alles, was mehr als ca. 15% über der Norm liegt, führt meistens zur Instabilität des Systems oder – in besonders ärgerlichen Fällen – zum Schaden der Hardware. Alles, was Sie in Richtung Übertaktung versuchen, erfolgt deshalb auf eigene Gefahr.

Glücklicherweise sind bei solchen Experimenten die Hersteller von Mainboards ein wenig behilflich: Nahezu alle neueren Boards lassen die Verwendung von Prozessoren verschiedener Leistungsklassen zu. Ein Beispiel:

Tipp

Das schreit geradezu danach, die „E“ Variante zu kaufen: Der Kern der Prozessoren ist derselbe, 133 MHz verkraften also beide. Damit wäre der 600 E gleich der 800 EB (ganz so ist es nicht, funktioniert aber in 90% aller Fälle). Anders herum gesagt, können Sie den 800E mit ziemlicher Sicherheit in den Gigahertzbereich jagen, den 800EB nicht. Schauen Sie bei http://www.overclockers.com nach, dort finden Sie die Kennziffern der in Frage kommenden Prozessoren

Intel baut den Pentium III 800 MHz in verschiedenen Ausführungen. Abgesehen von den unterschiedlichen Versionen Sockel 370 (FCPGA) oder Slot 1 in Bezug auf den Steckplatz, gibt es den P III 800 MHz als so genannte „E“-Variante und als „EB“- Variante. Rein arbeitstechnisch takten beide intern mit 800 MHz, Variante „E“ allerdings mit einem FSB von 100 MHz und einem Multiplikator von 8. Variante „EB“ benötigt für denselben internen Arbeitstakt einen FSB von 133 MHz. Der Multiplikator ist hier fest auf 6 eingestellt.

Um beide Prozessoren in ein und demselben Board betreiben zu können (physikalisch passen die Teile ja), haben sich die Boardhersteller einen „Schaltungstrick“ einfallen lassen müssen. Der besteht darin, die Teiler vom FSB zum PCI- bzw. AGP-Bus variabel zu gestalten.

```
- PCI Clock/CPU FSB Clock  1/3
- AGP Clock/CPU FSB Clock  2/3
```

Abb. 4.4

Einstellmöglichkeiten für die Teiler im Bios

Sinnvolle Einstellungen sind:

FSB	PCI-Teiler	AGP Teiler
66 MHz	1/2	1/1
100 MHz	1/3	2/3
133 MHz	1/4	1/2

FSB	100	103	105	107	112
PCI	33	34,3	35	35,7	37,3
AGP	66	68,7	70	71,3	74,6

Diese Einstellungen verhelfen den Bussen zu Taktraten, die genau in der Spezifikation liegen. Werden die Einstellungen der Teiler beibehalten und der FSB wird in kleinen Schritten erhöht, könnte zum Beispiel folgendes Bild entstehen:

Die jeweils angeschlossenen Karten werden schneller getaktet und arbeiten demzufolge auch mehr Daten in der selben Zeit ab, als es normalerweise der Fall wäre. Die hier in der Tabelle angegebenen Daten dürften auch von den meisten Karten verkraftet werden. Eine Ausnahme sind manche Geforce-Grafikkarten bei denen es bei knapp 75 MHz zu Wärmeproblemen kommen kann).

Troubleshooting: Wenn der AGP-Bus das Übertakten verhindern will

Sollte erwähntes Beispiel mit den Geforce-Grafikkarten bei einem FSB von 112 MHz in der Praxis auftauchen (der Bildschirm „friert" ein, Bluescreens oder ähnliche Auffälligkeiten), dann können Sie zur Abhilfe den Teiler so wählen, dass der Bus in der nächst niedrigeren Taktrate läuft. In diesem Fall also den Teiler vom AGP-Bus auf „1/2" stellen, dann läuft der Bus zwar nur mit 56 MHz, dafür aber stabil. Vorteil in der Praxis: Sie haben ein stabiles, sicher übertaktetes System. Der Prozessor läuft 12% schneller, die PCI-Karten haben auch einen guten Geschwindigkeitsschub erfahren, und der AGP-Bus macht ebenfalls keine Schwierigkeiten.

Troubleshooting – Wenn es die Einstellungen für die Teiler im Bios nicht gibt

Sehr häufig haben die Hersteller der Mainboards in letzter Zeit Gebrauch vom so genannten Soft Menu Setup gemacht. Über dieses Menü können Sie meistens die Teiler für die Busse einstellen, den FSB, manchmal auch Multiplikator oder Corespannung des Prozessors. Sollte dieses Menü in Ihrem Bios nicht vorhanden sein, dann hilft Ihnen bestimmt ein Blick ins Handbuch Ihres Boards. Dort gibt es ein Kapitel „Jumper Settings", da wird genau beschrieben, welche von den kleinen Steckbrücken (Jumper) auf dem Mainboard für die Einstellungen der Teiler zuständig sind. Manchmal gibt es diese Jumper nicht „einzeln", sondern in Kombination mit den Einstellungen für den FSB. Bei Gigabytes GA6BXC zum Beispiel können Sie den FSB auf 133(1/4) oder auf 133 (1/3) stellen. Sie stellen hier also den FSB auf 133 MHz ein, und den Teiler auf 1/4 oder 1/3, je nach Stellung der Jumper.

Drei Beispiele für die Praxis

Dieses Wissen um die internen Zusammenhänge macht erhebliche Geldersparnis möglich. Stellen Sie sich folgende Situationen vor:

1. Sie haben einen „alten" Rechner mit einem Celeron 300A – Prozessor. Der Rechner ist zu langsam und Sie überlegen, einen neuen zu kaufen. Wenn Ihnen 450 MHz ausreichen, dann übertakten Sie einfach, und der Neukauf kann noch eine Weile warten.

2. Sie überlegen, einen Rechner mit ca. 800 MHz zu kaufen, dabei ist Ihnen egal, um welchen Prozessor es sich handelt: günstig soll er sein. Eine Empfehlung: Celeron 566 MHz auf 850 MHz takten. Ersparnis: ca. DM 500 ,-.

3. Sie möchten einen Pentium III mit 800 MHz haben. Wenn Sie die Variante PIII 800E kaufen (anstelle von 800EB) hat Ihr Prozessor noch Kraftreserven für den Sprung über 1 Gigahertz.

Und so sieht das in einer Tabelle aus:

CPU	interner Takt	FSB	Multiplikator	PCI	AGP
Celeron 300A	300 MHz	66 MHz	4,5	1/2	1/1
300A@450	450 MHz	100 MHz	4,5	1/3	2/3
Celeron 566	566 MHz	66 MHz	8,5	1/2	1/1
566@850	850 MHz	100 MHz	8,5	1/3	2/3
P III 800E	800 MHz	100 MHz	8	1/3	2/3
800E@1000	1000 MHz	125 MHz	8	1/4	1/2

Hinweis

Sie verlieren die Herstellergarantie beim Übertakten! Um einigermaßen sicherzugehen, was der jeweilige Prozessor aushält, können Sie auf http://www.overclockers.com Ihre CPU eingeben und ca. 100 Erfahrungsberichte, sortiert nach verwendetem Board usw., einsehen.

Sicher sind die hier aufgeführten Prozessoren geradezu mustergültig für das Übertakten geeignet. Leider geht das nicht mit allen Prozessoren so (eine ausführliche Tabelle, welcher Prozessor für welche Taktfrequenzen geeignet ist, finden Sie in Kapitel 1) und auch innerhalb einer Produktreihe gibt es Streuungen. Wichtig ist (und deshalb finden Sie die Beispiele hier und nicht im Kapitel „Prozessoren"), dass Sie VOR dem Hochfahren des Rechners die Teiler der Busse korrekt eingestellt haben.

Abb. 4.5

Einstellungen für den Celeron 566 MHz bei einer Taktfrequenz von 850 MHz im SoftMenü von Abits BX133 Board

```
      CMOS Setup Utility - Copyright (C) 1984-2000 Award Software
                          SoftMenu III Setup

  System Processor Type        CELERON(TM)         Item Help
  CPU Operating Frequency      User Define
  - CPU FSB Clock (MHz)        100                 Menu Level   ▸
  - CPU Multiplier Factor      x8.5
  - SEL100/66# Signal          Default
  - PCI Clock/CPU FSB Clock    1/3
  - AGP Clock/CPU FSB Clock    2/3
  - AGP Transfer Mode          Default
  - CPU Core Voltage (V)       1.75
  - I/O Voltage (V)            3.50 Default
  - In-Order Queue Depth       8
  - Level 2 Cache Latency      Default

  Spread Spectrum Modulated    Disabled

↑↓→Move  Enter:Select  +/-/PU/PD:Value  F10:Save  ESC:Exit  F1:General Help
   F5:Previous Values    F6:Fail-Safe Defaults    F7:Optimized Defaults
```

Solche komfortablen Menüs wie hier sind natürlich keine Einzelfälle, die meisten Hersteller bringen ihre aktuellen Boards mit solchen Menüs auf den Markt.

Kaufentscheidend beim Mainboard ist – und das ist die Grundvoraussetzung beim Übertakten – dass sich die Frequenzen für den FSB in möglichst kleinen Schritten ändern lassen (bei Abit ist man ungekrönter Meister: von 83 bis 200 MHz FSB in 1-MHz–Schritten auf dem BX133-RAID Board, da kann man sogar „untertakten" wenn der Celeron anstelle von 100 MHz FSB „nur" 95 MHz verkraften sollte).

Hilfreich ist es auch, wenn man die Corespannung des Prozessors über das Bios beeinflussen kann. Das benötigen die meisten Prozessoren, um nach dem Übertakten stabil zu laufen. Der Celeron 566 MHz zum Beispiel läuft normalerweise mit 1,50 V. So hätte man keine Chance, auf 850 MHz zu kommen. Erst bei 1,70 Volt ist ein störungsfreier Betrieb möglich (hier zur Sicherheit noch 0,05V mehr eingestellt).

Wichtig ist außerdem, die Temperatur der CPU im Auge zu behalten, das geht entweder über einen Hardwaremonitor – einem Programm für Windows – oder im Bios selbst.

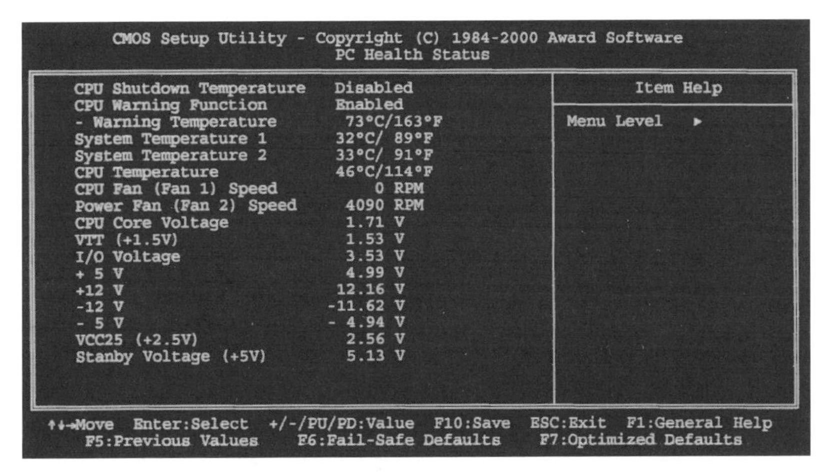

Abb. 4.6

Hardwaremonitor im Bios, die Temperatur der CPU kann man hier ablesen und bei Bedarf über Warnsignale schützen

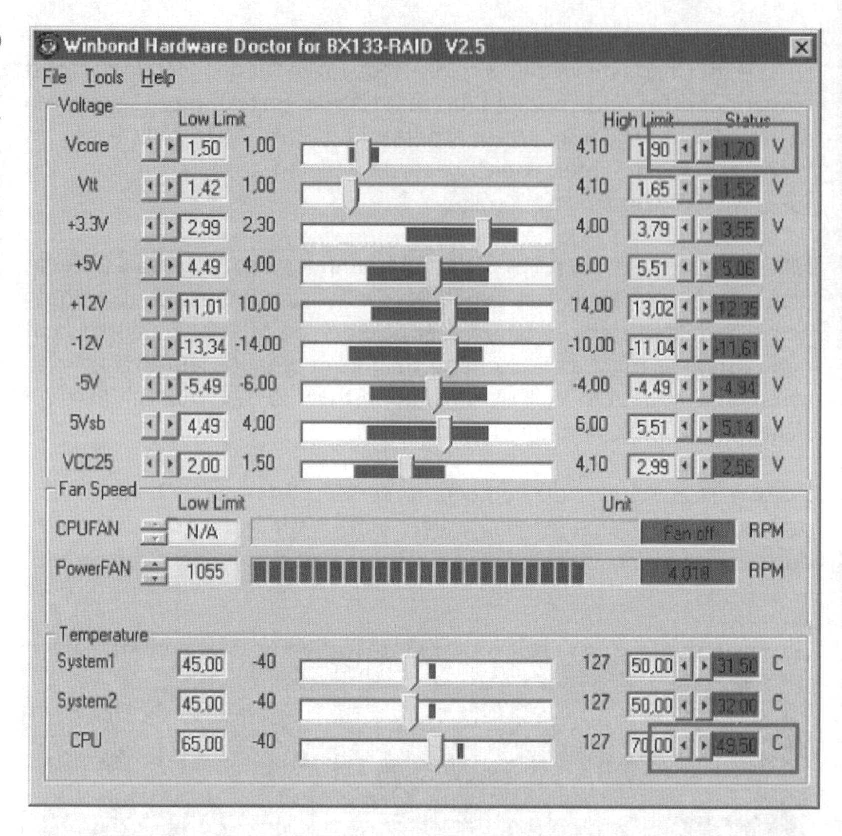

Abb. 4.7

Softwarelösung des Hardwaremonitors für Windows. Das Programm bekommt man meistens auf der Treiber-CD des Boardherstellers mitgeliefert.

Manche Hersteller von Boards gestatten über die Installation von Wärmesensoren einen ständigen Überblick über die im PC herrschenden „Klimaverhältnisse“. Dabei werden Kabel mit Wärmefühlern an den relevanten Stellen im PC angebracht (am Kühlkörper der CPU, auf der Northbridge des Chipsatzes oder evtl. am Grafikchip) und über dafür vorgesehene Steckplätze mit dem Board verbunden. Die auswertende Stelle ist dann ein Chip namens LM 78, der bei Überhitzung ein Alarmsignal sendet.

Derselbe Chip ist übrigens für die Auswertung verschiedener anderer Größen verantwortlich. Dazu gehören Umdrehungszahl von Lüftern, Prozessorspannungen und die 5V bzw. 12V- Spannungen, die diverse Geräte im PC mit Strom versorgen. Das ganze System der Überwachung ist zum so genannten SMB (System Management Bus) zusammengefasst.

Bussysteme beschleunigen durch optimierte Zugriffe

Wenn Sie Eingriffe in den Systemtakt scheuen, um keine Hardwareschäden an der CPU zu riskieren oder weil Ihr Mainboard solcherart Experimente nicht zulässt (Intel-Boards zum Beispiel), dann bleibt Ihnen immer noch der Weg über optimierte Einstellungen im Bios.

ISA-Bus Einstellungen – alte Hardware schneller machen

So eigenartig wie die Überschrift klingen mag, hier ist sie wirklich zutreffend. „Alte" Hardware, das sind in diesem Fall zum Beispiel schon eine drei Jahre alte Soundkarte, die ISA-ISDN-Karte von Teles oder vielleicht eine nicht mehr ganz taufrische Netzwerkkarte. Wie auch immer, häufig kommt es vor, dass die Karten auf jeden Fall wesentlich jünger sind als die ISA-Spezifikationen. Als ISA aus der Taufe gehoben wurde, stellten 8 MHz noch eine unvorstellbare Geschwindigkeit dar. Die letzten ISA-Karten dagegen könnten wesentlich schneller sein. Das macht man sich mit verschiedenen Einstellungen im Bios zu Nutze.

ISA Bus Clock

Hier lässt sich die Taktrate für den ISA-Bus einstellen. Manchmal als absoluter Wert (8 MHz), manchmal als Verhältnis zum PCI-Bus. Die Voreinstellungen lauten dann „1/4". Dadurch kommt der ISA-Bus zu seinen 8,3 MHz.

Empfehlung: 1/3

Achtung

Auch wenn die Karten mehr als 11 MHz verkraften sollten: Die Hitzeentwicklung wird auf lange Sicht zu Schäden führen, also bitte nicht übertreiben. Bei manchen PCs ist der DMA-Bustakt direkt an den ISA-Bus gekoppelt. Hier sollten Sie den ISA-Takt auf 8 MHz lassen, ansonsten trägt der DMA-Controller Schäden davon. Ausnahme: Sie haben eine Option „DMA Clock Selection“. Wenn Sie hier einen Teiler zum AT-Bus einstellen können, dann „entkoppeln“ Sie die Taktfrequenzen zum Beispiel mit der Einstellung „ATCLK/3“. Dann läuft der ISA-Bus mit 11 MHz und der DMA auf 3,7 MHz.

Auswirkung: Der ISA-Bus läuft jetzt mit 11 MHz (33/3=11). Die Karten laufen dann wesentlich schneller. Andere Bezeichnungen für diese Option könnten sein: AT Bus Clock, ISA Bus Clock Option oder ähnliche.

Waitstates für ISA minimieren

Nahezu alle Mainboards, die einen ISA-Slot zur Verfügung stellen, bieten auch die Möglichkeit, die Wartezeiten zwischen der CPU und dem ISA-Bus einzustellen. Hierzu werden im Chipset Features Setup, getrennt für den 8 Bit und den 16 Bit Modus, folgende Optionen angeboten:

Abb. 4.8 Waitstates für den ISA-Bus

```
8 Bit I/O Recovery Time  : 1
16 Bit I/O Recovery Time : 1
```

Empfehlung: wenn möglich „0“, ansonsten „1“

Auswirkung: Wenn die Karten solche Einstellungen zulassen, dann muss die CPU nicht so lange auf die Daten warten. Das System wird also insgesamt schneller, da die CPU nicht ausgebremst wird. Die Einstellungen (bis zu einem Zahlenwert von „8" ist es möglich) sollten so niedrig wie möglich gehalten werden. Da 8-Bit-Karten in der Regel langsamer sind (klar, denn sie übertragen nur 1 Byte in der Zeit, in der die 16-Bit-Karten 2 Byte schaffen), benötigen sie manchmal mehr Waitstates. Daher auch die getrennten Einstellmöglichkeiten.

Tipp

Sollten sich die Waitstates nicht so weit verringern lassen, wie Sie das wünschen, bauen Sie einfach nacheinander jeweils eine Karte aus und überprüfen das System dann auf Stabilität. Die so als Schwachpunkt ermittelte Karte lässt sich durch eine neue Karte ersetzen. Am besten greifen Sie dann gleich auf die PCI-Variante zurück, um das System auf diese Art und Weise zu beschleunigen.

DMA CAS Timing Delay

In manchen Bios-Versionen von AMI finden Sie noch die Option „DMA CAS Timing Delay". Diese hat dieselbe Funktion für den DMA-Zugriff wie die Recovery-Optionen für den ISA-Bus. Hier werden die Waitstates eingestellt.

Empfehlung: disabled

Auswirkung: der Zugriff auf Geräte mit DMA-Unterstützung läuft ungebremst ab. Nicht immer ein Vorteil, wenn zum Beispiel der Brenner aussetzt. Daher: Sollten irgendwelche Probleme mit Lese-/Schreibzugriffen auf Festplatte, Brenner, Diskette oder sonstigen Speicherlaufwerken auftreten, müssen Sie hier also wieder einschalten.

VESA Local Bus – Waitstates bei 486 DX-Rechnern

Hinweis

Auf manchen VLB-Karten sind Jumper zum Einstellen der Waitstates installiert. Damit werden die Bios-Einstellungen übergangen. Sie müssten also hier verändern, um schnellere Karten zu bekommen.

In der Rechnergeneration Anfang bis Mitte der 90er Jahre hatte mit dem VESA Local Bus eine neue Qualität erfahren. Erstmalig war es möglich, Einsteckkarten mit 33 MHz zu takten. Entsprechend hat man im Bios auch Einstellungen gefunden, wie: Local Bus Ready, Latch Local Bus. Damit wurden die Wartezyklen der CPU gegenüber dem Local Bus gesteuert.

Empfehlung: disabled, oder kleinste Zahl

Auswirkung: Der VLB hat hauptsächlich Grafikkarten beherbergt. Wenn diese Karten nun auf Wartezyklen verzichten können, ist ein deutlicher – weil sichtbarer – Geschwindigkeitsvorteil zu verzeichnen. Sind die Zeiten zu kurz gewählt, bleibt der Rechner stehen. Der Bildschirm friert ein und verlangt nach einer Erhöhung des Zahlenwertes im Bios.

Mit PCI-Busmaster-Optionen schneller arbeiten

Da der ISA-Bus für die meisten Anwendungen zu langsam ist und das ganze System ausbremst, gibt es im Handel fast nur noch PCI-Karten zu kaufen (Ausnahme: Grafikkarten sind meistens für den AGP-Port). Entsprechend vielfältig sind die Einstellungen im Bios, wenn es um die Optimierung des PCI-Bus geht.

Grundlagen zum Busmastering

Busmastering ist eine Technik, die es Einsteckkarten möglich macht, direkt mit dem Hauptspeicher zu kommunizieren, ohne dabei die CPU zu belasten. Dafür werden entsprechende Busmaster-Treiber benötigt, die chipsatzabhängig sind und in der Regel vom Hersteller des Mainboards mitgeliefert werden. Sollten Sie ein Betriebssystem wie Windows 95b oder später verwenden, sind die Busmastertreiber gleich integriert.

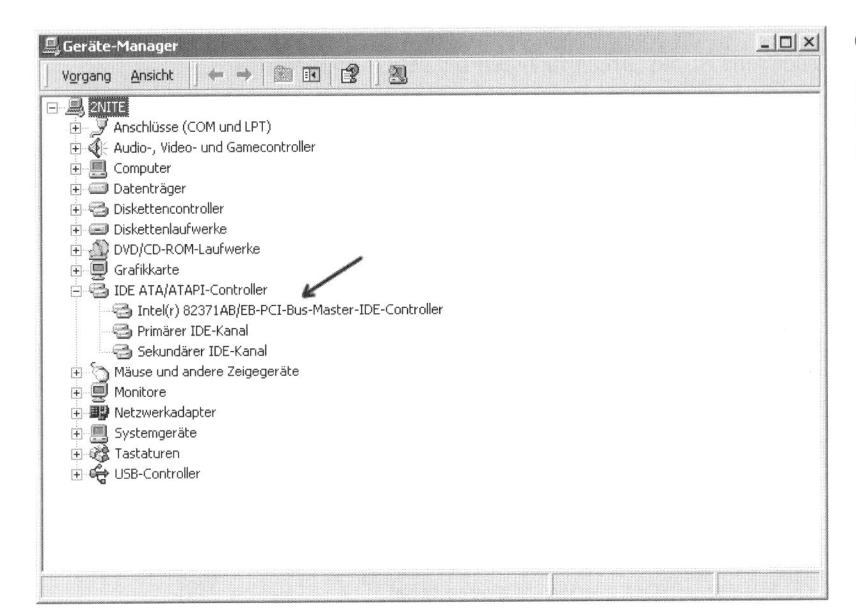

Abb. 4.9

Busmastertreiber sind im Betriebssystem integriert

Ob das bei Ihrem Board bzw. Betriebssystem der Fall ist, erkennen Sie am Eintrag im Gerätemanager. Auf jeden Fall lohnt es sich, die Treiber zu installieren, denn der Vorteil liegt auf der Hand. Die Geräte kommunizieren miteinander und die CPU wird durch den DMA (Direct Memory Access)-Controller in seiner Arbeit entlastet. Davon profitieren hauptsächlich Anwendungen aus dem Multimediabereich.

In der Windows-Hilfe heißt das so: „Bei Plug-&-Play-Geräten stellt Windows 2000 automatisch sicher, dass die Ressourcen fehlerfrei konfiguriert werden. Gelegentlich benötigen zwei Geräte dieselben Ressourcen. Dies führt zu einem Gerätekonflikt."

Problem: Ist nur eine busmasterfähige Karte installiert, dann läuft alles wunderbar. Sowie mehrere dieser Karten im System sind, wird eine Institution benötigt, die den Karten mitteilt, wer wann über welche Leitungen mit dem Hauptspeicher in Kontakt treten darf. In der Regel übernehmen das die Treiber und die sollten so ausgereift sein, dass Busmastering mit mehreren Karten funktioniert. Kommt es dennoch zu Konflikten, weil mehrere Karten gleichzeitig auf den RAM zugreifen und dabei die gleichen Leitungen verwenden, dann muss bei einer der verursachenden Karten die DMA-Unterstützung deaktiviert werden.

Meistens ist das am einfachsten bei der Grafikkarte:

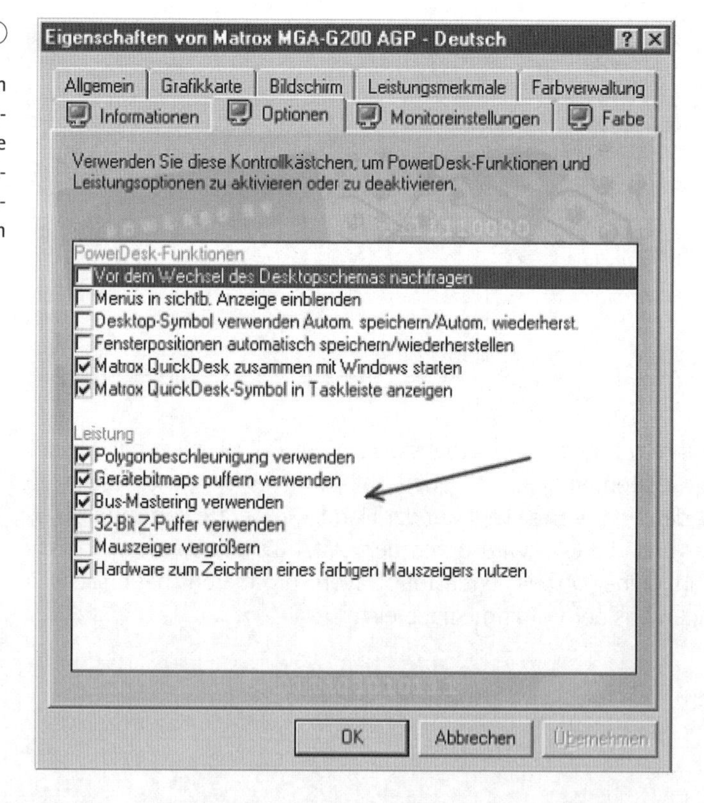

Abb. 4.10

Manche Grafikkarten bieten in einem Eigenschaftenfenster die Möglichkeit, die DMA-Unterstützung zu deaktivieren

Busmaster-Tuning – wo es nötig ist und wo es möglich ist

Wie eben beschrieben, kann es beim Zusammenspiel von mehreren busmasterfähigen Karten auch zu Problemen kommen. Dies kann an den Treibern liegen oder auch an der Qualität des Chipsatzes.

Grundsätzlich gilt folgendes:

Es gibt Karten, die Busmastering zwingend verlangen, das können zum Beispiel SCSI-Controller sein oder Videoschnittkarten. Diesen Karten muss dann ein busmasterfähiger Steckplatz gegönnt werden. Welche Steckplätze das sind (bei neueren Mainboards ist jeder PCI-Steckplatz busmasterfähig), kann man im Handbuch des Mainboards herausfinden.

* PCI slot 5 and HPT 370 IDE controller use the same bus master control signals.
* PCI slot 3 shares IRQ signals with HPT370 IDE controller (Ultra ATA/100). The driver for HPT 370 IDE controller supports IRQ sharing with other PCI devices. But if you install a PCI Card that doesn't allow IRQ sharing with other devices into PCI slot 3, you may encounter some problems. Furthermore, if your Operating System doesn't allow peripheral devices to share IRQ signals with each other-Windows NT for example, you can't install a PCI card into PCI slot 3.
* PCI slot 5 shares IRQ signals with the PCI slot 2

Abb. 4.11

Auszug aus dem Handbuch vom BX133 von Abit

Tipp

Auf den meisten Herstellerseiten im Internet gibt es die Handbücher auch in deutscher Ausgabe.

Leider sind gerade solche Angaben meistens ziemlich versteckt, obwohl sie für die Stabilität wichtig sind. Hier in diesem Bildbeispiel erfahren Sie, welche Steckplätze sich einen IRQ und welche sich einen DMA-Kanal teilen. Sollte es also zu Schwierigkeiten kommen, dann sind hier die PCI-Plätze 1 und 4 zu bevorzugen (diese müssen keine Ressourcen teilen). Das ist bei den meisten anderen Boards übrigens auch so.

Troubleshooting: Die Busmasterkarte lässt sich nicht zum Laufen bringen

Möglicherweise haben Sie ein Board aus der Zeit vor 1996. Damals gab es noch die PCI 2.0-Spezifikation. Der Triton-Chipsatz von damals kommt zwar mit einigen PCI 2.1 Karten klar, garantiert ist das aber nicht.

Wenn geklärt ist, dass Ihr Board die PCI 2.1-Spezifikation erfüllt, dann tauschen Sie doch einfach einmal die Karten in den Steckplätzen untereinander aus. Manchmal hilft das schon weiter, denn einige Karten erlauben IRQ-Sharing, andere wiederum nicht. Welche Plätze mit welchen die Ressourcen teilen, erfahren Sie im Handbuch des Mainboards.

Hilft auch das nicht weiter, müssen Sie in den sauren Apfel beißen, und die DMA-Unterstützung bei einer Karte abschalten. Schade um die Leistung, aber besser, als die Karte zu „entsorgen“.

PCI-Busmaster-Optionen im Bios

Im Bios gibt es einige Optionen, die direkt mit dem Busmastering zu tun haben.

Peer Concurrency

Mit dieser Option schalten Sie die Busmaster-Unterstützung ein.

Empfehlung: enabled

Auswirkung: Die Systemleistung wird enorm gesteigert, da mehrere Karten gleichzeitig mit dem RAM in Kontakt treten können. In manchen Fällen leidet jedoch die Systemstabilität unter dieser Art des Datenaustausches. Hier hilft entweder das Deaktivieren dieser Option oder das Umstecken und Austauschen der Karten in den verschiedenen PCI-Slots.

PCI-Streaming / Snoop Ahead

Meistens PCI-Streaming, manchmal Snoop Ahead genannt, verbirgt sich dahinter Folgendes:

Der PCI-Bus kann unabhängig von der CPU Daten in größeren Blöcken transportieren.

Empfehlung: enabled

Auswirkung: Das Zusammenfassen von Daten zu größeren Datenblöcken bringt einen Geschwindigkeitsvorteil. Das liegt am geringeren Verwaltungsaufwand für die Adressierung.

Passive Release

In Mischsystemen mit AT- und PCI-Bus geht es hier um das gleichzeitige Miteinander der entsprechenden Karten. Selbst wenn AT-Karten kommunizieren, arbeitet der PCI-Bus weiter. Das kann klappen, muss aber nicht. Wie immer ist auch diese Option abhängig von der Qualität der verwendeten Karten.

Empfehlung: enabled

Auswirkung: Der PCI-Bus wird durch den AT-Bus in seiner Arbeit nicht stark ausgebremst.

Weitere Optionen den PCI-Bus betreffend finden Sie in *Kapitel 12: Bios Tuning – die Best Settings für mehr Sicherheit, Stabilität und Geschwindigkeit*

Der AGP-Bus – Tuning für schnellere Grafik

Nachdem die AGP(Accelerated Graphics Port)-Technik eine ganze Weile gebraucht hat, um den PCI-Grafikkarten die Marktanteile zu nehmen, sind auch die anfänglichen „Kinderkrankheiten“ dieses Systems langsam verschwunden. Das liegt nicht zuletzt auch daran, dass die Halbleitertechnik mittlerweile in den 18*-Bereich vorgedrungen ist und damit der Strombedarf und die Verlustleistung der Grafikprozessoren in vertretbare Größenordnungen gekommen sind.

Die Einstellmöglichkeiten im Bios hingegen sind immer noch dieselben wie zu Anfangszeiten:

AGP Aperture Size

Durch Auslagerung von Daten in den RAM können sich AGP-Karten bei Speicherknappheit am Arbeitsspeicher bedienen.

Empfehlung: Standardwert 64 MByte

64 MByte sollten bei den momentanen Anwendungen (hier hauptsächlich hochauflösende Spiele) ausreichen, um Grafikdaten zu bearbeiten. Hinzu kommt ja noch der Speicher auf der Grafikkarte, alles in allem also meistens 96 MByte. Sollte der Speicherbedarf größer sein, so kann man den Wert im Bios erhöhen, um die Anwendung lauffähig zu bekommen.

AGP-4x Mode

Hier geht es um den Modus, mit dem Grafikkarten Daten in den RAM auslagern, nämlich AGP 1x, AGP 2x und AGP 4x. Die Zahlen stehen dabei für die Anzahl der Informationen, die pro Takt (der AGP-Bus wird mit 66 MHz getaktet) übertragen werden. Das ist schaltungstechnisch ähnlich wie beim DDR-RAM: AGP 1x hat eine Information pro Takt, bei AGP 2x wird sowohl die steigende als auch die abfallende Flanke zum Transport einer Information genutzt, und bei AGP 4x wurde ein weiterer Schaltungstrick angewandt, so dass es noch einmal zur Verdopplung der Informationszahl kommen konnte.

Empfehlung: je höher, umso besser

Diese Empfehlung lässt sich leichter aussprechen, als man sie in der Praxis umsetzen könnte: AGP 4x-Karten gibt es schon eine ganze Weile, allerdings sind Mainboard- und Chipsatzhersteller noch nicht allzu lange so modern. Man muss also beim Mainboardkauf schon ein bisschen genauer in die technischen Daten schauen, wenn man ein Board passend zur schnellen Grafikkarte haben möchte.

AGP Transfer Mode

Eine Option, die dasselbe meint wie AGP4x Mode, nur dass hier die Werte nicht in Zahlen eingegeben werden, sondern über „Normal", „Fast", „Default" oder ähnlich.

Empfehlung: je nach Karte

Auswirkung: Wenn Sie hier den Höchstwert eingeben, den Grafikkarte UND Mainboard verkraften, dann ist die etwaige Datenauslagerung um das Zwei- bzw. Vierfache gestiegen.

```
- AGP Clock/CPU FSB Clock  2/3
- AGP Transfer Mode        Default
```

Abb. 4.12 AGP-Optionen beim Award 6.0

AGP Clock / CPU FSB Clock

Eine Option, die enorme Wichtigkeit hat für das Überleben der Grafikkarte. Je nach FSB muss hier der Teiler so eingestellt werden, dass für die Grafikkarte ein Wert von ca. 66 MHz bereitgestellt wird. Deshalb prüfen Sie bitte vor dem ersten Hochfahren nach einem Prozessortausch oder etwaigen Übertaktungsmaßnahmen, ob dieser Wert richtig eingestellt ist. Der Grafikprozessor wird es Ihnen danken.

Empfehlung: siehe Tabelle

FSB	Teiler	AGP-Bus
66 MHz	1/1	66 MHz
100 MHz	2/3	66 MHz
133 MHz	1/2	66 MHz
112 MHz [1]	2/3 oder 1/2	75 MHz oder 56 MHz

1 Bei Übertaktungsversuchen des Prozessors muss ein Wert gewählt werden, der annäherungsweise 66 MHz ergibt. Der Vorzug ist dem Wert zu geben, der höher liegt. Ausführliches dazu finden Sie in diesem Kapitel unter *Ein schnelleres System durch Übertaktung der Busse* sowie in *Kapitel 6: Tuning von Grafikkarten – das Plus an Geschwindigkeit* unter *Das Übertakten der Grafikkarte – mehr Frames außerhalb der Spezifikation*

Plug & Play – Installation leicht gemacht

In *Kapitel 4: Bustypen – mehr Geschwindigkeit durch Optimieren* finden Sie schon ein Zitat aus der Windows-Hilfe bezüglich Plug & Play:

„Bei Plug & Play-Geräten stellt Windows 2000 automatisch sicher, dass die Ressourcen fehlerfrei konfiguriert werden. Gelegentlich benötigen zwei Geräte dieselben Ressourcen. Dies führt zu einem Gerätekonflikt."

Selbst das allerjüngste Kind von Microsoft kommt noch nicht ohne diesen Hinweis aus. Ein Grund mehr, diesem „Plug & Play" einmal ein bisschen über die Schulter zu schauen.

Plug & Play – notwendige Voraussetzungen

Plug & Play (PnP) wurde konzipiert, um den Computernutzern die Hardwareinstallation zu vereinfachen. Um das zu verwirklichen, wurden verschiedene Spezifikationen für Hard- und Software aufgestellt. Damit ein System PnP fähig ist, muss es drei Kriterien erfüllen:

1. Das Systembios muss PnP fähig sein.
2. Alle Hardwaregeräte und Erweiterungskarten müssen PnP-fähig sein.
3. Das Betriebssystem muss PnP-fähig sein.

Hinweis

Plug & Play fähige Betriebssysteme sind: Windows 9x, Windows Me, Windows NT5, Windows 2000

Wenn diese Voraussetzungen erfüllt sind, sollte die Installation neuer Hardware noch dem Motto: „Reinstecken und Einschalten" funktionieren. Einziger Punkt, der noch per Hand zu erledigen wäre: Ist die Hardware neuer als die im Betriebssystem integrierten Treiber, dann muss ein 32-Bit-Treiber per Hand installiert werden. Das ist nicht weiter problematisch – jeder, der schon einmal einen Drucker installiert hat, weiß das.

Während des Bootens überprüft das Betriebssystem die Geräte und den diesbezüglichen Ressourcenbedarf und teilt die Ressourcen auch gleich zu. Dabei soll vermieden werden, dass zwei Geräte dieselben Ressourcen bekommen. Damit das auch in der Praxis funktioniert, muss jedes Gerät in der Lage sein, mit allen ihm zugeteilten Ressourcen klarzukommen.

Plug & Play – so sollte es funktionieren

Um diese theoretischen Gedanken in der Praxis umzusetzen, stellt das Betriebssystem zwei Dienste bereit: die Ressourcenverwaltung und die Laufzeitkonfiguration.

Die Ressourcenverwaltung kümmert sich beim Booten des Rechners um die Zuteilung der Systemressourcen zu den einzelnen Geräten. Die Laufzeitkonfiguration überwacht ständig, ob an den Systemgeräten Änderungen vorgenommen werden. Dazu muss das Bios in der Lage sein, diese Änderungen zu erkennen und sie dem Betriebssystem mitzuteilen.

Windows ab Version 95 verwendet zur Erfüllung dieser Aufgaben folgende Komponenten:

Komponente	Aufgabe
Konfigurationsmanager	steuert den Konfigurationsprozess und teilt die Konfiguration den Geräten mit
Hardware-Baum	Datenbank, die beim Booten aufgebaut wird und eine Liste aller installierten Komponenten inclusive der verwendeten Ressourcen enthält
Bus-Auflistung	erkennt die Geräte am jeweiligen Bus und ermittelt die Ressourcenanforderungen
Ressourcen-Zuteiler	entscheidet, welche Geräte welche Ressourcen zugeteilt bekommen

Beim Rechnerstart wird zunächst das Bios auf PnP-Fähigkeit untersucht. Ist es tauglich, dann bekommt der Konfigurationsmanager die Aufgabe, aus der vom Bios übergebenen Geräteliste ein funktionierendes System zu konfigurieren. Ist das Bios hingegen nicht PnP-fähig, dann erhält der Konfigurationsmanager seine Daten aus der Bus-Auflistung und kann mit seiner Arbeit beginnen.

Plug & Play – die Praxis

In der Praxis treten zwei Fälle auf:

Das Gerät wird erkannt und die Treiber sind im Betriebssystem vorhanden. Das sollte der häufigste aller Fälle sein, und es ist gleichzeitig auch der angenehmste.

Sie haben nichts zu tun, als ein paar Mal auf *OK* zu drücken, den Rest macht der PC alleine. Ein Beispiel aus der Praxis:

Plug & Play – mustergültig

Sie installieren eine Soundkarte. Dazu starten Sie nach dem Einbau den PC, das Betriebssystem erkennt die neue Karte, bindet die Treiber ein und begrüßt Sie mit einer Melodie, es sei denn, Sie haben das in der Systemsteuerung deaktiviert. Eventuell müssen Sie noch die Windows-CD einlegen. Das war aber schon alles.

Abb. 5.1

Der PC findet und installiert selbstständig

Plug & Play über den Hardware-Assistenten

Ein anderer Fall kommt ebenfalls recht häufig vor: Sie haben die Soundkarte installiert, das Betriebssystem erkennt die neue Hardware auch, hat aber keinen passenden Treiber. Nach dem Start verlangt der Computer nach der Treiber-CD. Die aber liegt natürlich gerade irgendwo oder ist nicht vorhanden. Auf jeden Fall brechen Sie den Installationsvorgang ab, um ihn später nachzuholen:

Später haben Sie dann die Möglichkeit, im Gerätemanager nach neuer Hardware suchen zu lassen, oder gleich den Hardwareassistenten zu nehmen. Der begrüßt Sie mit einem Willkommens-Bildschirm, Sie drücken auf *OK* und finden folgende Auswahl vor:

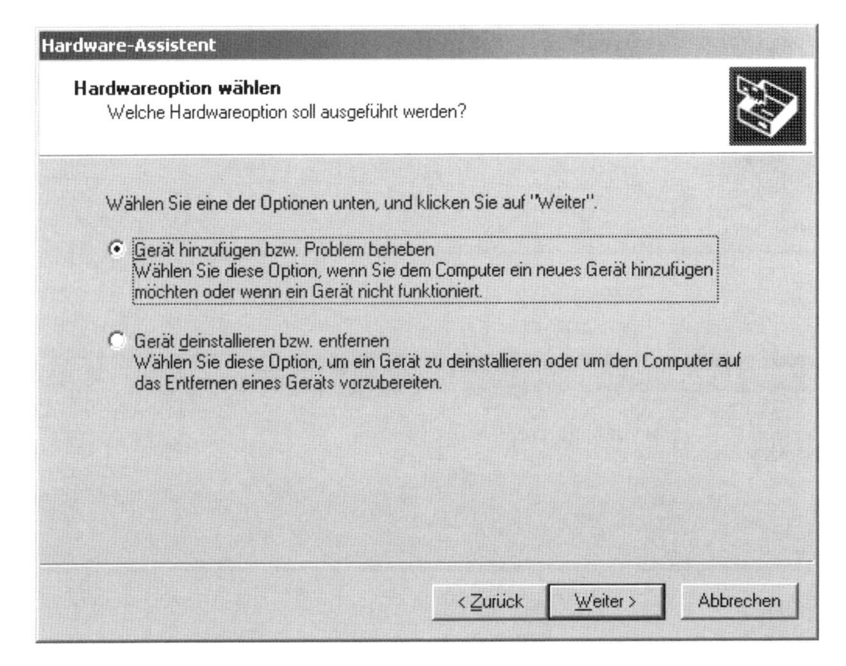

Abb. 5.2

Der Hardware-Assistent von Windows 2000

Sie klicken auf *Weiter*, und der Assistent beginnt zu suchen.

Abb. 5.3

Suchvorgang nach neuer Hardware

Hardware-Assistent

Suche nach neuen Hardwarekomponenten
Neue Plug & Play-Geräte werden automatisch gefunden.

Es wird nach neuen, zu installierenden Plug & Play-Geräten gesucht.

Suchvorgang...

Noch während der Assistent das System komplett durchsucht, werden bereits gefundene Komponenten in den Gerätemanager aufgenommen und mit Ressourcen versorgt:

Abb. 5.4

Zuerst wird die Gruppe angezeigt, zu der das neue Gerät gehört

Neue Hardware gefunden

Audiocontroller für Multimedia

Abb. 5.5

...danach sämtliche Geräte, die gefunden werden, das sind kartenabhängig bis zu ca. 6 Geräte

Neue Hardware gefunden

Gameport für Creative

Bei Soundkarten oder auch bei Multimediakarten ist besonders auffällig, dass sehr viele Geräte gefunden werden, obwohl Sie nur eine Karte eingebaut haben. Das hängt unter anderem mit der Funktionsvielfalt moderner PCI-Karten zusammen.

Auf jeden Fall sollte der Gerätemanager zum Schluss so aussehen:

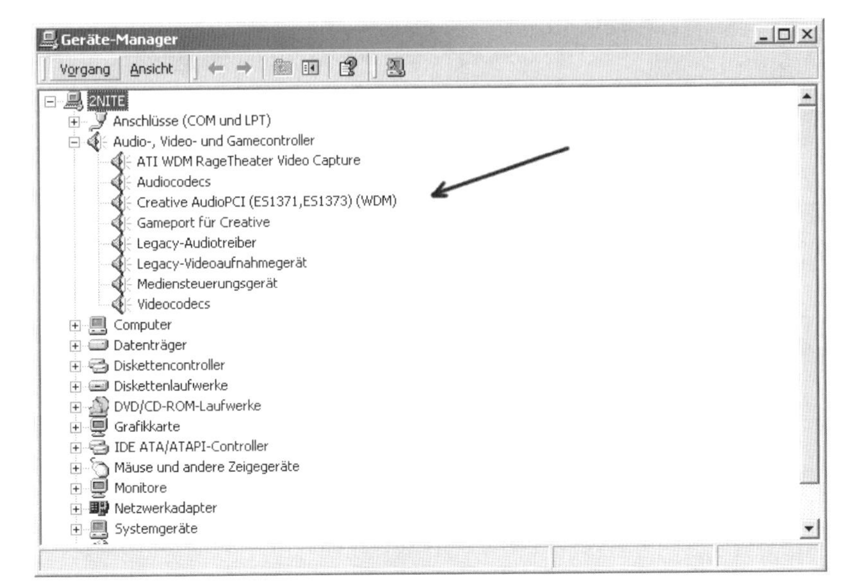

Abb. 5.6

Fertig installierte Soundkarte

Plug & Play – wenn es nicht funktioniert

Leider ist an der Witzelei mit „Plug & Pray“ doch noch ein bisschen etwas dran. „Einstecken und Beten“ ist zwar heute nicht mehr so weit verbreitet wie vor ein bis zwei Jahren, dennoch kommt es vor, dass die neu gekaufte Karte vom Bios oder Betriebssystem nicht erkannt wird. In solchen Fällen hilft dann nur noch die manuelle Installation weiter:

Dazu geht man in der Systemsteuerung auf das Icon Hardware und lässt den PC nach neuen Komponenten suchen. Das endet meistens mit dieser Meldung:

Abb. 5.7

Die neue Karte ist nicht PnP-fähig

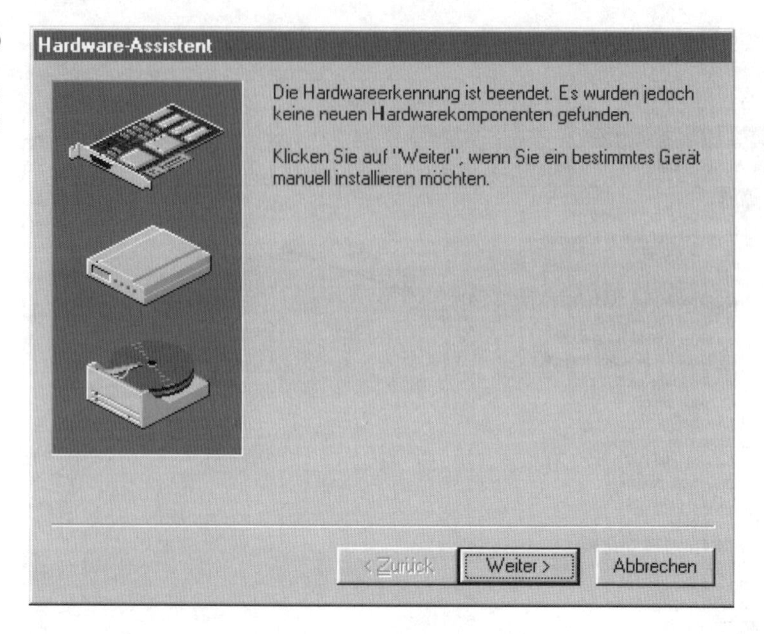

Ein Klick auf *Weiter* beschert das nächste Bild und man bekommt die Möglichkeit, die Gerätegruppe einzugeben. Um bei dem bislang verwendeten Beispiel mit der Soundkarte zu bleiben, wählt man hier *Audio, Video und Gamecontroller* aus.

Abb. 5.8

Auswahl der Gerätegruppe. Für die Soundkarte wäre „Audio-, Video- und Gamecontroller" richtig.

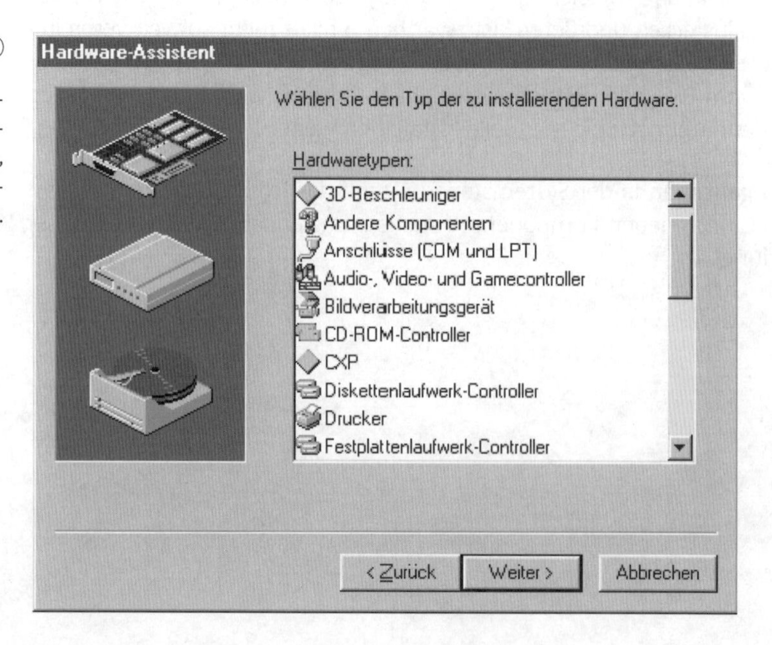

Jetzt öffnet sich der Bildschirm, in dem man Hersteller und deren Geräte auswählen kann. Mit etwas Glück ist das gesuchte Gerät dabei, ansonsten hilft ein Klick auf den *Diskette*-Button, und man wird aufgefordert, den Pfad für den Treiber anzugeben. Manchmal ist das eine Diskette, häufiger jedoch eine CD, die man mit dem Gerät mitgeliefert bekommt.

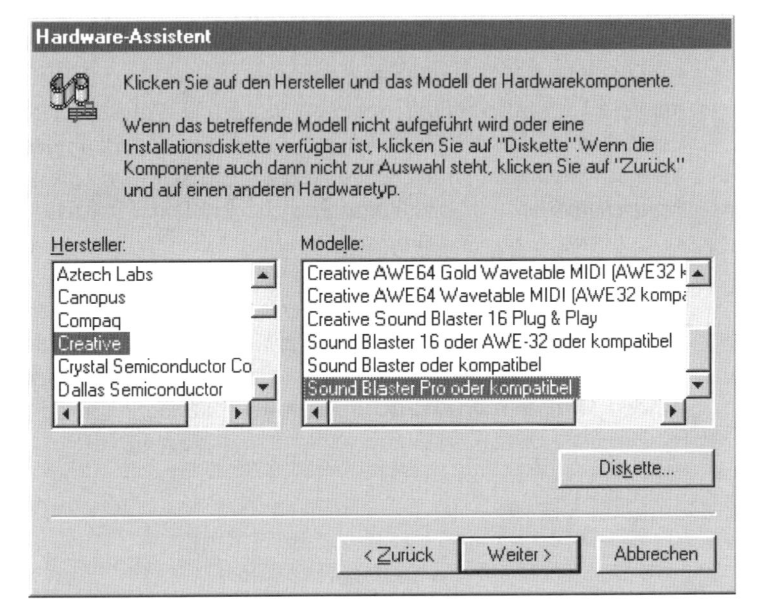

Abb. 5.9

Mit Angabe des speziellen Gerätes kommt man der fertigen Installation einen Schritt näher

Ein Klick auf den „OK“-Button, und der Treiber wird installiert.

Der hier zuletzt dargestellte Weg ist aber eher die Seltenheit, denn wenn sich alle – also der Hardwarehersteller und der Hersteller des Betriebssystems – an die PnP-Richtlinien gehalten haben, dann sollte zumindest ein Setup-Bildschirm beim Hochfahren erscheinen.

Troubleshooting: Trotz PnP-Karte kein automatisches Setup

Sollte trotz Windows 9x (oder später) bei Verwendung einer PCI-PnP-Karte das automatische Setup nicht stattfinden, dann kann das mehrere Ursachen haben: Eventuell handelt es sich bei der Karte um ein Super-Sonder-Billig-Schnäppchen, das eventuell im Geschäft schon mehrere Jahreswechsel miterlebt hat. Hier ist die Wahrscheinlichkeit ziemlich groß, dass der Hersteller mit der PnP-Spezifikation noch so seine Schwierigkeiten hatte. Die andere Möglichkeit – und die ist wahrscheinlicher – ist ein zu altes Bios auf dem Board oder auf der Karte (wenn es z.B. eine Grafikkarte mit Flash-Bios ist) oder es handelt sich um die erste Windows 95 Version. Meistens bringt eine Recherche im Internet die Lösung: Auf den Treiberseiten der Hersteller werden oft auch die neuesten Bios-Versionen mit angeboten. Und es steht auch dabei, welche Fehler mit diesen neuen Bios-Versionen behoben werden. So kann man sich unnötige Downloadzeiten ersparen.

Manchmal kann auch folgende Vorgehensweise die Lösung des Problems sein: einige Karten lassen sich erst dann sauber installieren, wenn das Vorgängermodell restlos aus dem System entfernt wurde. Dazu reicht nicht nur der Ausbau der alten Karte, sondern auch das Entfernen der Karte aus dem Gerätemanager in der Systemsteuerung. Manche alten Treiber blockieren nämlich hartnäckig eine Neukonfiguration.

Plug & Play – abhängig vom Chipsatz

Wie bereits erwähnt, wurde die PCI-Spezifikation im Jahre 1996 gründlich überarbeitet. Mainboards bis Mitte/Ende 1996 hatten mit dem FX-Chipsatz von Intel noch die PCI-Version 2.0. Erst danach -mit dem HX-Chipsatz- wurde der PCI-2.1-Standard auf den Mainboards ausgeliefert.

Hinweis

Der PCI-Bus ist abwärtskompatibel!

Das Problem ist nun: PCI-Steckkarten gab es auch in 2 Versionen. Die Karten der Version 2.0 liefen dabei problemlos in Boards mit dem 2.1-Standard. Umgekehrt hatten 2.1-Karten in PCI-2.0 Boards erhebliche Schwierigkeiten, überhaupt zu funktionieren.

Das Wichtigste beim Kauf einer PCI-Karte war also –neben dem Preis- die Versionsnummer des PCI-Standards. Wenn hier keine Übereinstimmung herrscht, retten die Konfigurationseinstellungen im Bios auch nichts mehr.

Die Ressourcen – das müssen Sie bei manueller Konfiguration wissen

Hinweis

NVRAM ist „nicht flüchtiger Speicher“ zum Aufbewahren der Systemkonfiguration.

Das Plug&Play-System im Bios ist eigentlich eine ganz pfiffige Sache: Beim Rechnerstart werden zuerst die ISA-Karten mit den über Jumper oder DIP-Schaltern festgelegten Ressourcenanforderungen abgefragt. Erst danach kümmert sich das Bios um die PCI Karten. Diese sind variabel in ihren Ansprüchen an die Systemressourcen und werden vom Bios nach einer bestimmten Reihenfolge abgefragt. Wenn alle PCI-Karten ihre Anforderungen an das Bios übergeben haben, wird eine optimale Konfiguration zusammengestellt, die dann als ESCD (Extended System Configuration Data) im NVRAM gespeichert wird. Dabei werden die für die einzelnen Geräte festgelegten IRQ, DMA und I/O-Adressen gespeichert.

Bei jedem Neustart kann jetzt verglichen werden, ob im System irgendwelche Hardwareveränderungen vorgenommen wurden. Wenn alles noch so ist, wie beim letzten Start, also keine Hardwareveränderungen vorgenommen wurden (das Umstecken von Karten gehört auch zu den Veränderungen), startet der PC in der letzten ihm bekannten Konfiguration. Dadurch wird eine Menge Zeit eingespart, der Rechner konfiguriert sich also nicht bei jedem Systemstart neu, sondern vergleicht nur das ESCD mit dem momentanen Stand.

Mit den Ressourcen kommt der Anwender eigentlich erst dann in Kontakt, wenn ein neues Gerät eingebaut wird. Bis dahin läuft alles im Hintergrund ab, ohne dass man eingreifen muss. Eventuell sehen Sie beim Systemstart auf dem Bildschirm einmal die Ressourcen der Soundkarte kurz vorbeirauschen (A220,I5,D1...), das ist dann aber schon alles.

Wenn Sie beispielsweise eine ISDN-Karte einbauen wollen, die den ISA-Port nutzen soll, dann benötigen Sie in der Regel genaue Kenntnisse über die freien Ressourcen Ihres Computers. Diese freien Ressourcen vergeben Sie an die neue Karte, indem Sie sie per Jumper konfigurieren.

Wie ermittelt man die freien Ressourcen?

Man legt sich am besten eine Liste zu, die die vergebenen Ressourcen auflistet. Da so etwas in der Regel nicht mit dem PC ausgeliefert wird, kann man sich solch eine Liste selber machen, indem man die Ressourcen über ein Diagnose-Tool ausliest. Windows bringt solche Tools schon mit:

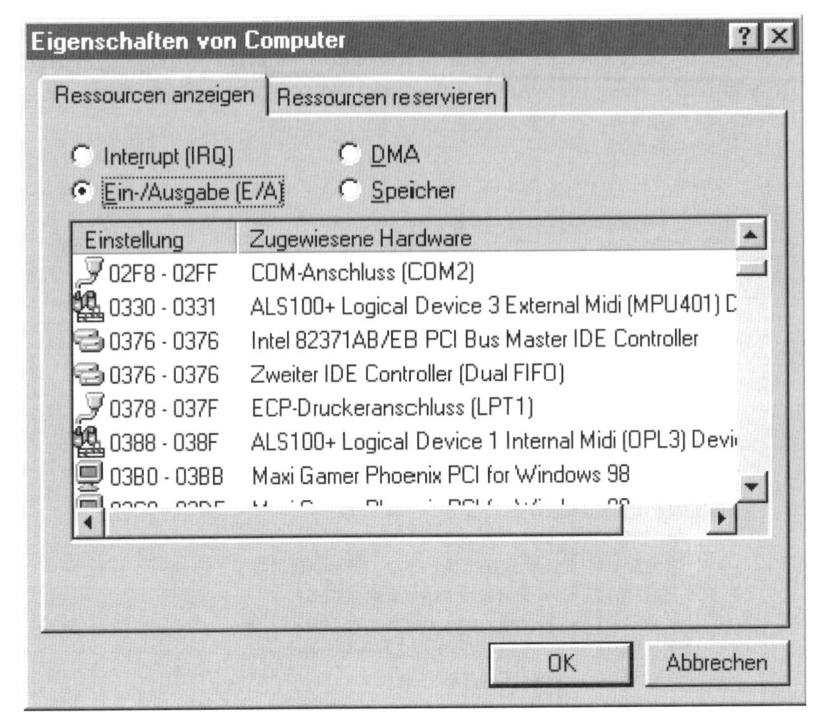

Abb. 5.10

Ermittlung der Ressourcen unter Win 9x und Me

Zu diesem Tool gelangen Sie, wenn Sie in der *Systemsteuerung>System* das Register *Gerätemanager* anklicken und dann auf den Eintrag *Computer* doppelklicken. Bei Windows 2000 sieht das etwas anders aus: Hier erhalten Sie Auskunft über die *Systemsteuerung>System>Hardware>Gerätemanager*. Dort müssen Sie unter *Ansicht* den Eintrag *Ressourcen nach Typ* aktivieren. Das Bild sieht dann so aus:

Außerdem hält Windows 9x mit dem MSD (Microsoft Diagnostic Tool) noch weitere Diagnosetools bereit, die zwar nicht einfach zu finden, aber doch ganz komfortabel sind. Bei Windows2000 finden Sie im Ordner c:\windows\system32 ein Tool namens winmsd.exe, das ist für diese Zwecke auch ganz brauchbar.

Windows Me geht einen Schritt weiter und hat die Ressourcendiagnose in der Hilfe versteckt (im wahrsten Sinne des Wortes). Klicken Sie sich dahin mal durch, es lohnt sich!

Unter *Start>Hilfe>Supportunterstützung* gibt es einen Abschnitt *Weitere Ressourcen*. Dort klicken Sie auf *Systeminformationen anzeigen*. Ziemlich umständlich, man wird aber mit einem komfortablen Tool entschädigt, das bis hin zum Ausdruck der Seiten alles bietet.

Abb. 5.11

Systemressourcenverwaltung unter Windows 2000

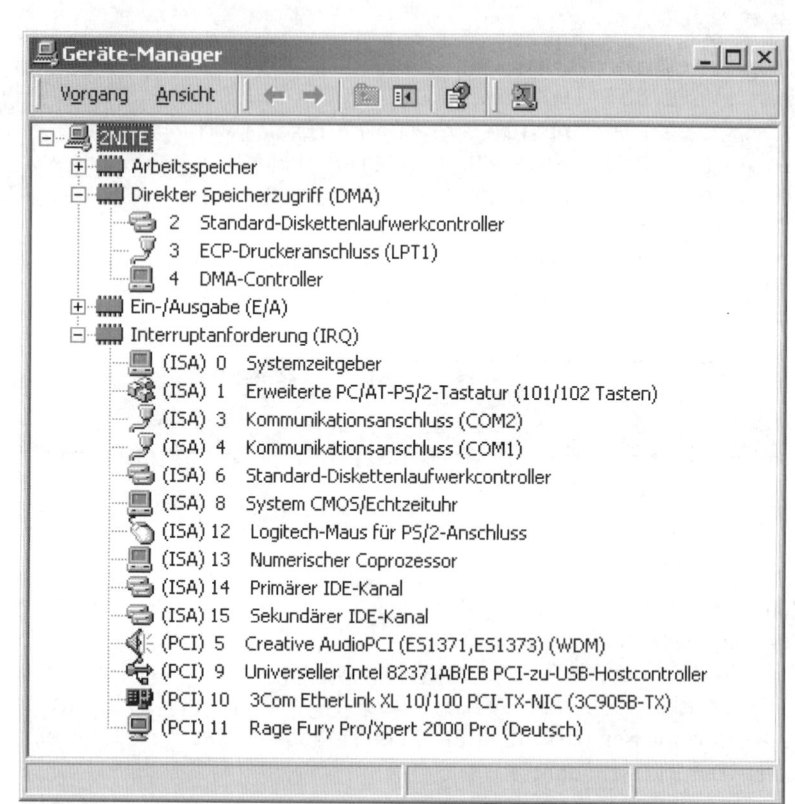

Konfiguration der neuen Karte

Nachdem Sie nun herausgefunden haben, welche Ressourcen vergeben sind, können Sie per Jumper oder DIP-Schalter auf der neuen Karte die Ressourcen so vergeben, dass Konflikte ausgeschlossen sind. Dabei gibt es jedoch einiges zu beachten.

IRQ-Zuweisung – nicht jeder IRQ ist für Steckkarten verwendbar

Mit einem IRQ (Interrupt Request) teilt ein Gerät dem Prozessor den Bedarf an Leistung mit. Der Prozessor unterbricht seine Tätigkeit, erledigt den Auftrag der Karte und wendet sich über eine Rücksprungadresse wieder seiner alten Tätigkeit zu.

Der Interrupt wird dabei von einem Interrupt-Controller gesteuert, einem Chip auf dem Mainboard, der nichts weiter tut, als den einzelnen Karten und Systemkomponenten Prozessorleistung zuzuordnen. Dabei muss der Chip verschiedene Prioritäten beachten. Das ist immer dann nötig, wenn verschiedene Interrupts gleichzeitig beim Prozessor ankommen würden. Die jeweils niedrigere Interrupt-Nummer hat Vorrang vor der höheren.

IRQ	Gerät	Nutzbar für Steckkarten?	Priorität
0	Systemtimer	nein	15
1	Tastatur	nein	14
2	Interrupt Controller	wenn möglich, dann anderen IRQ nutzen	13
3	COM2	nein, teilt sich den IRQ bei Bedarf mit COM4	4
4	COM1	nein, teilt sich den IRQ bei Bedarf mit COM3	2
5	LPT2	ja, wenn LPT2 nicht genutzt wird	2
6	Diskettenlaufwerk	nein	1
7	LPT1	nein (es sei denn, Sie haben keinen Drucker, deaktivieren LPT1 im Bios und akzeptieren die niedrigste Priorität)	0
8	Echtzeituhr	nein	12
9		ja (wenn IRQ2 belegt ist, dann nicht nutzen)	11
10		ja	10

IRQ	Gerät	Nutzbar für Steckkarten?	Priorität
11		ja	9
12	PS/2 Maus	ja, wenn keine PS/2 Maus vorhanden ist und der PS/2 Port im Bios deaktiviert wird	8
13	Coprozessor	nein	7
14	Erster (E)IDE Controller	nein	6
15	Zweiter (E)IDE Controller	ja, falls der Controller nicht genutzt und im Bios deaktiviert wird	5

Eingangs wurde gesagt, dass die jeweils niedrigere Nummer Vorrang vor der höheren hat, die Tabelle sagt jedoch etwas anderes aus. Grund dafür ist folgender: eigentlich kann ein Interrupt-Controller nur 8 Kanäle steuern, das ist für die heutige Technik aber nicht mehr ausreichend. Deshalb hat man mit Einführung des „286ers" einen zweiten Interrupt-Controller integriert, der mit seinem IRQ 9 am IRQ 2 des ersten Controllers angekoppelt ist. Das ist auch der Grund, weshalb IRQ 2 zum Schluss an Karten vergeben werden sollte, wenn überhaupt. Der erste Controller verwaltet demzufolge die IRQ 0 bis 7 und der zweite die IRQ 8 bis 15. Wenn man nun durchzählt, welche IRQ effektiv für Karten zur Verfügung stehen, dann sind das nur 3 Stück, nämlich die 10,11 und die 12 (falls keine PS/2 Maus angeschlossen ist).

6 Steckplätze auf dem Board und nur 3 freie IRQ?

Falls Sie mit nur einem Drucker auskommen, und das sollte die Regel sein, können Sie im Bios noch IRQ 5 freischalten (mit Sicherheit ist dieser IRQ schon durch die Soundkarte belegt). Da bleibt nicht viel übrig für Grafik-, Netzwerk- und ISDN-Karte. Wenn man nun bedenkt, dass es Mainboards mit 6 Steckplätzen gibt, drängt sich eine Frage regelrecht auf:

Wie soll man 6 Steckkarten ohne Ressourcen-Konflikte unterbringen?

Des Rätsels Lösung ist das IRQ-Sharing! Das ist nichts weiter, als die schaltungstechnische Verbindung zweier Steckplätze, die sich einen IRQ teilen müssen. In den Handbüchern wird darauf hingewiesen, welche Steckplätze einen exclusiven IRQ haben, und welche sich einen teilen müssen (s.a. Abb. 4.11). Wenn Sie Karten haben, die IRQ-Sharing unterstützen, dann sollten Sie diese auf jeden Fall in einem dafür vorgesehenen Steckplatz unterbringen. Das bringt Ihnen einen „Exclusiv-IRQ" für andere Karten, die das nicht können.

DMA-Kanäle – Direkter Speicherzugriff für mehr Geschwindigkeit

DMA (Direct Memory Access) ist ein Modus, den sich verschiedene Karten zu Nutze machen, um direkt mit dem Speicher zu kommunizieren. Dabei wird auf den Umweg über den Prozessor verzichtet, was die CPU entlastet und dem System mehr Geschwindigkeit bringt.

Auch hier wird ähnlich wie beim IRQ ein spezieller Controller benötigt, der bei der CPU die Nutzung des Bussystems beantragt. Hat die CPU das Bussystem freigegeben, kann sie sich wieder ihrer unterbrochenen Tätigkeit zuwenden. Den Rest erledigt der Controller: Er legt im RAM eine Speicheradresse fest und teilt dies der Karte mit. Den so festgelegten Speicherbereich kann die Karte nun für sich nutzen, ohne den Prozessor zu belasten.

DMA	Gerät	Nutzbar für Steckkarte?	Busbreite
0	RAM-Refresh / leer	nein / ja	8 Bit
1		ja	8 Bit
2	Diskettenlaufwerk	nein	8 Bit
3		ja	8 Bit
4	DMA-Controller	nein	16 Bit
5		ja	16 Bit
6		ja	16 Bit
7		ja	16 Bit

Wie Sie sehen, haben Sie hier wesentlich mehr Möglichkeiten der Vergabe als bei den IRQ. Je nach verwendeter Karte wird Ihnen entweder nur die Möglichkeit der Vergabe im 8-Bit-Bereich, also von 0 bis 3, oder im 16 Bit-Bereich angeboten. Soundkarten nutzen meistens den DMA-Kanal 1 oder im 16-Bit Modus noch einen zweiten Kanal (meistens die 5).

Wenn Sie Ihre Druckeranschlüsse im Bios optimiert haben (siehe *Kapitel 12: Bios Tuning – die Best Settings für mehr Sicherheit, Stabilität und Geschwindigkeit*) und den ECP- oder im EPP-Modus verwenden, dann finden Sie den Eintrag unter DMA-Kanal 3 (siehe Abb. 5.12)

Abb. 5.12

Übersicht über verwendete DMA-Kanäle

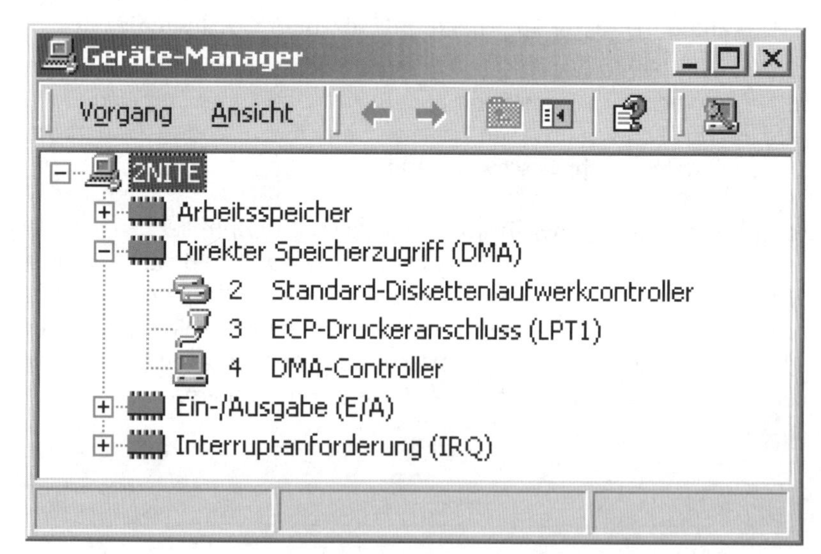

Die I/O-Adressen – so bekommt jede Karte ihre eigene Adresse

Die I/O-Adressen (I/O steht für Input/Output also Ein- und Ausgabe) sind den Karten genauso spezifisch zugeordnet wie die DMA oder IRQ-Nummern. Während bei den IRQ noch Sharing möglich ist, muss hier der Adressbereich zwingend eindeutig sein, da sonst mehrere Karten auf denselben Speicherbereich zugreifen und aus diesem „Datenmix“ unweigerlich Konflikte entstehen.

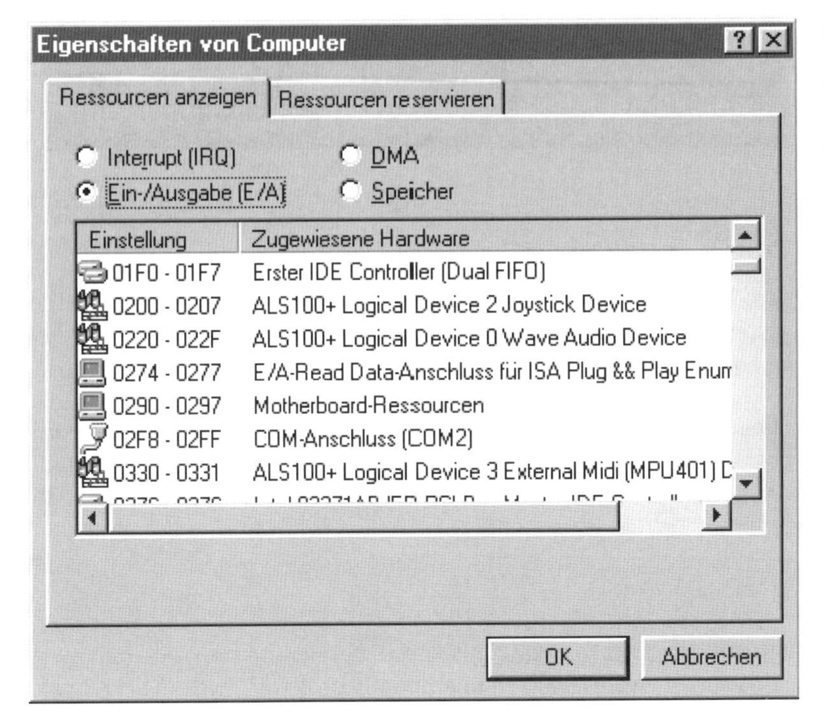

Abb. 5.13

Die I/O Adressen dürfen nur einmal vergeben sein

Mit etwas Glück können Sie die I/O-Adressen über Jumper auf der Karte wählen. Andernfalls sind die Adressen fest eingestellt und lassen die Konfliktlösung auf diese Weise nicht zu.

Das Plug & Play im Bios – Einstellungen optimal auf das Betriebssystem abstimmen

Damit Plug & Play reibungslos funktioniert, müssen sowohl die Karten als auch das Bios und das Betriebssystem PnP-fähig sein. Woher weiss nun aber das Bios beim Rechnerstart schon, ob das zu startende Betriebssystem Plug&Play-fähig sein wird oder nicht? Diese Option per Hand einzustellen, lässt sich leider nicht vermeiden:

Abb. 5.14

Das Bios muss erfahren, ob das Betriebssystem PnP-fähig ist

```
PNP OS Installed               : Yes
Resources Controlled By        : Manual
Reset Configuration Data       : Disabled
```

PnP OS Installed

Die Optionen, die dem Bios mitteilen, es mit einem PnP-fähigen Betriebssystem zu tun zu haben, haben auch hier wieder verschiedene Bezeichnungen:

Häufig kommen auch die Optionen *Plug and Play O/S* oder *PnP-aware OS* vor, die alle das berühmte *yes/no* zur Auswahl haben. Bei *Configuration Mode* währe im Fall eines PnPäfhigen Betriebsystems *Use PNP OS* zu wählen.

Empfehlung: Yes

Auswirkung: Jetzt kann das PnP-System des Bios für die PCI-Karten umgangen werden. Anstelle dessen übernimmt das Betriebssystem die Konfiguration. Häufig ist das die sicherere Methode, die Geräte konfliktfrei einzurichten.

Tipp

*Wenn Sie mehr Platz auf der Festplatte brauchen, und eine Hardwareerweiterung für Sie nicht in Frage kommt oder Sie sich in solchen Fällen auf die mitgelieferten Treiber des Hardwareherstellers verlassen wollen, dann können Sie im Verzeichnis c:\windows\inf\ zum Rundumschlag ausholen. Hier sollten sich reichlich 1000 *.inf- Dateien befinden, die im Falle einer Hardware-Installation das Betriebssystem mit den speziellen Hardwareinfomationen versorgen. Und mal ehrlich: Wie viele Anwender werden in ihrem Leben je ein Modem von 3x einbauen? Die dazu passende Datei mdm3x.inf könnte also bedenkenlos genauso gelöscht werden wie ca. 900 andere „Exoten“. Das bringt ca. 35 MByte mehr Platz auf der Festplatte.*

Nebeneffekt: Nicht PnP-fähige Komponenten werden dann natürlich auch nicht erkannt und müssen über die Hardwareerkennung installiert werden. Je nach Aktualität des Betriebssystems oder des Geräts, hat Windows dann einen Treiber im Verzeichnis c:\windows\inf\ parat oder verlangt nach der Treiber-CD des Geräteherstellers.

Abb. 5.15

Relativ „nutzlose" Treiber-Informationsdateien finden sich zu Hunderten im Verzeichnis *c:\windows\inf*

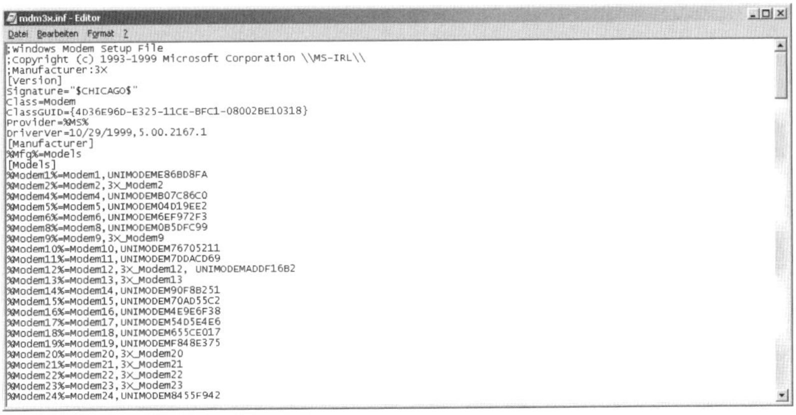

```
mdm3x.inf - Editor
Datei  Bearbeiten  Format  ?
;Windows Modem Setup File
;Copyright (c) 1993-1999 Microsoft Corporation \\MS-IRL\\
;Manufacturer:3X
[Version]
Signature="$CHICAGO$"
Class=Modem
ClassGUID={4D36E96D-E325-11CE-BFC1-08002BE10318}
Provider=%MS%
DriverVer=10/29/1999,5.00.2167.1
[Manufacturer]
%Mfg%=Models
[Models]
%Modem1%=Modem1,UNIMODEME86BD8FA
%Modem2%=Modem2,3X_Modem2
%Modem4%=Modem4,UNIMODEMB07C86C0
%Modem5%=Modem5,UNIMODEM04D19EE2
%Modem6%=Modem6,UNIMODEM6EF972F3
%Modem8%=Modem8,UNIMODEM0B5DFC99
%Modem9%=Modem9,3X_Modem9
%Modem10%=Modem10,UNIMODEM76705211
%Modem11%=Modem11,UNIMODEM7DDACD69
%Modem12%=Modem12,3X_Modem12, UNIMODEMADDF16B2
%Modem13%=Modem13,3X_Modem13
%Modem14%=Modem14,UNIMODEM90F8B251
%Modem15%=Modem15,UNIMODEM70AD55C2
%Modem16%=Modem16,UNIMODEM4E9E6F38
%Modem17%=Modem17,UNIMODEM54D5E4E6
%Modem18%=Modem18,UNIMODEM655CE017
%Modem19%=Modem19,UNIMODEMF848E375
%Modem20%=Modem20,3X_Modem20
%Modem21%=Modem21,3X_Modem21
%Modem22%=Modem22,3X_Modem22
%Modem23%=Modem23,3X_Modem23
%Modem24%=Modem24,UNIMODEM8455F942
```

Reset Configuration Data

In manchen Bios-Versionen wird diese Option *Force Update ESCD* genannt und hat folgende Bedeutung:

Eine Eigenheit von Windows ist es, dass auch beim Herunterfahren die Konfigurationsdaten in die ESCD geschrieben werden. Das ermöglicht es, dass die ESCD auch auf Rechnern angelegt wird, die noch über kein PnP-Bios verfügen. Die Voreinstellung ist *disabled* und sollte auch so gelassen werden. *Enabled* bietet sich nur in folgender Situation an: Sie haben im Bios Setup ein neues Gerät manuell eingetragen und wollen den Rechner beim Starten zwingen, die ESCD vorher noch zu aktualisieren. Das ist manchmal bei erkannten Hardwarekonflikten nötig, da der Rechner eventuell nicht startet.

Ressources Controlled by

Diese Option hängt eng mit den *IRQ# assigned to* zusammen: Wenn Sie hier auf *auto* stellen, übernehmen Bios und Betriebssystem die Kontrolle über PnP und Sie haben keine Chance, für schwierige Karten Ressourcen zu reservieren. Stellen Sie dagegen auf *manual*, dann können Sie unter *IRQ assigned to* einstellen, ob die jeweilige Ressource reserviert (*reserved, Legacy ISA, ISA/Legacy*) oder für PnP (*PCI/ISA PnP*) freigegeben ist.

Dasselbe gilt natürlich auch für die DMA-Kanäle:

Abb. 5.16

Manuelle Einträge für „Querulanten" sind hier möglich

```
IRQ-3  assigned to : PCI/ISA PnP
IRQ-4  assigned to : PCI/ISA PnP
IRQ-5  assigned to : PCI/ISA PnP
IRQ-7  assigned to : PCI/ISA PnP
IRQ-9  assigned to : PCI/ISA PnP
IRQ-10 assigned to : PCI/ISA PnP
IRQ-11 assigned to : PCI/ISA PnP
IRQ-12 assigned to : PCI/ISA PnP
IRQ-14 assigned to : PCI/ISA PnP
IRQ-15 assigned to : PCI/ISA PnP
```

Abb. 5.17

DMA-Kanäle lassen sich hier reservieren

```
DMA-0  assigned to : PCI/ISA PnP
DMA-1  assigned to : PCI/ISA PnP
DMA-3  assigned to : PCI/ISA PnP
DMA-5  assigned to : PCI/ISA PnP
DMA-6  assigned to : PCI/ISA PnP
DMA-7  assigned to : PCI/ISA PnP
```

Slot# Use IRQ No. :

Sollten Sie einem bestimmten PCI-Slot einen speziellen IRQ zuweisen wollen, dann geht das über diese Option: Sie ersetzen den Eintrag *Auto* (automatische Vergabe von IRQ auf die einzelnen Ports) durch den gewünschten IRQ.

```
Slot 1 Use IRQ No.   : Auto
Slot 2 Use IRQ No.   : Auto
Slot 3 Use IRQ No.   : Auto
Slot 4 Use IRQ No.   : Auto
```

Abb. 5.18

Manuelle Zuteilung von IRQ auf die PCI-Ports

Hinweis

PCI Port1 und der AGP-Port verfügen meistens über denselben IRQ

Wann macht so etwas Sinn? Folgende Situation ist denkbar: Sie haben die Grafikkarte übertaktet und das System läuft instabil. Sie entscheiden sich, der Grafikkarte einen aktiven Kühler zu spendieren. Der passt aber nicht, da der Nachbarport durch eine Steckkarte belegt ist. Stecken Sie die Karte um, würde sie einen anderen IRQ zugewiesen bekommen. Manchmal ist das aber nicht erwünscht, deshalb können Sie hier manuell eingreifen.

Wenn Sie nicht sicher sind, welcher Slot die Nummer 1 hat usw. dann sehen Sie sich das Mainboard einmal genauer an. Direkt neben den Slots steht meistens in winzig kleiner weisser Schrift, dessen Bezeichnung aufgedruckt. Natürlich können Sie auch –wenn vorhanden- das Handbuch zu Rate ziehen.

Assign IRQ for USB

Sollten Sie kein USB-Gerät besitzen, dann können SIe hier den USB-Port „deaktivieren", indem Sie ihm einfach verbieten, auf einen IRQ zuzugreifen.

Abb. 5.19

Das Ausschalten des USB-Ports bringt einen freien IRQ für das System

```
Assign IRQ For USB  : Disabled
```

Empfehlung: disabled, wenn möglich

Auswirkung: Sie können den freigewordenen IRQ anderweitig im System vergeben (lassen).

Fehler im System – schnell erkannt

Der erste Blick nach der Installation einer neuen Karte, gilt dem Gerätemanager. Hier finden sich die Informationen über Freud und Leid der Komponenten untereinander.

Gerätemanager – Hinweise auf Konflikte

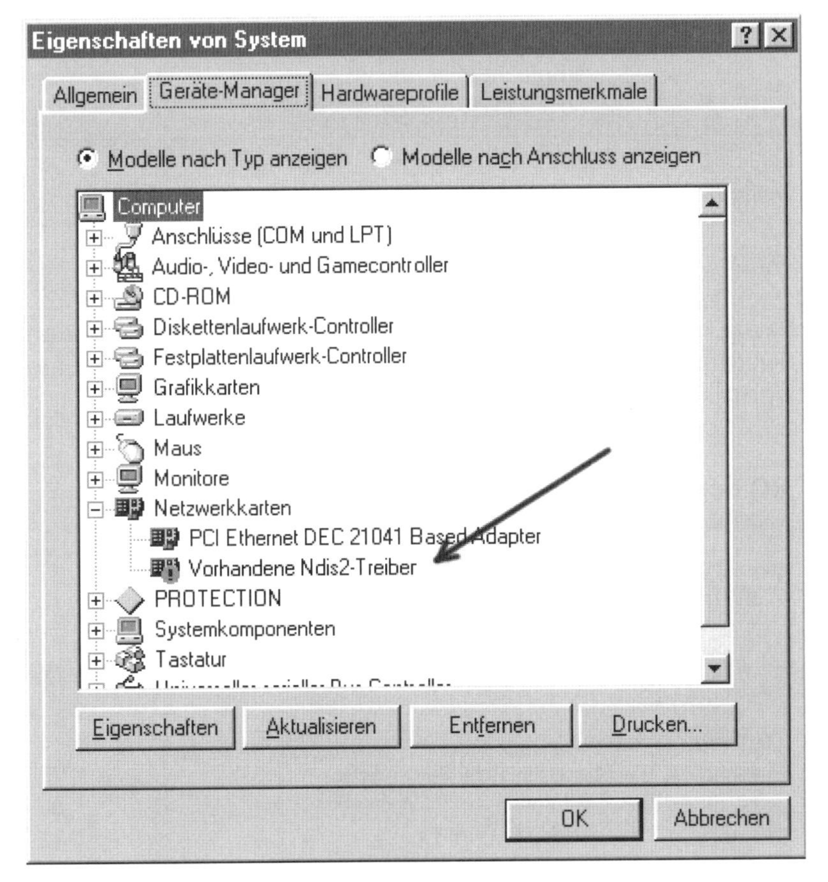

Abb. 5.20

Ein Hardwarekonflikt wird angezeigt

Im Gerätemanager findet man bei Hardwarekonflikten an den entsprechenden Geräten kleine Symbole, die folgende Bedeutung haben:

Symbol	Ursache	Beseitigung
Schwarzes „!" auf gelbem Grund	Gerät/Treiber funktioniert nicht	Treiber neu installieren oder zuerst Gerät entfernen und dann neu konfigurieren
Rotes „X"	Das Gerät/Treiber wurde deaktiviert (verbraucht aber trotzdem Ressourcen)	Neuinstallation des Treibers
Blaues „I" auf weißem Grund	Gerät wurde manuell eingerichtet	nicht nötig

Häufig kommt man dem Übeltäter auf die Schliche, wenn man sich im Gerätemanager nach einem Doppelklick auf *Computer* die IRQ-Ressourcen anschaut.

IRQ doppelt belegt – ganz normale Sache

Abb. 5.21

IRQ-Verteilung im System

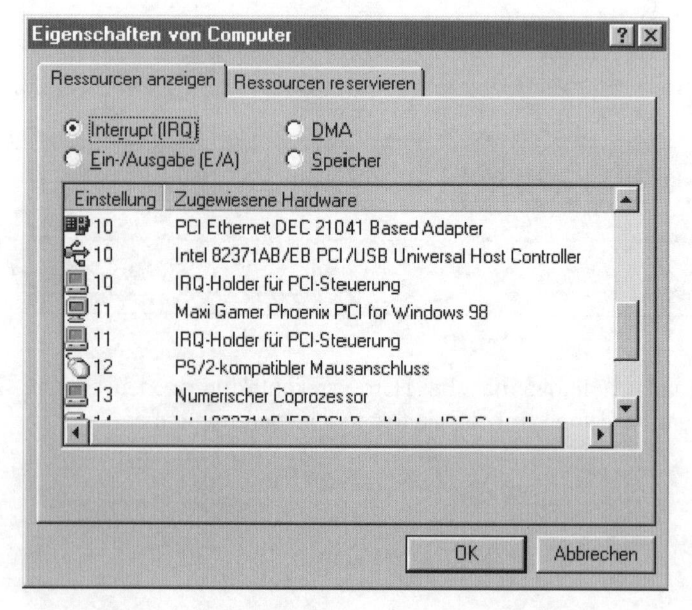

In diesem Fenster werden, sortiert nach IRQ, die beteiligten Geräte angezeigt. Das sieht auf den ersten Blick erschreckend aus, zumal ja IRQ nicht doppelt belegt werden sollen. Dass Windows das (seit 95 OSR-2) trotzdem tut, ist eigentlich ein Segen, denn dadurch können mehr Steckkarten im System untergebracht werden und die Konfiguration sollte leichter fallen.

Betriebssystem	IRQ-Holder für PCI-Steuerung	verwendbar für hohe Interrupts	verwendbar für niedrige Interrupts
Windows 95	ja, aber nicht ausgereift	ja, aber nicht ausgereift	nein
Windows 95b	ja	ja	nein
Windows 98	ja	ja	ja
Windows 98 SE	ja	ja	ja

Das Gerät „IRQ-Holder für PCI-Steuerung“ (s.a. in Abb. 5.21) ist dabei nichts anderes als der Chip, der für das IRQ-Sharing zuständig ist.

IRQ-Sharing – so kommt man zu einem stabilen System

Die Knappheit an verfügbaren Interrupts (IRQ) macht es bei einem halbwegs vernünftig ausgestattete Rechner nötig, mehreren Karten ein und denselben IRQ zuzuweisen. Praktischerweise machen das die Mainboardhersteller schon, indem sie die entsprechenden Steckplätze miteinander kombinieren. Zum Beispiel verfügen AGP- und PCI-Port 1 in der Regel über denselben IRQ.

Unmöglich, die vielen auf dem Markt vorkommenden Kombinationen hier aufzuzählen: Auskunft über die IRQ-Verteilung gibt das Handbuch des Mainboards meistens im Kapitel *Bios/PnP Configuration Setup*.

Abb. 5.22

Auszug aus dem Handbuch vom Abit BX133 Raid

- **PCI slot 5 and HPT 370 IDE controller use the same bus master control signals, therefore; if the HPT 370 IDE controller (see section 3-5) is enabled, you can´t install a PCI card that will occupy the bus master signals into PCI slot 5.What kind of PCI cards needs to use the bus master signal? Generally speaking, most of the PCI cards need to use the bus master signal, but some Add-on cards such as the Voodoo series of graphics cards and some PCI-VGA and LAN cards don´t occupy the bus master signal.**
- **PCI slot 3 shares IRQ signals with HPT370 IDE controller (Ultra ATA/66/100). The driver for HPT 370 IDE controller supports IRQ sharing with other PCI devices. But if you install a PCI Card that doesn´t allow IRQ sharing with other devices into PCI slot 3, you may encounter some problems. Furthermore, if your Operating System doesn´t allow peripheral devices to share IRQ signals with each other-Windows NT for example, you can´t install a PCI card into PCI slot 3.**
- **PCI slot 1 shares IRQ signals with the AGP slot**
- **PCI slot 2 shares IRQ signals with the PCI slot 5**
- **If you want to install two PCI cards into those PCI slots that share IRQ with one another at the same time, you must make sure that your OS and PCI devices`driver support IRQ sharing.**

Sollten Sie die deutsche Ausgabe der Handbücher bevorzugen: Namhafte Hersteller von Mainboards bieten auf ihren Webseiten Handbücher auch in Deutsch zum Download an.

Troubleshooting: Die Karten vertragen sich nicht und das System wird instabil

Lösung: Wie in Abb. 5.20 zu sehen ist, bieten die Mainboardhersteller schon ein kleines „Troubleshooting“ an. Die erste Empfehlung (und meistens auch die einzige) lautet: Tauschen Sie die Karten in den Slots so lange untereinander aus, bis Sie eine Kombination gefunden haben, in der sich die Karten vertragen. Das kann eine Weile dauern, führt aber meistens zum Erfolg.

Schritt für Schritt zum stabilen System – mit Plug & Play

Mit diesem Grundwissen gerüstet, ist es nun ein Kinderspiel, ein System zu konfigurieren. Sollte es irgendwelche Schwierigkeiten „unterwegs“ geben, dann finden Sie die Lösung in den Troubleshootings in diesem Kapitel.

Hinweis

Bei Verwendung von „Auto“ wird bei jedem Bootvorgang die Konfiguration bearbeitet. Das kostet Zeit, ist aber sicherer.

1. Zuerst geben Sie dem Bios im PnP Configuration Setup an, ob Sie ein PnP-taugliches Betriebssystem verwenden oder nicht. Dazu ist die Einstellung in der Option *PnP OS Installed* entsprechend auf *yes* oder *no* zu setzen (s.a. Abb. 5.14)

2. Über die Option *Ressources Controlled by* entscheiden Sie, ob das Bios die Konfiguration der Karten übernehmen soll (auto) oder nicht (manual). Bei *manual* haben Sie die Möglichkeit, Ressourcen für einzelne nicht PnP-fähige Karten zu reservieren. Beachten Sie dazu bitte, welche Ressourcen in Frage kommen dürfen und welche nicht (siehe *Konfiguration der neuen Karte* in diesem Kapitel)

3. Bei manueller Zuweisung können Sie entscheiden, ob die jeweilige Ressource der PnP-Automatik zum Verteilen zur Verfügung stehen soll, oder ob Sie die Ressourcen sperren, um sie dann bestimmten Karten zuzuweisen. Der Parameter „ISA/Legacy" steht dabei für gesperrte Ressourcen, der „PCI/ISA PnP" für die zum automatischen Verteilen freigegebenen.

IRQ einsparen – wo ist das möglich?

Generell kann man überall da einen IRQ einsparen, wo keine Geräte angeschlossen sind. Das klingt banal, wird aber in der Praxis häufig übersehen.

Wo sich das Deaktivieren von Ports lohnt, zeigt die nachfolgende Tabelle:

Situation	Parameter im Bios	freigegebener IRQ
Festplatte und CD-ROM an einem (E)IDE Controller, der andere ist frei	Onboard Serial Port 2 auf disabled setzen	15
Sie besitzen eine Grafikkarte ohne 3D-Chip	IRQ unnötig à den Port der Grafikkarte deaktivieren (auf n/a setzen)	je nachdem, was die Karte vorher hatte
Sie haben keine PS/2 Maus	PS/2 Mouse Function Control auf disabled setzen	12

Am interessantesten ist der IRQ der Grafikkarte: Wenn die Karte nur 2D-Funktionen hat, dann braucht sie keinen eigenen IRQ, mit 3D-Beschleunigung aber doch.

Sie können außerdem den LPT1 im Bios deaktivieren, das lohnt sich jedoch nur, wenn Sie keinen Drucker haben und mit einem Interrupt mit der schlechtesten Priorität leben können. Von einer Deaktivierung von LPT2 (IRQ 5) hat zumindest die Soundkarte was. Soundkarten nisten sich meistens automatisch auf dieser Ressource ein.

Haben Sie kein USB-Gerät, dann können Sie die USB-Unterstützung auch deaktivieren und gewinnen wiederum einen IRQ.

Ausführlich sind diese Maßnahmen in *Kapitel 10: Das Bios Setup – wir „schrauben" uns zu mehr Geschwindigkeit* beschrieben. Dort steht auch, wo Sie die Parameter finden.

ICU – Ersatz für Plug'n Play bei DOS & Co.

Eine relativ häufige Kombination besteht auf alten Rechnern mit Windows 3.x, DOS oder (seltener) NT 4. Hier hat weder das Betriebssystem PnP-Fähigkeit noch das Bios. Da aber die meisten neueren ISA-Karten PnP-Fähigkeit besitzen, taucht ein Problem auf:

Sie können die Karten nicht über Jumper konfigurieren, diese Karten erwarten ein PnP-Bios. Das liegt daran, dass die Ressourcenanforderungen dieser Karte über einen integrierten Chip an die Aussenwelt übertragen werden.

Die Lösung ist eine Software namens ICU (ISA Configuration Utility):

Tipp

Sollte das Tool der Karte nicht beiliegen, können Sie es unter der Adresse http://www.intel.com downloaden.

Dieses Tool ermittelt die Hardwareausstattung des PC incl. freier Ressourcen und vergleicht danach mit den Werten, die die ISA-Karte erwartet. Nun kann über eine PnP-Bios Simulation der Karte die richtige Ressource zugeordnet und als Konfigurationsdatei abgespeichert werden. Ein Eintrag in der config.sys sorgt dann bei jedem Systemstart für das Laden dieser Konfiguration.

Und so wird es gemacht:

1. PnP Installed OS auf *no* setzen
2. Die für die Karte richtigen Ressourcen auf *No/ICU* oder *Legacy/ISA* setzen
3. ICU installieren und die Karte konfigurieren

Tuning von Grafikkarten – das Plus an Geschwindigkeit

Es ist immer das Gleiche: Das neu erstandene Spiel ruckelt und ist so richtig erst zu genießen, wenn man die Anzahl und Qualität der darzustellenden Objekte reduziert hat. Aber was wäre z.B. „Need for Speed" ohne das Herbstlaub oder die qualmenden Reifen? Oder stellen Sie sich eine Hubschraubersimulation über einer grob gepixelte Landschaft vor!

Sehr häufig kommt man auf den Gedanken, dass mit einer neuen Spielegeneration wohl auch ein neuer Rechner angeschafft werden muss. Dabei scheint die Prozessorleistung für Textverarbeitung, Tabellenkalkulation oder das Surfen im Internet völlig auszureichen.

Und genau hier setzt dieses Kapitel an, denn oft reicht es schon aus, die alte Grafikkarte zu optimieren, mit einem neuen Treiber auszustatten oder einfach mal mit einem Übertaktungsversuch zu bedenken.

Grafikkarten – wann lohnt sich ein Neukauf?

Eine wichtige Rolle bei der Beantwortung dieser Frage spielen die Programme, die auf dem Rechner laufen. Handelt es sich dabei „nur" um Büroanwendungen oder Echtzeit-Strategiespiele, dann kann man sich die Ausgabe für ein neues Grafikboard gewiss noch ein paar Monate aufsparen. Sind Sie dagegen ein Verfechter der Hardcore 3D-Ego-Shooter oder sitzen gern einmal hinter dem Lenkrad eines PS-starken Rennboliden, dann lohnt sich solch eine Ausgabe sicher eher.

Die für den Anwender auf dem Bildschirm sichtbare Leistung eines PC-Systems ist zumindest im schnelleren 3D-Spielebereich immer die Summe aus der Leistung der Grafikkarte und der Leistung des Prozessors.

Die Grafikausgabe ist immer davon abhängig, wie schnell ein Prozessor die Daten im Voraus berechnen und der Grafikkarte zur weiteren Bearbeitung zur Verfügung stellen kann. Es nützt nichts, wenn die Grafikkarte die Texturen blitzartig auf die Objekte legen kann, wenn ein langsamer Prozessor die „Rohdaten" nicht schnell genug liefert. Das Ergebnis ist ein ruckelndes Bild. Umgekehrt hat es wenig Sinn, eine Grafikkarte der vorletzten Generation (eventuell eine Matrox G100 oder etwas Ähnliches) mit einem Prozessor der Gigahertz-Klasse zu kombinieren.

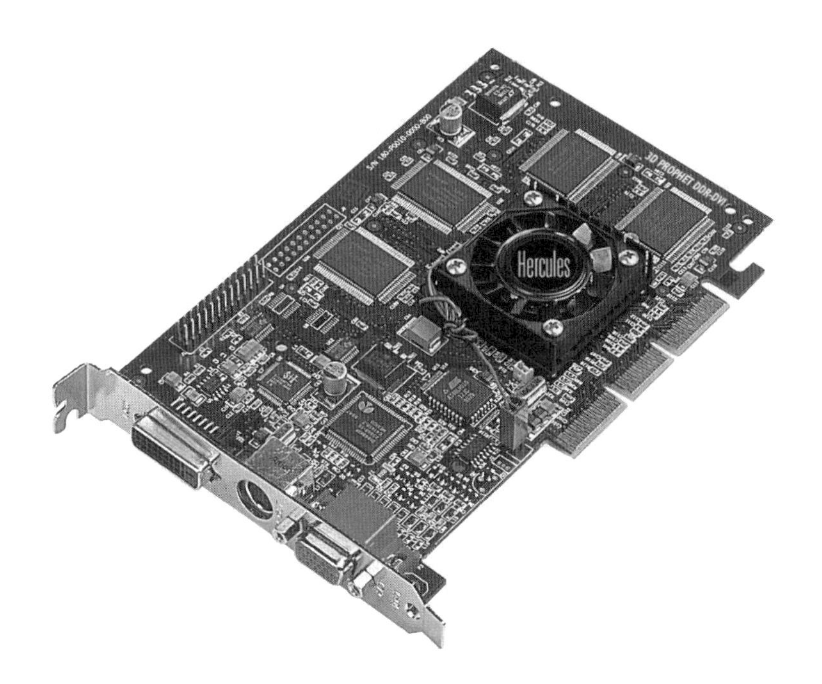

Abb. 6.1

Aktuelle Grafikkarte von Guillemot, hier die preiswerte 3D Prophet

Ein Neukauf lohnt also immer dann, wenn der Prozessor trotz der Tuningmaßnahmen an der Grafikkarte leistungsmäßig weit überlegen ist. Dabei kann man in der Einsteigerklasse schon leistungsfähige Karten zwischen DM 200,- und 300,- bekommen, wie hier zum Beispiel die 3D Prophet von Guillemot.

Was kann man jedoch tun, wenn sowohl Prozessor als auch Grafikkarte ungefähr denselben Leistungslevel besitzen?

Kein Eingriff in CPU oder Grafikkarte – trotzdem ein schnellerer Bildaufbau

Bevor Sie sich der Grafikkarte selbst zuwenden, sollte zunächst ihr Umfeld betrachtet werden. Zumeist senden und empfangen Grafikkarten über den PCI- oder den AGP-Bus. Wie man diese Busse erfolgreich optimiert, wird ausführlich in *Kapitel 12: Bios Tuning – die Best Settings für mehr Sicherheit, Stabilität und Geschwindigkeit* und in *Kapitel 4: Bustypen – mehr Geschwindigkeit durch Optimieren* beschrieben.

Die zweite Möglichkeit, den Bus schneller zu machen, ist das Übertakten:

Erhöht man die Geschwindigkeit der Busse, so ist auch die Grafikkarte in der Lage, Daten schneller zu verarbeiten. Die Erhöhung des Bustaktes erfolgt in der Regel über die Erhöhung der Systemtaktfrequenz.

Übertakten per Frontsidebus – nur etwas für PCI-Karten?

Den PCI- sowie auch den AGP-Bustakt kann man in der Regel nur über die Veränderung des Frontsidebusses beeinflussen. Die Frequenzen der Busse werden durch Teilen der Taktfrequenz des FSB erzeugt. Die einzige Ausnahme bildet der Speicherbus.

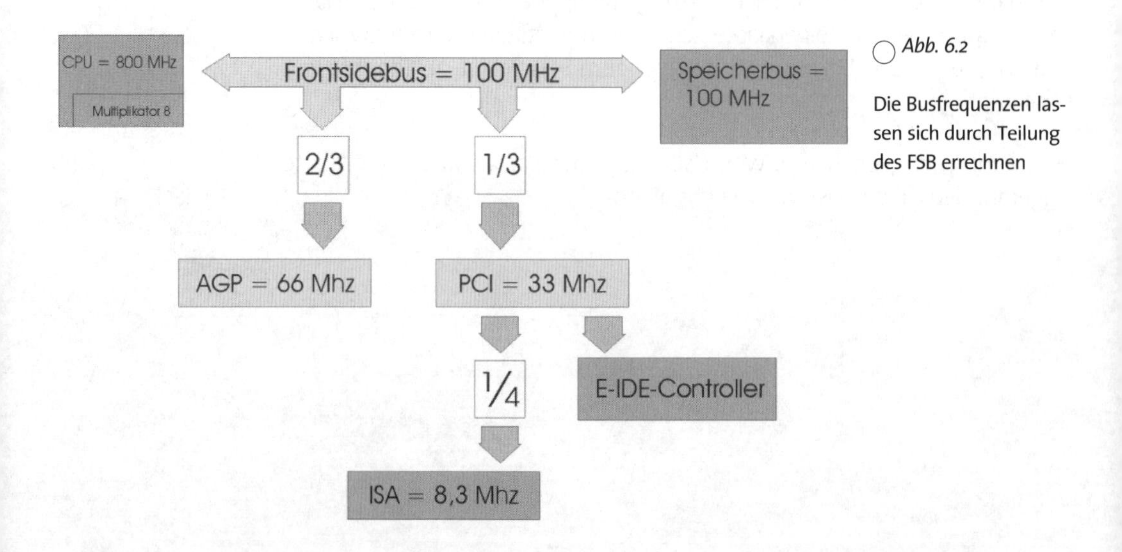

Abb. 6.2

Die Busfrequenzen lassen sich durch Teilung des FSB errechnen

Das, was sonst beim Übertakten der CPU die meisten Kopfschmerzen bereitet, nämlich dass durch Anheben des FSB auch die anderen Busfrequenzen erhöht werden, wird hier ganz bewusst ausgenutzt. Die meisten Mainboards der Pentiumklasse lassen die Einstellungen 66 MHz, 75 MHz und 83 MHz für den FSB zu. Alle neueren Boards sind meist von 100 MHz bis 133 MHz variabel, manche sogar noch weiter.

Ein Beispiel, an dem es sich gut rechnen lässt, ist der Pentium 166 MHz:

Hinweis

Beim Übertakten wird wesentlich mehr Wärme in den Chips frei, beachten Sie deshalb unbedingt eine ausreichende Kühlung!

Dieser Prozessor ist voreingestellt auf einen Systemtakt (FSB) von 66 MHz und hat einen Multiplikator von 2,5 (2,5 x 66 MHz = 166 MHz). Erhöht man den Systemtakt auf 83 MHz und verändert den Multiplikator auf „2", so erhält man als interne Taktfrequenz wieder 166 MHz. Der Prozessor läuft immer noch innerhalb seiner Spezifikation, jetzt jedoch mit einem deutlich schnelleren Systemtakt. Und dieser Systemtakt ist verantwortlich für den PCI- und den ISA-Takt. Der PCI-Takt wird hier aus dem halben Systemtakt gewonnen, hat vorher also 33 MHz (=66 MHz/2) betragen und ist nach dem Übertakten auf 41,5 MHz (=83 MHz / 2) angestiegen.

Hinweis

Auch der Arbeitsspeicher muss das verkraften, bei 75 MHz braucht man guten EDO-RAM, alles, was darüber hinaus geht, benötigt SDRAM.

Solcherart eingestellte Computersysteme sind deutlich schneller als mit den Standardeinstellungen. Zu beachten gibt es jedoch, dass der ISA-Bus in Mitleidenschaft gezogen und auch übertaktet wird, für einige ganz alte ISA-Karten zu schnell. Das System wird instabil. Besitzen Sie dagegen ein System, das nur PCI-Karten beinhaltet, die dann auch noch PCI 2.1 bzw. 2.2 kompatibel sind (bis 66 MHz), sollten an dieser Stelle keine Bedenken angemeldet werden.

Ergebnis dieser Maßnahme ist eine ca. 20%ige Leistungssteigerung des PCI-Bus. Entsprechend schneller arbeiten dann auch die Grafikkarten.

Deutlich enger sind die Grenzen gesteckt, wenn es sich um Boards mit neueren Prozessoren handelt. Mit der Einführung des Pentium II wurde der feste Multiplikator aus der Taufe gehoben. Eine Erhöhung des FSB geht nun automatisch auch mit der Erhöhung des inneren Takts des Prozessors einher. Was nun?

Da bleibt nichts weiter übrig, als den FSB nur ganz sachte anzuheben. Ein so „brutales“ Vorgehen wie bei dem Pentium-166–Beispiel würde der Prozessor bald mit dem Hitzetod quittieren. Und dann ist der erhoffte Vorteil einer schnelleren Grafikkarte umgeschlagen in Ärger über einen kaputten Prozessor.

Ein Anheben des FSB auf 75 MHz bei Prozessoren, die normalerweise mit 66 MHz externem Takt laufen, bzw. auf 112 MHz für die 100 MHz-Kollegen, sollte dann genügen. Vorteil: der PCI-Bus läuft mit gepflegten 37,5 MHz, also völlig unproblematisch für die meisten Karten, der AGP-Bus mit 75 MHz. Eine Zahl, die die meisten AGP-Karten nicht so ohne weiteres wegstecken. Ausnahmen sind Karten mit Riva128 Chips, zum Beispiel die Diamond Viper. Andere (Riva TNT) kommen dann schon nahe an die Grenze ihres irdischen Daseins.

Das Bios der Grafikkarte – ausschlaggebend für die Leistung

Ähnlich wie auf dem Mainboard, gibt es auch bei modernen Grafikkarten einen Bios-Baustein. Dieser Baustein enthält eine Software, die die Aufgabe hat, die Grafikkarte zu steuern. Manchmal ist das Update dieser Software sogar nötig, um die Grafikkarte überhaupt in Betrieb zu setzen. Einige Grafikkarten hatten beispielsweise Schwierigkeiten, mit der Windows-Version 95a zusammenzuarbeiten und versagten komplett ihren Dienst.

Ist das Bios der Grafikkarte updatefähig, hat man zwei Möglichkeiten: Entweder den Baustein austauschen oder – viel bequemer – das Bios lässt sich flashen.

Solch ein Update des Flash-Bios funktioniert genau wie ein Update des Systembios:

1. Besorgen des Update-Files
2. Starten des Rechners im DOS-Modus
3. Aufrufen der Flash-Datei
4. Programmiervorgang abwarten

Fertig!

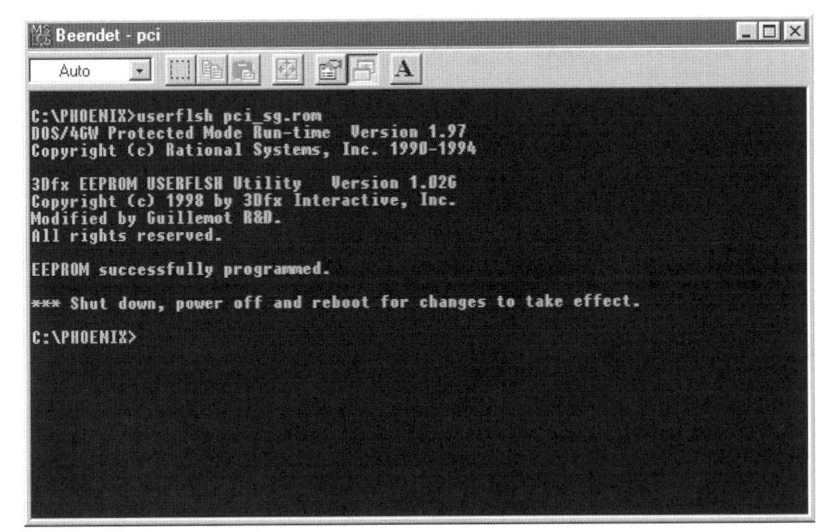

Abb. 6.3

Beendeter Flashvorgang bei der Maxi Gamer Phoenix von Guillemot

Das Ergebnis ist dann eine verbesserte Zusammenarbeit mit den neuen Betriebssystemen, die ja mittlerweile fast auch halbjährlich den Markt erobern. Auf jeden Fall lohnt es sich, einmal auf den Internetseiten der Herstellerfirma herumzustöbern. Updates findet man meistens bei den Treibern im Supportbereich.

Die Treiber – Wettkampf zwischen Hersteller- und Referenztreibern

Ein weiterer Ansatzpunkt, um regulär mehr Leistung aus den Grafikkarten herauszuholen, ist der Einsatz der aktuellsten Treiberversionen. Da man heute neue Grafikchipgenerationen schon fast im Halbjahrestakt erwartet, ist der Konkurrenzdruck zwischen den Chip-Schmieden sehr hoch. Dabei wird in erster Linie bei Entwicklung und Produktion Wert auf eine voll funktionierende Hardware gelegt, die Unterstützung durch die Treiber ist sozusagen Nebensache. Effekt: Die ersten Käufer sind zu Beta-Testern degradiert und müssen sich mit unausgereiften Treibern herumschlagen. Wie alt der Treiber Ihrer Grafikkarte ist, können Sie im Gerätemanager feststellen. Dorthin gelangen Sie über *Start/Einstellungen/Systemsteuerung/System/Gerätemanager* (Windows 2000: *Start/Einstellungen/Systemsteuerung/System/Hardware/Gerätemanager*). Wenn Sie nun auf Ihren Grafikkarteneintrag rechtsklicken, können Sie die Treiberinformationen ablesen.

Abb. 6.4

Treiberinformationen im Gerätemanager

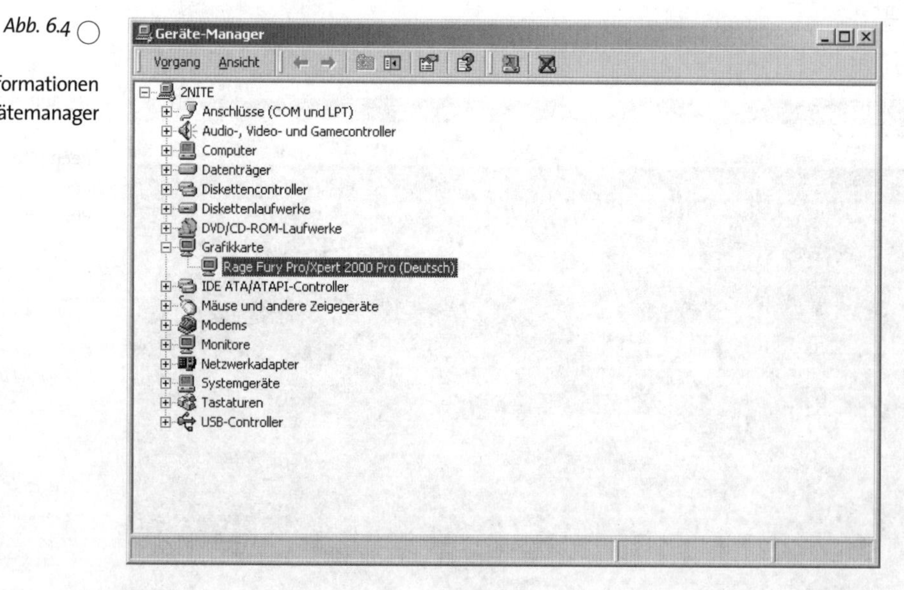

Indizien für mangelhafte Treiber können zum Beispiel Bildaufbaufehler bei manchen Spielen, niedrige Frameraten oder andere kleinere Fehler sein. Zudem bieten die aktuelleren Treiber meistens auch noch eine höhere Funktionsvielfalt der Grafikkarten.

Tipp

Referenztreiber erhalten Sie unter anderem hier: http://www.fastgraphics.com, http://www.3dfiles.com, http://www.3dconcept.ch, http://www.nvidea.com, http://www.3dfx.com.

Zum Glück werden die Treiber im Nachhinein noch optimiert und für die verschiedenen Betriebssysteme angepasst. Auch hier lohnt sich ein regelmäßiger Besuch der Supportseiten.

Alternativ zu den Herstellertreibern kann man auf verschiedenen Webseiten auch so genannte Referenztreiber bekommen. Das sind Treiber, die der Chiphersteller speziell auf den Grafikchip abgestimmt hat und die nicht so sehr auf die Besonderheiten der einzelnen Grafikkarte eingehen.

Sinnvoll sind solche Referenztreiber beispielsweise bei fehlendem Support durch den Grafikkartenhersteller, wenn ein neues Betriebssystem auf den Markt kommt. Bei einigen Karten gibt es beispielsweise immer noch keine Treiberunterstützung für Windows 2000. Hier verhelfen die Referenztreiber wenigstens zu einer hohen Auflösung.

Detonator 3 – volle Power für Nvidea-Chips

Auf einen Referenztreiber soll hier noch gesondert eingegangen werden: der Detonator von Nvidea. Die Erfolge dieses Chipherstellers sind u.a. auch auf diese Treiber zurückzuführen. Mit der neuesten Ausführung Detonator 3, kommt Nvidea zeitgleich mit der Einführung des Geforce2 Ultra auf den Markt.

Der Detonator 3–Referenztreiber unterstützt sämtliche Grafikkarten mit Nvidea Chipsätzen ab dem TNT2. Dabei wurden hauptsächlich Verbesserungen in der Kantenglättung (Anti-Aliasing) erzielt, die im Gegensatz zum Vorgänger nicht mehr so viel Performance benötigt. Wer also auf „Treppenstufen“ an den Kanten von Objekten verzichten möchte, hat mit dem neuen Treiber nicht gleich einen Verlust eines flüssigen Bildaufbaus. Außerdem ist eine Leistungssteigerung unter Open GL zu verzeichnen.

Abb. 6.5

Grafikkarte mit Geforce 2 GTS Chip

Vorsicht bei TNT2-Karten: Obwohl diese vom Treiber unterstützt werden, sind hier Leistungseinbrüche zu verzeichnen. Die Installation wird nur den Besitzern der Geforce-Karten angeraten.

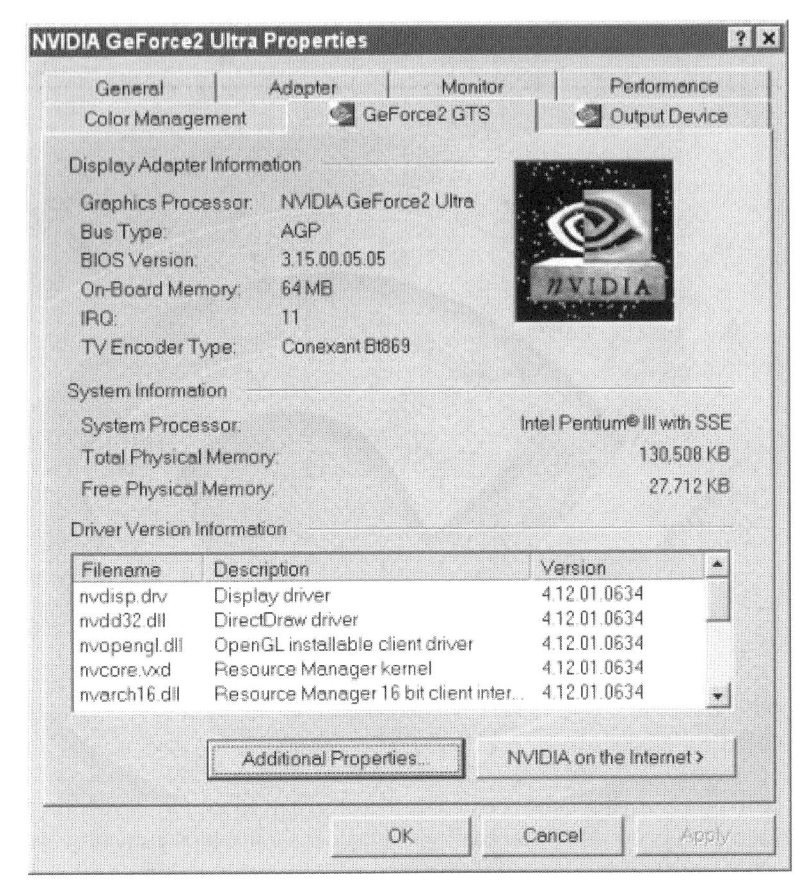

Abb. 6.6

Benutzeroberfläche vom „Detonator“

Das Übertakten der Grafikkarte – mehr Frames außerhalb der Spezifikation

Eine Grafikkarte ist wie ein kleiner Computer aufgebaut, da gibt es den (oder die) Grafikprozessor(en), mehr oder weniger Speicher in den verschiedensten Ausführungen und Schnittstellen zu externen Geräten, wie zum Beispiel Fernseher, Monitor oder Videorecorder. Viele Aufgaben, die vor ein paar Jahren noch als undenkbar erschienen, sollen jetzt gleichzeitig erledigt werden.

Abb. 6.7

Aufbau einer Grafikkarte mit ihren einzelnen Komponenten

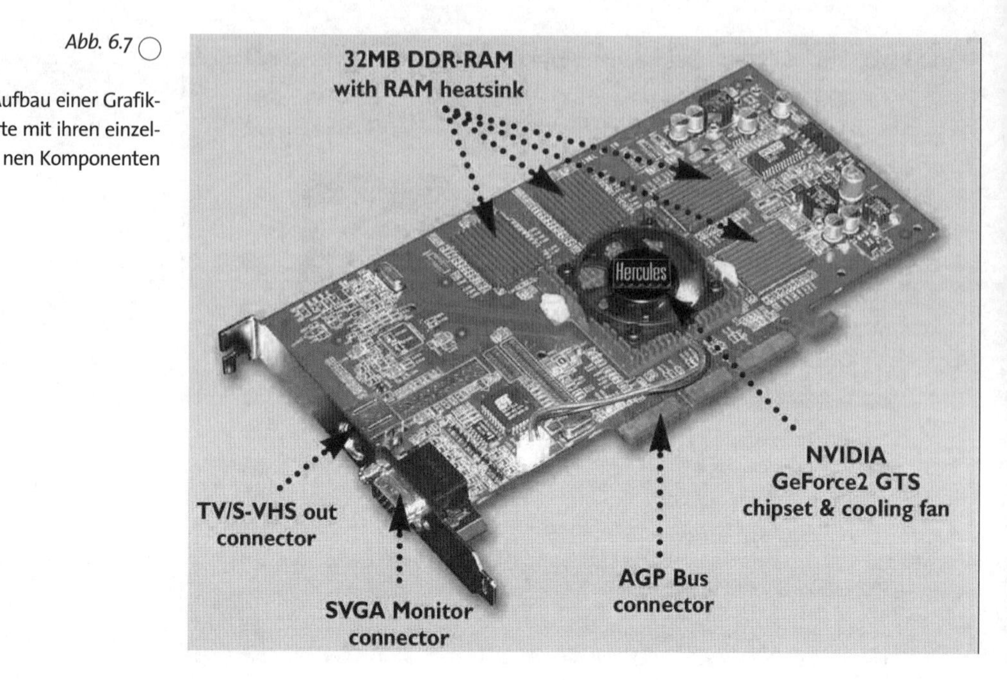

Mittlerweile gibt es für nahezu jeden Grafikchip im Internet schon das entsprechende Tool zum Übertakten.

Den unbegrenzten Einsatz eines solchen Tools machen nur die maximalen Taktfrequenzen des Grafikspeichers und des Grafikchips zunichte. Natürlich ist auch mit einer extrem höheren Wärmeentwicklung zu rechnen. Hier sind besonders effektive Kühlmaßnahmen gefragt, da die Grafikprozessoren sowieso schon ziemlich am Limit gefahren werden und erfahrungsgemäß nicht in den Größenordnungen wie Prozessoren übertaktet werden können.

Vorab ein paar Grundüberlegungen:

Speichertakt – wo sind die Grenzen?

Grafikkarten und speziell ihre Chipsätze lassen sich einteilen in synchrone und asynchrone Chipsätze. Die synchronen sind die, bei denen der Takt des Grafikprozessors gleich dem Takt des Grafikspeichers ist (z.B. die Voodoo 3-Karten). Der Takt des Speichers richtet sich nach dem des Prozessors. Bei den asynchronen Chipsätzen ist der Speichertakt ca. 15-20% höher als der des Prozessors.

Genau wie beim Arbeitsspeicher, ist auch beim Grafikspeicher folgende Formel gültig:

Maximale Taktfrequenz = 1/Speicherzugriffszeit

Daran lässt sich erkennen, dass der auf der Karte verwendete Speicher eine extrem wichtige Bedeutung für die maximale Taktrate hat:

Zugriffszeit	Garantierte Taktfrequenz lt. Hersteller	maximale Taktfrequenz
10 ns	83 MHz	100 MHz
8 ns	112 MHz	125 MHz
7,5 ns		133 MHz
6 ns		166 MHz

Die Nanosekundenwerte (ns) kann man dem Aufdruck auf den Speicherbausteinen entnehmen, meistens ist das die letzte Zahl in der Zahlenkolonne (bei HYS64V16220GU-7,5 wären es 7,5 ns).

Wenn Sie nun ausrechnen, wie hoch der Speichertakt maximal sein darf, haben Sie einen ungefähren Anhaltswert bekommen. Dieser Wert ist je nach Hersteller als unterste Toleranzschwelle anzusehen und somit noch ein paar Prozent übertaktbar, oder er bildet wirklich schon das Ende der Fahnenstange und jeder Versuch, höher zu takten, zwingt das System gnadenlos in den Stillstand.

Hier können Sie nur probieren. Passieren kann eigentlich nichts, denn die Wärmentwicklung bei übertakteten Speichern ist eher gering.

Chiptakt – was hält ein Grafikchip aus?

Die Hersteller von Prozessoren, egal ob CPU oder Grafikprozessor, lassen bezüglich der Taktfrequenz noch einen kleinen Toleranzspielraum nach oben offen – das dient einerseits der Lebensdauer des Chips, andererseits der Stabilität des gesamten Systems. Wie hoch der Spielraum ist, hängt u.a. von der Produktionsstätte und vom Produktionszeitraum ab. Hier hilft ausprobieren. Grundsätzlich reagieren Grafikprozessoren empfindlicher auf Übertaktungsversuche als CPUs.

In nachfolgender Tabelle sind die Standardfrequenzen von RAM und Chip der Grafikkarten aufgeführt. Daneben sind die in den meisten Fällen „harmlosen" Übertaktungsfrequenzen angegeben.

3D – Chip	Standardwerte in MHz		Erprobte Werte in MHz [1]	
	Chip	RAM	Chip	RAM
3dfx Voodoo 1	50	50	57	57
3dfx Voodoo 2	90	90	93	93
3dfx Banshee	100	100	110	120
3dfx Voodoo 3 2000	143	143	166	166
3dfx Voodoo 3 3000	166	166	183	183
3dfx Voodoo 3 3500	183	183	192	192
ATI Rage Pro	75	100	90	110
ATI Rage Fury OEM	90	90	100	100
ATI Rage Fury	103	103	110	110
ATI Rage Fury Pro[2]	140	160	150	170
ATI Radeon mit SGRAM	160	160	160	160
ATI Radeon 32MB DDR	166	166[3]	183	183[3]
ATI Radeon 64MB DDR	183	183[3]	205	205[3]
Matrox G200	83	113	90	120

3D – Chip	Standardwerte in MHz		Erprobte Werte in MHz [1]	
Matrox G400	125	166	135	180
Matrox G400 Max	150	200	160	214
Nvidea TNT 1	90	110	100	115
Nvidea TNT 2 M64	100	125	110	135
Nvidea TNT 2	125	150	142	166
Nvidea TNT 2 Ultra	150	183	160	190
Nvidea TNT Vanta	110	125	110	143
Nvidea Geforce 256	120	166	130	172
Nvidea Geforce 2 GTS	200	333 [4]		
Nvidea Geforce 2 Ultra	250	460 [4]		
S3 Savage 4	110	125	115	135
S3 Savage 4Pro	125	143	135	150
S3 Savage 4Pro +	143	166	150	170

1 Diese Werte sind teils selbst erprobt, teils stammen sie aus diversen Hardwareforen und gelten als ziemlich sicher. Teilweise wurden höhere Werte als hier angegeben, mit aufwendigen Kühlverfahren erzielt, die dann allerdings nur das technisch Machbare darstellen und kein vertretbares Aufwand-Nutzen-Verhältnis haben.

2 Auf manchen ATI Rage Fury Pro ViVo wurde das Taktverhältnis standardmässig auf 118/140 gesetzt.

3 Die Angaben für den Speichertakt sind hier eigentlich am ehrlichsten: ATI verzichtet auf das Verdoppeln des Zahlenwertes (andere Hersteller geben bei Verwendung von DDR RAM fälschlicherweise die doppelte Taktrate an). Um mit den Geforce Karten mit DDR RAM zu vergleichen, müsste man den ATI-Wert mit 2 multiplizieren.

4 Diese Speichertaktraten lassen sich durch die Verwendung von DDR RAM erklären. Die Firma Gainward setzte mit ihrer Cardexpert Geforce 2 GTS/400 noch einen drauf, bestückte die Karte mit 5 ns DDR-Speichermodulen und liefert ein Übertaktungsmodul mit, das Speichertaktraten von 444 MHz ermöglicht.

Einige Hersteller (wie zum Beispiel Guillemot mit seinen Hercules Karten) nehmen den Anwendern das Übertakten ab, machen das selbst und lassen im Bereich Geforce 2 GTS und Geforce 2 Ultra keinen Spielraum mehr zu. Die Guillemot Hecules 3D Prophet II GTS Pro zum Beispiel wird mit 5ns Speicher ausgeliefert und hat voreingestellt einen Speichertakt von 400 MHz. Da ist selbst mit viel gutem Willen kein Übertakten mehr möglich. Das war aber schon immer so. Meine erste Guillemotkarte – eine Maxi Gamer Phoenix – war damals auch schon direkt ab Werk übertaktet – mit 110/110 MHz! Überflüssig zu erwähnen, dass sie ihren Dienst immer noch versieht.

Hinweis

Die in der 18-Technik benötigten geringeren Ströme machen den Einsatz von AGP-Karten auch einfacher: Keine Probleme mehr wie mit Voodoo3 und manchen Gigabyte-Boards.*

Andere Firmen lassen da deutlich mehr Spielraum zu: ATI zum Beispiel liefert die Radeon 64 MB mit 183/183 MHz aus. Hier sind locker noch 10% drin, selbst ohne aktive Kühlung (lt. technischem Support von ATI). „Schuld“ ist die Umstellung des Produktionsprozesses auf die 18*-Technik. Die Verlustleistung ist hier wesentlich niedriger durch die geringeren Ströme, als bei der 25*-Technik (Beispiel Geforce 256), dadurch wird auch wesentlich weniger Hitze frei.

Abb. 6.8

Aktuelle ATI Grafikkarte mit Radeon-Chip. Typisch für ATI – unschlagbar in der Kombination 3D-Grafik, TV-Tuner und TV-Out

Belohnt wird das durch eine längere Haltbarkeit des Prozessors und die Gewissheit, selber noch tunen zu können. Wieviel Sinn das macht, Grafikprozessoren der neuesten Generation zu übertakten, muss jeder für sich entscheiden, denn derzeit dürften wohl selbst die schnellsten Prozessoren Mühe haben, eine Geforce 2 GTS Ultra an ihre Leistungsgrenzen zu bringen.

Hindernis – die Kühlung des Grafikprozessors

Hinweis

Die 330 MHz Speichertakt kommen durch die Verwendung von DDR-SGRAM zustande (Daten werden auf der steigenden und der fallenden Flanke des Signals übertragen)

Geht man an das Übertakten des Grafikprozessors, dann muss man mit erhöhter Wärmeentwicklung im PC rechnen, denn die Verlustleistung des Chips durch die Übertaktung, muss ja irgendwohin abgeführt werden. Fassen Sie einmal spaßeshalber den Grafikprozessor nach einem grafisch aufwendigen Spiel an. Aber Vorsicht: rechnen Sie mit Temperaturen um die 100 Grad! Wenn dennoch übertaktet werden soll, drängt sich die Suche nach effektiveren Kühlmethoden geradezu auf. Im Extremfall gibt eine Grafikkarte ohne Kühlung schon nach wenigen Minuten auf. In Abbildung. 6.5. ist deutlich zu sehen, dass auch schon einige Kartenhersteller erkannt haben, dass eine effektive Kühlung Wunder bei der Stabilität wirken kann, zumal die Taktraten von Grafikkarten im Stile der Geforce 2 GTS sowieso mit 200 MHz Chiptakt (aktiver Kühler) und 333 MHz Speichertakt (passiver Kühler) weit oben angesiedelt sind.

Sollten Sie sich einen dem Chip angepassten Kühler besorgen wollen, können Sie auf folgenden Internetseiten fündig werden:

Hersteller	Internetadresse
Alpha	http://www.micforg.co.jp
Cardcooler	http://thecardcooler.com
CoolerMaster	http://www.coolermaster.com
Mushkin	http://www.mushkin.com
Papst	http://www.papst.de

Dort können Sie sich auch über die ständig wechselnden Modelle und Preise informieren.

Tipp

Wenn Ihre Grafikkarte schon über einen passiven Kühler verfügt, dann können Sie vorsichtig und ohne irgendwelche Leiterbahnen zu verletzen, einen alten Sockel-7 Kühler aufschrauben.

Im Übrigen: Auch auf die Wärmeleitpaste zwischen Kühlkörper und Prozessoroberfläche kommt es an. Empfehlenswert ist Wärmeleitpaste von Thetatech. Sie leitet die entstehende Prozessorwärme am effektivsten an den Kühlkörper ab.

Softwaretools zum Übertakten – mit dem Grafikprozessor ans Limit

Hinweis

Empfehlenswerte Internetseiten zum Thema Overclocking: http://www.tomshardware.de, http://www.aceshardware.com, http://www.overclockers.com, http://optimize.bhcom1.com/english/main.htm, http://www.sysopt.com, http://www.3dconcept.ch, http://www.2Nite.de, http://www.tweakpc.de.

Im Internet wimmelt es nur so von Seiten, die eines gemeinsam haben: das Betreiben von Hardware außerhalb der Spezifikation – kurz Übertakten oder Overclocking genannt. Auf vielen dieser Seiten findet man die Ergebnisse von monatelanger Tüftelarbeit als Screenshot eines Benchmark-Programms, andere wiederum beschreiben auch die Vorgehensweise, um zu solchen Ergebnissen zu kommen. Bei Grafikkarten ist sich die Gilde einig: Powerstrip (auf Buch-CD in Version 2.75) ist eines der leistungsfähigsten Tools, berücksichtigt nahezu alle Grafikprozessoren und hat den Vorteil, ständig aktualisiert zu werden.

Powerstrip – Diagnose und Overclocking in einem

Die Software von http://www.entechtaiwan.com ist eine der leistungsfähigsten auf dem Sharewaremarkt. Dieses Tool präsentiert sich nach der Installation mit einer kleinen Icon-Leiste auf dem Desktop.

Abb. 6.9

Die Icon-Leiste von Powerstrip 2.75 (auf Buch-CD)

Diese Leiste hat es wirklich in sich: zum einen lassen sich über den bloßen Knopfdruck voreingestellte Bildschirmauflösungen aktivieren. Eine Funktion, die Webdesigner zu schätzen wissen, wenn überprüft werden soll, wie eine html-Seite unter verschiedenen Auflösungen aussieht. Zum anderen lassen sich sowohl die Bildeinstellungen des Monitors auf einfachste Weise konfigurieren, eine softwaremäßige Farbkorrektur vornehmen oder etwa die Schriftgröße auf dem Desktop stufenlos verändern.

Das zum Übertakten der Grafikkarten Wichtigste findet man erst nach einem Rechtsklick auf das ganz linke Symbol (der kleine Monitor mit dem Regenbogen). Im aufklappenden Menü findet man unter „Erweiterte Optionen" den Eintrag „Leistung..." Und hier passiert es:

Über diese Schieberegler kann man getrennt voneinander den Speichertakt (oben) und den Chiptakt (unten) verändern. Dabei wird der momentan verwendete Takt angezeigt. Die für die aktuellen Grafikkarten empfohlenen Frequenzen finden Sie in diesem Kapitel im Abschnitt *Chiptakt – was hält ein Grafikchip aus?* Obwohl die Werte zum Teil durch mich oder auch in Zusammenarbeit mit den jeweiligen technischen Mitarbeitern der Herstellerfirmen zusammengestellt wurden, übernimmt natürlich niemand die Garantie dafür, dass das mit Ihrer Karte auch so funktioniert. Das Risiko, eventuell einen Hardwareschaden davonzutragen, kann Ihnen leider niemand abnehmen.

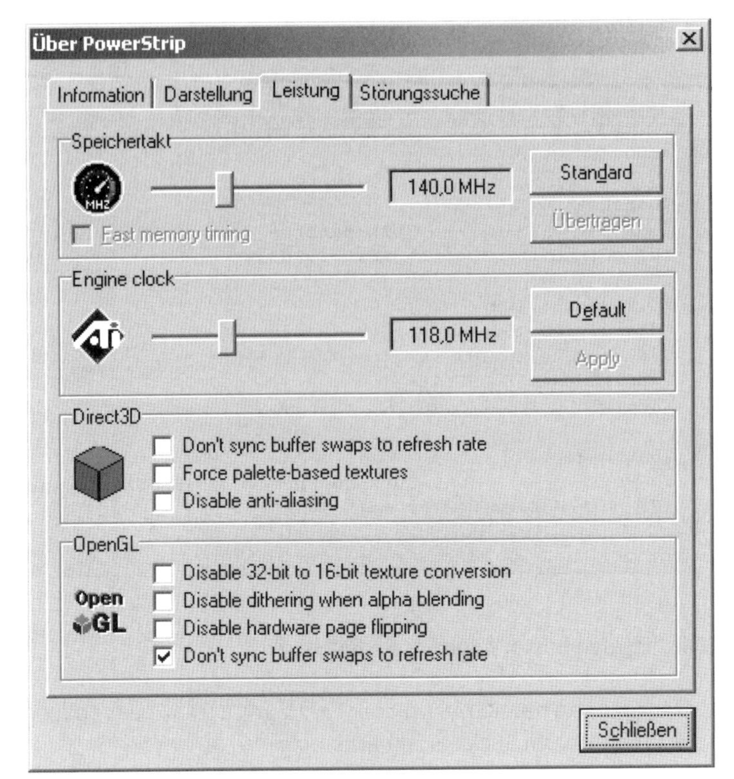

Abb. 6.10

Die Schieberegler von Powerstrip – das Werkzeug zum Übertakten der Grafikkarte

Wem die Einstellmöglichkeiten der Schieberegler nicht reichen, kann sich über einen kleinen Trick zu mehr „Platz" nach oben verhelfen:

Öffnen Sie die Datei „pstrip.cfg" aus Ihrem Powerstrip-Installationsverzeichnis mit einem Editor und suchen Sie sich den Eintrag Ihres Grafikchips. Hier wurde als Beispiel einmal der 3dfx Voodoo Banshee ausgewählt:

Abb. 6.11

Powerstrip lässt sich „übertakten“

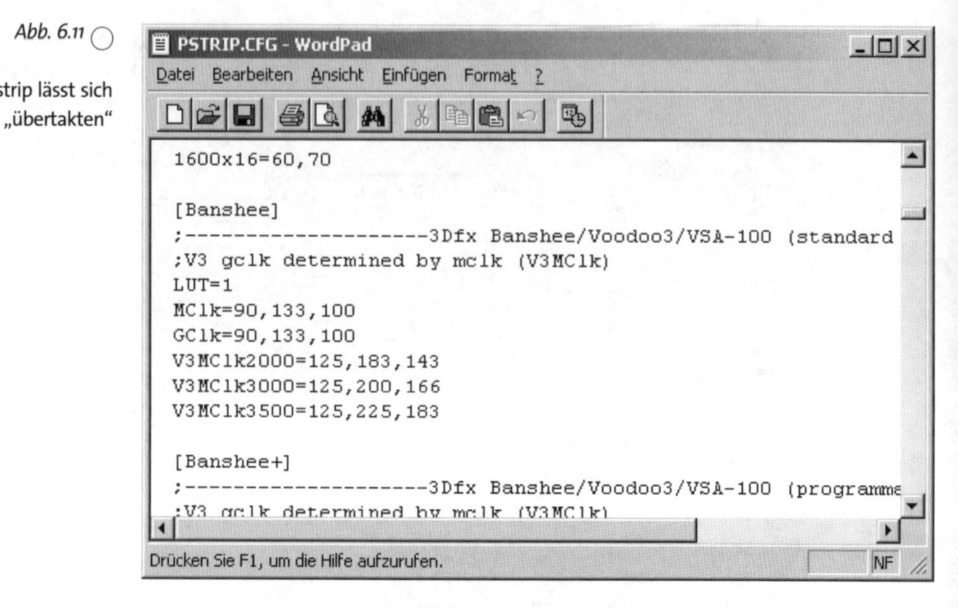

Die Einträge haben folgende Bedeutung:

`;V3 gclk determined by mclk (V3MClk)` = bei Voodoo3 Karten ist der Chiptakt vom Speichertakt abhängig

MClk=90,133,100 = Der Speichertakt (MemoryClock) lässt sich zwischen 90 und 133 MHz einstellen, Standardwert ist 100 MHz

GClk=90,133,100 = Der Chiptakt (GraphicsClock) lässt sich zwischen 90 und 133 MHz einstellen, Standardwert ist 100 MHz

Hier können Sie nun neue Höchstwerte einstellen (vielleicht 160), die Schieberegler des Programms werden dann entsprechend weit reichen und das Programm wird auch den einmaligen Versuch starten, die Karte zu übertakten. Mit Sicherheit endet das in einem Hardwaredefekt, es sei denn, Sie verfügen über eine Stickstoffkühlung.

Tipp

Nach dem Übertakten friert der Bildschirm ein. Sollte Powerstrip nicht automatisch wieder die Standardwerte verwenden, starten Sie den PC im abgesicherten Modus neu, starten Powerstrip und setzen die Werte per Knopfdruck wieder auf Standard.

Und so ähnlich sind die anderen Einträge auch editierbar.

Ein weiteres, nicht zu verachtendes Plus dieser Software ist die Möglichkeit, über die Hardwarediagnose (Powerstrip Rechtsklick auf den Regenbogenmonitor/Erweiterte Optionen/Diagnostics...) alle möglichen Features bezüglich der Buskonfiguration einzustellen.

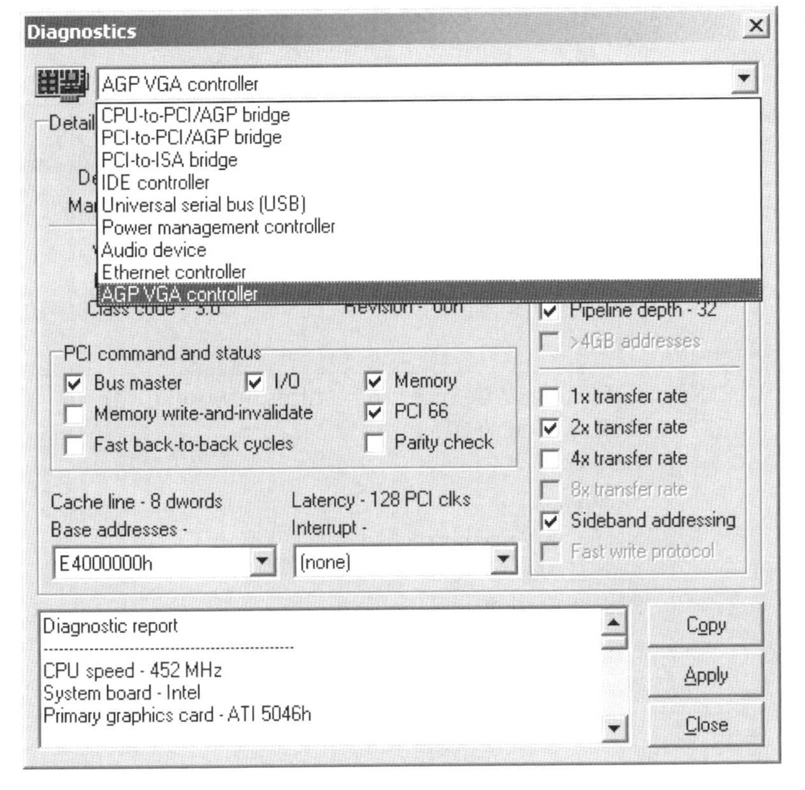

Abb. 6.12

Hardware-Diagnostics per Powerstrip

Dabei erkennt Powerstrip beispielsweise selbstständig, welcher maximale AGP-Modus von der Grafikkarte ausgeführt werden kann und zu welchen das Mainboard fähig ist:. Sie müssen dann nur noch das Häkchen in das entsprechende Feld setzen und fertig. Sie werden sicher noch vieles anderes Nützliches finden, auf die hier aus Platzgründen nicht näher eingegangen werden kann.

Überblick über andere Tools

Natürlich besteht die Gilde der Overclocker nicht nur aus den Verfechtern von Powerstrip. Es gibt auch viele Tools, die speziell für einzelne Chips geschrieben wurden, sofern die Rechte vorliegen, sind sie auf der Buch-CD vorhanden, ansonsten finden Sie hier einen Link zum Downloaden:

Tool	Kurzbeschreibung	Link
3ASUS Tweak Utility	Tool speziell für ASUS Karten	http://asuscom.de/de/produkte/mm_main/mm-index.htm
3dfx Voodoo Banshee Control	Übertakten von Banshee Karten	http://www.voodooextreme. com
Detonator Coolbits	Tool zum Freischalten von erweiterten Menüs bei Nvidea Karten, die den „Detonator“ als Treiber verwenden	http://www.3dgpu.com/tweaking/
Geforce Tweak Utility	Geforce 256 / Geforce 256 DDR / Geforce2 GTS / Geforce2 MX Treiberversion: Nvidia ab Version 5.08 Asus ab Version 5.16 Elsa ab Version 5.08 Effekt: Veränderungen in er Registry	http://www.guru3d.com

Tool	Kurzbeschreibung	Link
HZ-Tool	Freeware zum Anpassen von Bildwiederholfrequenzen an die Einstellungen der Grafikkarte (nicht für NT und Win2000)	http://hem.spray.se/doxx/
MGA Tweak	Veränderung von Registryeinträgen bei Matroxkarten	http://www.matroxusers.com/
Rage Pro Tweaker	Tool für ATI Mach64, Rage I + II, Rage Pro	http://www.student.lboro.ac.uk/~conb/rage/RagePro.zip
Tweak It	unterstützt Voodoo / Voodoo 2 / Voodoo Rush / Voodoo Banshee / Direct3D / Glide unterstützt Windows 9x	http://3dfiles.com/bgrsoftware
Voodoo3 Tweak-Utility	hier lassen sich Einstellungen vornehmen, die im Treibermenü nicht verfügbar sind	http://lra.newmail.ru

Alle diese Tools werden angeboten, um eventuelle versteckte Eigenschaften freizuschalten, die Karte schneller zu machen oder Fehler im Bildaufbau zu beheben. Auf jeden Fall wird eine Menge getrickst, um den einen oder anderen Frame/Sekunde noch auf den Bildschirm zu bekommen. Dass das nicht unbedingt mit Einverständnis, Support oder Wohlwollen der Hersteller gesehen wird äußert sich in der Tatsache, dass Sie eventuell noch vorhandene Garantieansprüche verlieren. Sie benutzen die Mehrzahl dieser Tools also auf eigenes Risiko.

Etwas anderes ist es, wenn Sie im Lieferumfang Ihrer Grafikkarte gleich ein Übertaktungs- (oder Optimierungs-) Tool haben. Hier weist der Hersteller indirekt schon auf den Toleranzbereich hin. Auch da „schrauben“ Sie auf eigene Gefahr, allerdings vom Hersteller gewollt. Manche werben sogar damit, wie zum Beispiel Gainward mit der Cardexpert Geforce 2 GTS/400.

TweakIt – Overclocking unter Win 9x

Ein Tool, das die meisten Chips von Voodoo unterstützt, ist Tweak It for Voodoo (auf Buch-CD). Andere Versionen für Matrox usw. können Sie aus dem Internet unter http://3dfiles.com/bgrsoftware downloaden. Dieses Tool bietet in den erweiterten Einstellungen („Advanced Settings") diverse Möglichkeiten, Einfluss auf die Leistung von Grafikkarten zu nehmen. Außer den bekannten Schiebereglern für die Taktfrequenz ist es möglich, beispielsweise die Karte anzuweisen, Grafikdaten an den Monitor zu senden, auch wenn dieser mit dem alten Bild noch nicht fertig ist („Disable Vertical Sync"). Solche Situationen sind zwar sehr selten, bringen aber bei Bedarf wesentlich höhere Frameraten.

Abb. 6.13

Tweak It hier in der Version für Voodoo, Voodoo II, Rush und Banshee

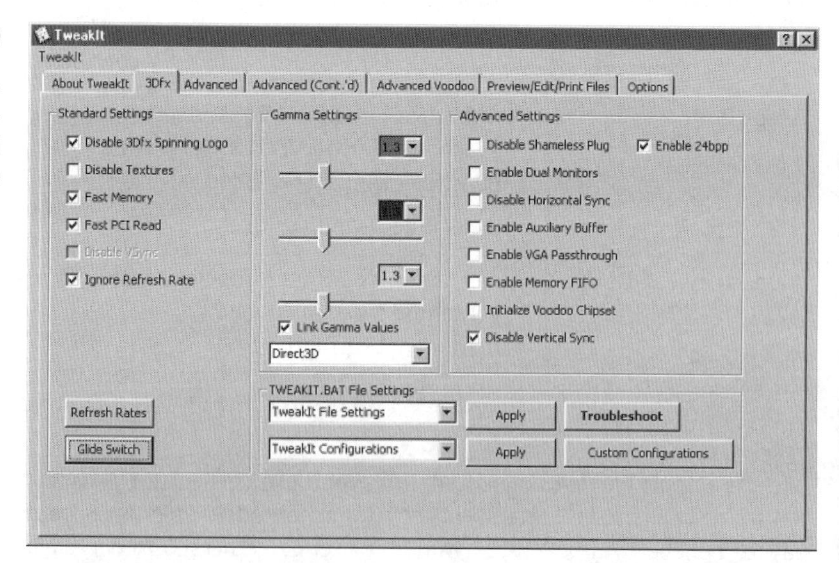

Leider funktioniert dieses Tool nur unter Windows 95/98.

Der Rage 2 Tweaker – wenn es um ATI geht, gibt es nichts Besseres

Die schlechte Nachricht zuerst: auch dieses Tool unterstützt nur bis Windows 98 SE. Die Nutzer von Windows Millenium Edition oder Windows 2000 gehen wieder einmal leer aus – noch!

Und nun zur guten Nachricht: bis einschließlich Rage Pro Turbo werden alle Grafikkarten mit ATI Chip zuverlässig durch neue Settings „optimiert“: zum Beispiel lassen sich die Darstellungsqualitäten herabsetzen, um in neue Geschwindigkeitsbereiche vorzudringen. Hier kann man sich seinen eigenen Kompromiss zwischen Qualität und Geschwindigkeit heraussuchen. Zum Übertakten taugen andere Tools besser, entweder der Rage Pro Tweaker oder das vielgelobte Powerstrip.

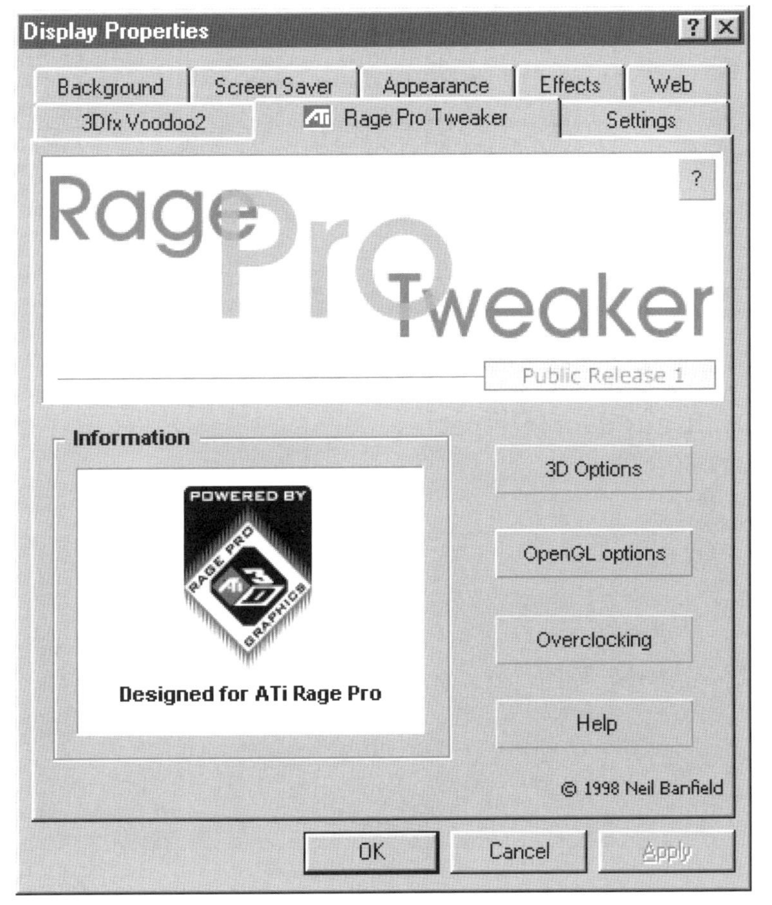

Abb. 6.14

Der Rage 2 Tweaker für ATI-Karten

Nvidea Riva 128 – Tools zum Übertakten als Freeware

Für diesen Chipsatz finden sich im Internet diverse Tools, die den Takt von 100 MHz (Standard) gut und gerne noch 10% erhöhen lassen. Eine der beeindruckendsten Seiten im Netz ist http://www.rivastation.com. Hier finden sich dutzendweise Tools für den Riva-Chip.

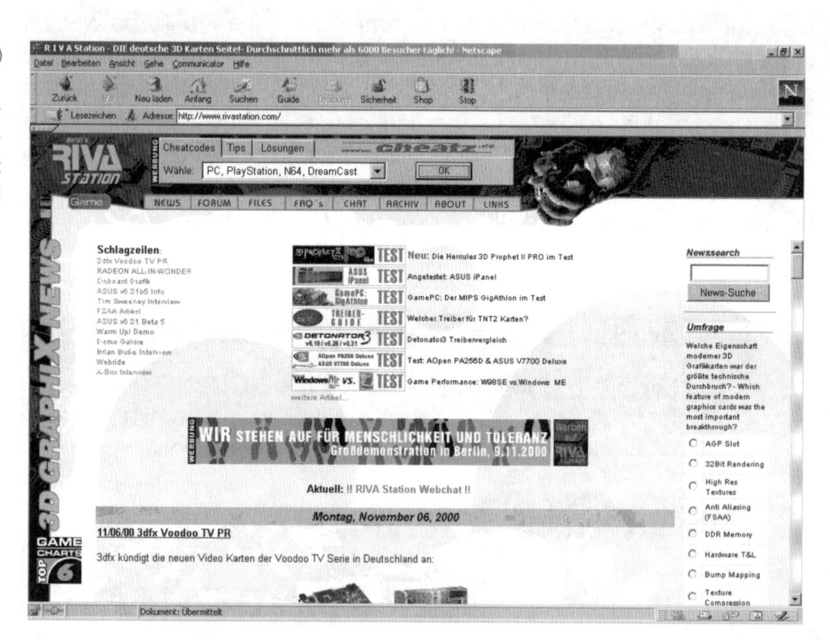

Abb. 6.15

http://www.rivastation.com – eine deutschsprachige Seite, nicht nur für den riva 128

Hilfe aus dem Internet

Hinweis

Suchmaschinen: http://www.google.com, http://www.hotbot.com, http://www.lycos.de, http://www.excite.com, http://www.altavista.de, http://www.fireball.de, http://www.metacrawler.de, http://www.infoseek.com.

Für den Fall, dass ausgerechnet Ihre Grafikkarte mit den hier vorgestellten Tools nicht beeinflusst werden kann, hilft mit Sicherheit die Suche im Internet weiter: Am einfachsten ist es, wenn Sie eine Suchmaschine oder Katalog aufrufen und dort den Namen Ihrer Grafikkarte in Verbindung mit Begriffen wie „settings", „tuning" oder „overclocking" eingeben. Besonders die Seiten von http://www.google.com oder http://www.hotbot.com eignen sich für eine solche Suche.

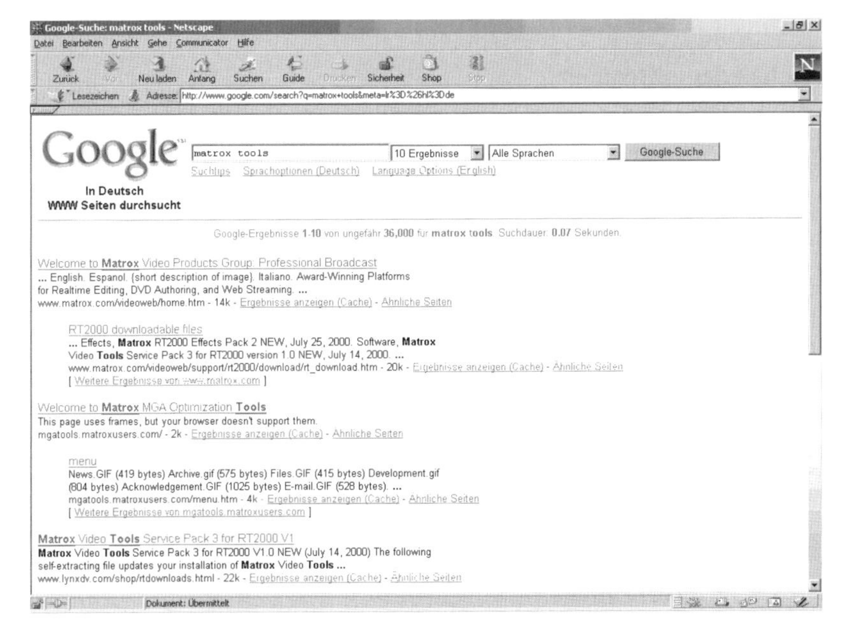

Abb. 6.16

Suchergebnisse für die Begriffe „matrox" und „tools" bei google.com

Übertakten per Hand – Software ersetzt

Was ist zu tun, wenn Sie weder Internetanschluss haben, um sich ein Tool zum Übertakten herunterzuladen, noch sonst jemanden kennen, der Ihnen ein solches Tool besorgen könnte?

Vielleicht haben Sie ja eine der in den nachfolgenden Abschnitten beschriebenen Grafikkarten. Dann können Sie Veränderungen vornehmen, indem Sie der Karte über „Schalter" in der autoexec.bat, andere Parameter „aufzwingen".

Karten mit Voodoo-Chip – geheime Schalter für die autoexec.bat

Karten mit dem Voodoo-Chip von 3dfx haben sich über eine lange Zeit großer Beliebtheit erfreut. Mit ihnen war es möglich, der normalen Grafikkarte zu 3D-Leistung zu verhelfen. Egal von welchem Hersteller – wenn ein Voodoo-Chip die Karte antreibt, ist nach oben immer noch Spielraum zum Übertakten. Dass man dazu nicht einmal ein Software-Tool benötigt, macht die Sache doppelt einfach.

Bildwiederholfrequenz

Wie bei allen 3D-Karten, so gilt auch hier: Je niedriger die Bildwiederholfrequenz eingestellt ist, umso schneller ist die 3D-Darstellung. Voodoo-Karten lassen sich auf 60, 75, 85 und 120 Hz einstellen. Die 60er Einstellung ist nun nicht gerade ergonomisch, aber schon bei 75 Hz bemerkt das menschliche Auge kein Flimmern mehr auf dem Bildschirm. Der Eintrag in der Autoexec.bat lautet:

```
SET SST_SREENREFRESH=75
```

Taktfrequenz des Voodoo-Prozessors

Standard für den Prozessor ist ein Takt von 50 MHz. Den Takt heraufzusetzen, ist bei Tuningmaßnahmen immer eine der erfolgversprechendsten. Die Variable wird in der autoexec.bat wie folgt eingetragen:

```
SET SST_GRXCLK=57
```

Die Karte wird nun mit 57 MHz getaktet, ein machbarer Wert. Am besten, Sie arbeiten sich langsam vor. Sobald Fehler im Bildaufbau zu bemerken sind, drehen Sie lieber wieder 1 MHz zurück und begnügen sich mit dieser Leistung.

Theoretisch sind alle ganzen natürlichen Zahlen einstellbar, nur größer als 60 MHz ist selbst mit Kühlmaßnahmen wenig sinnvoll. Der Hitzetod droht dann nämlich schon recht bald.

Zugriff auf den RAM

Da die Karte über Speicherbausteine verfügt, die der Grafikprozessor anspricht, kann man auch hier wieder ein bisschen drehen:

```
SET SST_FASTMEM=1
```

Dieser Eintrag ist verantwortlich für einen optimalen RAM-Zugriff. Falls auf der Karte gute (das heisst schnelle) RAM-Bausteine verwendet wurden, lohnt sich das Ausprobieren af jeden Fall.

Voodoo und der PCI – Bus

Der Lesezugriff auf den PCI-Bus wird mit folgendem Eintrag gesteuert:

```
SET SST_FASTPCIRD=1
```

Bei diesem Eintrag werden die Wartezyklen der Voodoo-Karte heruntergesetzt, eine Einstellung, die nicht immer Erfolg bringt. Das Ergebnis ist von PC zu PC verschieden und unter anderem davon abhängig, wie viele PCI Plätze belegt sind und wie die Latenzzeiten im Bios eingestellt sind. Ein Ausprobieren schadet aber nicht.

Voodoo und der Monitor

In seltenen Fällen, in denen der Monitor langsamer ist, als die Voodookarte Daten sendet, kann man der Karte das Senden von Daten auch dann aufzwingen, wenn der Monitor mit dem vorhergehenden Bild noch nicht fertig war:

```
SET SST_SWAP_EN_WAIT_ON_VSYNC=0
```

Mit der „0“ wird die Wartepause auf den Monitor abgeschaltet. Am besten einfach einmal ausprobieren!

Diese hier angezeigten Umgebungsvariablen haben nur EInfluss auf OpenGL oder Glide basierende Programme, bei DirectX von Microsoft müsste man die Werte in der Registry verändern. Dazu verzweigt man in den Ast HKEY_LOCAL_MACHINE/Software/3dfx Interactive/Voodoo Graphics.

Karten mit Voodoo II-Chip – Übertakten noch möglich

Genau wie beim Voodoo Chip sind auch bei Version Voodoo II einige Einträge möglich, die der Karte einiges mehr an Leistung entlocken: Auch Voodoo II-Karten arbeiten standardmäßig mit 90 MHz. Diesen Takt kann man auch hier über die autoexec.bat erhöhen:

```
SET SSTV2_GRXCLK=100
```

bedeutet, dass die Karte nun mit 100 MHz laufen wird, ausreichende Kühlung vorausgesetzt. Bei Voodoo II-Karten kommt man ohnehin in den Bereich, wo Overclocking erst ab Prozessoren mit 350MHz lohnt. Alles, was darunter ist, lastet die Karte selbst in ihren Grundeinstellungen nicht aus.

Die zweite Variante ist ein Eintrag in der Registry:

Gehen Sie zum Ast HKEY_LOCAL_MACHINE/Software//3dfx Interactive/Voodoo 2 und erzeugen Sie in den Unterverzeichnissen „Glide" und „Direct3D" jeweils einen Eintrag „SSTV2_GRXCLK". Als Wert geben Sie nun die Frequenz (z.B. 100) ein.

Empfehlenswerte Grafikkarten

Abhängig vom Verwendungszweck kann man natürlich auch beim Kauf von Grafikkarten aus einer großen Menge unterschiedlicher Produkte auswählen. Da sind einmal die Karten für den Büroanwender, die preiswerten für den Gelegenheitsspieler, die für Video- und DVD-Freak,s oder die für den Hardcore-Gamer.

Zunächst stellt sich erst einmal die Frage nach dem Bussystem: AGP oder PCI?

Kein AGP Port auf dem Board und trotzdem schnelle Grafik

Es klingt schon etwas seltsam, aber die PCI-Zeiten der Grafikkarten stehen kurz vor dem Ende: Probleme mit der Stromversorgung über den AGP-Port sind weitestgehend behoben. Das wurde über die Einführung der 18*-Technik realisiert, oder – wie bei den neuesten Voodoo-Karten – über eine externe Stromversorgung. Auf jeden Fall laufen die AGP-Karten stabil. Dazu kommt die Geschwindigkeit, die diese Karten versprechen. Auch hier wird immer weiter entwickelt. Mir ist zwar noch keine 8-fach AGP Karte bekannt, aber Powerstrip hat schon ein Aktivierungsfenster – wenn das kein Hinweis ist ;-)

Wie auch immer, die Zukunft gehört AGP, keine Frage – aber auch für PCI gibt es einige gute Gründe.

1. Was ist mit den vielen Anwendern, die keinen AGP Port haben, weil das Board zu alt ist?

2. Oder diejenigen, die sich im Lebensmittelmarkt (bei welchem auch immer) einen Rechner zugelegt haben, der die Grafikkarte auf dem Board integriert hat? Hier kann man zwar übers Bios die Onboard-Grafikkarte deaktivieren, aber nachrüsten? Fehlanzeige: kein AGP Port.

3. Oder die Overclocker: PCI Bus übertakten, was nützt das einer AGP-Karte?

4. Nicht zuletzt: Geforce Karten ziehen bis zu 6,1 A aus dem AGP-Port. Manche Boards machen das nicht mit (siehe Voodoo 3 auf manchen Gigabyte-Boards). In diesem Fall weisen sich die Hersteller gegenseitig die Schuld zu, und der User steht im Regen.

Abb. 6.17

Zukunft AGP 8x???

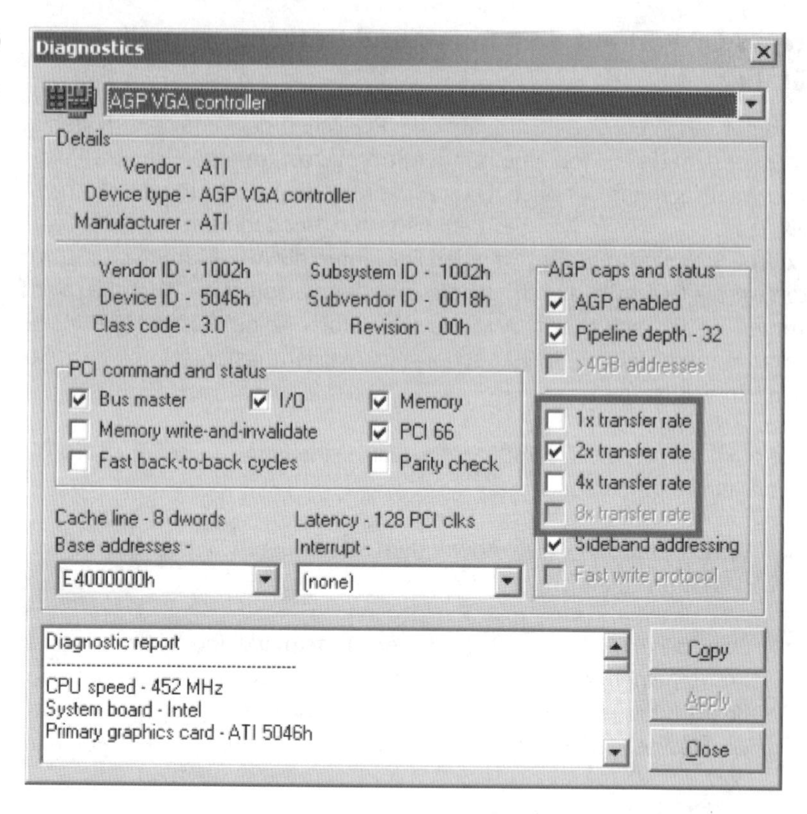

Gründe für eine PCI-Karte gibt es also einige. Nur woher nehmen? Geforce nur für AGP?

Es gibt ja glücklicherweise noch PCI-Karten, die schnell genug sind, Spiele in einer ruckelfreien Variante auf den Bildschirm zu bringen, leider nicht mit dem beliebten Geforce Chip. Obwohl die PC-Zeitung „Chip" im Juni 2000 einen Beitrag über die ELSA Erazor X PCI hatte. Für den 1. April war die Meldung zu spät, denn eine Nachfrage bei Elsa hat ergeben, dass da nichts daran ist – leider. Wenn Sie noch eine bekommen sollten, die Maxi Gamer Phoenix PCI ist vollkommen überzeugend.

Volldampf mit AGP – Karten für jeden Einsatzzweck

Büroanwendungen

Wenn Sie sich wirklich nur auf Officeanwendungen und eventuell mal eine Runde Solitär zwischendurch konzentrieren, dann empfiehlt sich eine preiswerte Karte bis DM 100,- ganz von selbst. Da sind zum Beispiel die ATI Rage IIC mit 8MB oder die S3 SAVAGE4 mit 16 MB, die sich in Preisklassen von ca. DM 90 – 120,- bewegen. Nichts Spektakuläres, aber immerhin gut, um ein scharfes, flimmerfreies Bild auch auf größere Monitore zu zaubern.

Gelegenheitsspieler

Hier konzentriert sich die 3D-Fangemeinde ganz auf die Herkules Prophet II MX. Guillemot ist wieder einmal der Konkurrenz davongeprescht und hat der Geforce 2 MX Variante DDR-RAM Speicher mit 5,5 ns Zugriffszeit spendiert. Zum Dank belohnt die Karte den Besitzer mit 183 MHz Speichertakt, die Konkurrenz schafft in dieser Preisklasse nur 166 MHz. Zu Übertakten gibt es hier nichts, Guillemot liefert wie immer alles fein säuberlich bis ans oberste Limit abgestimmt aus. Zur Drucklegung des Buches, war diese Karte in der Preisklasse um DM 350,- die erste Wahl für preisbewusste Computerspieler.

Abb. 6.18

Prophet II MX, die schnellste Karte mit dem preisgünstigen Geforce II MX Chip

Video-Fans

Wer keinen ultraschnellen Rechner besitzt und DVD mag, kann auf Grafikkarten von ATI zurückgreifen. Ohne allzu sehr auf technische Details eingehen zu wollen: sowohl die schon etwas ältere ATI Rage Pro ViVo als auch die Karten mit Radeon-Chip nehmen dem Prozessor eine ganze Menge mehr Arbeit beim Dekomprimieren von DVD-ROMs ab als die Konkurrenz, nämlich die IDCT (Inverse diskrete Cosinus-Transformation; hat etwas mit der Komprimierung der Makroblöcke zu tun) – und das ist einzigartig bei den Grafikkarten. Zum ersten Mal MPEG-Encoding in Echtzeit per Grafikkarte! Wer zudem nicht die hyperschnelle Spielekarte braucht, bekommt mit der Pro ViVO für unter 300,- DM alles, was man für den Video-Genuss benötigt. Wird zwischendurch gerne noch mal ein Spielchen gewagt, dann kann auf eine Radeon zurückgegriffen werden, auch da ist ATI der Konkurrenz ebenbürtig (in der Unterstützung neuer Grafik-Features teilweise sogar überlegen).

Der Spielefreak

Um in 3D-Ego-Shootern rasend schnell unterwegs zu sein und dabei trotzdem nicht auf Details der Umgebung zu verzichten, muss man schon etwas tiefer in die Tasche greifen. Leider habe ich bei meinen Recherchen auf Tests mit der neuen Geforce 2 Ultra von Elsa verzichten müssen, aber die 4ns (!) –Speicherbausteine machen sie trotzdem zur schnellsten Grafikkarte, die derzeit erhältlich ist. Dass sich das natürlich im Preis niederschlägt, liegt auf der Hand. Manch einer würde soviel Geld gerade einmal für einen kompletten Rechner der oberen Mittelklasse ausgeben. Alternativen dazu sind mit gleichem Chip, aber 5 – 5,5 ns Speicher auch schon für DM 400,- weniger zu haben.

Der Rechnerstart – Bios verstehen und optimieren

In den vorangegangenen Hardwarekapiteln ist das Bios nun schon des öfteren genannt worden. Das ist auch kein Wunder, denn das Bios ist die Grundlage eines funktionierenden Rechners. Grund genug, vor den Tuningmaßnahmen in den nachfolgenden Kapiteln, das Bios beim Rechnerstart ein wenig genauer unter die Lupe zu nehmen:

Bios – was ist das?

Bios – das ist die Abkürzung für Basic Input Output System. Ins Deutsche übersetzt bedeutet das soviel wie „Grundlegendes Ein- und Ausgabesystem" und ist eigentlich nichts weiter als eine standardisierte Schnittstelle zur Kommunikation zwischen Hard- und Software.

Auf dem Mainboard lässt dich das Bios recht einfach identifizieren:

Abb. 7.1

Das Bios – nichts weiter als ein ROM mit Batterie

Das Bios selbst besteht aus einem ROM (Nur-Lesespeicher) und einer darin gespeicherten Software, die die Bios-Funktionen enthält. Eine solche Kombination aus Hard- und Software nennt man auch Firmware. Diese Software kann auch als eine Art Grundbetriebssystem angesehen werden, denn sie übernimmt bis zum Laden des eigentlichen Betriebssystems die vollständige Kontrolle über den Rechner.

Der Rechnerstart – Funktionen des Bios verstehen

Der Begriff „Booten“ kommt aus dem Englischen und ist von der Redewendung „lifting oneself up by one’s bootstraps“ abgeleitet. Das bedeutet sinngemäß: „Sich am eigenen Schopf hochziehen“ und deutet darauf hin, dass sich der PC ohne Fremdeinwirkung selbst in den Betriebszustand versetzen kann (mit Ausnahme des Einschaltens natürlich.

Das ROM-Bios hat im dabei im Wesentlichen zwei wichtige Aufgaben, nämlich

- die Konfigurationsinformationen zu sammeln und den Computer nach dem Einschalten zu initialisieren und
- Software für die direkte Kommunikation mit unterschiedlichen Hardwarekomponenten bereitzustellen, während das Betriebssystem läuft.

Sowie der Rechner eingeschaltet wird, übergibt die CPU die Steuerung an das Startup-Programm im ROM-Bios, das eine Hardwarediagnose (als POST = Power On Self Test) durchführt und dabei alle Systemkomponenten erkennen und überprüfen sollte. Danach wird ein Betriebssystem gesucht und im Falle des Vorhandenseins geladen. Nun übernimmt das Betriebssystem die Kontrolle über den Rechner und ermöglicht schließlich die Steuerung und Verwaltung der Anwendungssoftware.

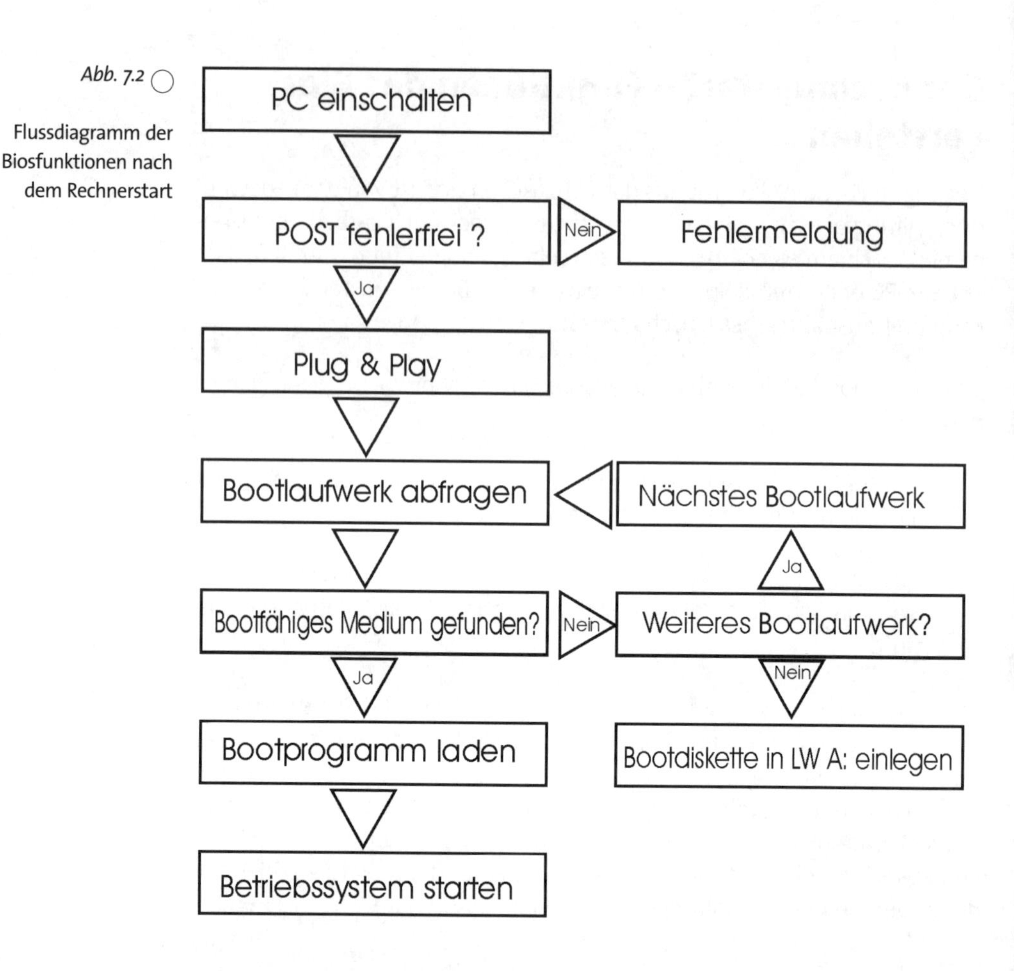

Abb. 7.2 Flussdiagramm der Biosfunktionen nach dem Rechnerstart

POST – Konfiguration und Initialisierung des Computers

Wie das Flussdiagramm in Abb. 7.2 zeigt, ist die erste Sache, die das Bios zu erledigen hat, das Abarbeiten einiger komplexer Programme, die als POST (Power ON Self Test) bezeichnet werden und die die Hardware einer Überprüfung unterziehen. Sichtbar ist das für den Anwender z.B. durch das „Hochzählen" des Speichers während der Überprüfung.

Der POST umfasst im Wesentlichen folgende Überprüfungen und Abläufe:

- CPU-Test
- RAM-Test
- Bestandsaufnahme aller im System befindlichen Hardwaregeräte
- Vergleich des Bestands mit den Konfigurationsinformationen
- Konfiguration von Tastatur, Diskettenlaufwerk, Festplatte, Monitor und anderen Anschlüssen
- Konfiguration anderer interner Geräte, z.B. CD-ROM, Soundkarte usw.
- Ressourcenzuweisung an die Hardwaregeräte
- Hardwaregeräte in Sleep-Modus versetzen
- evtl. CMOS Setup ausführen
- Betriebssystem in den Hauptspeicher laden und Kontrolle übergeben

Nachdem die CPU getestet wurde, verschickt sie Signale über den Systembus und überprüft damit verschiedene Chips, Anschlüsse und Steckplätze auf ihre Funktionsfähigkeit. Danach wird zur Überprüfung des Timings die Systemuhr einer Kontrolle unterzogen. Eventuell auftretende Fehler werden bis zu diesem Zeitpunkt als Piepsignale über den Systemlautsprecher ausgegeben (s. *Kapitel 9: Es piept – die richtige Fehlerdiagnose*). Nun erfolgt die Überprüfung der Grafikkarte, und ab sofort sind Fehler- und Erfolgsmeldungen auch über den Bildschirm möglich. Sie erkennen das am jetzt erfolgenden RAM-Test. Je nach Speicherausbau und CPU-Geschwindigkeit vergeht eine gewisse Zeit beim „Hochzählen" des Speichers. Das ist nichts weiter als ein Schreiben und wieder Lesen des RAM, um die Korrektheit der Daten zu überprüfen und auf die Fehlerfreiheit des Speichermoduls zu schließen.

Nun wird die Tastatur überprüft, an dieser Stelle darf keine Taste gedrückt sein, sonst kommt es zu Fehlermeldung (wem ist das noch nicht passiert: ein Ordner auf der Tastatur während der Rechner startet).

Jetzt werden die Speichermedien auf Vorhandensein und Funktionsfähigkeit überprüft und danach wird die vom POST identifizierte Hardware mit den in CMOS-Chips (SCSI-Controller, Netzwerk- oder Grafikkarten haben so etwas manchmal auch), per Jumper oder DIP-Schalter gespeicherten Daten auf Übereinstimmung verglichen.

Bios – Einstellungen speichern

Hinweis

Bios besteht aus ROM und RAM.

Bisher war beim Bios immer nur von ROM (Read Only Memory) die Rede. Das ist insoweit auch richtig, wenn man die Grundfunktionen der Software betrachtet. Die sind in einen ROM abgespeichert. Damit Sie als Anwender im Bios aber Einstellungen bezüglich der Konfiguration vornehmen können, ist es nötig, Daten auch schreiben zu können.

Daher hat ein Bios auch einen RAM-Speicher, der die Daten aus den Setup-Menüs speichert. Damit diese Daten nicht verloren gehen, wenn die Stromzufuhr zum Mainboard unterbrochen ist (Rechner ausgeschaltet), ist meistens in unmittelbarer Nähe des Bios-Bausteins eine Batterie zu finden (s. Abb. 7.1). Diese speist das RAM mit einer Versorgungsspannung, um die Daten zu erhalten, und hat eine Lebensdauer von ca. 4-5 Jahren. Wenn die Batterie leer ist, werden sämtliche Einstellungen des Bios „vergessen". Das kann man sich unter anderem bei vergessenen Passwörtern zu Nutze machen, indem man die Batterie kurzzeitig ausbaut. Dann sind zwar alle Einstellungen weg, das Passwort meistens aber auch. Jede Menge solcher Tricks finden Sie in *Kapitel 15: Tipps und Tricks – was Hersteller verschweigen*.

EPROM – der alte Bios-Baustein

Als die Entwicklungsgeschichte der PC-Technik noch nicht so rasant voranschritt wie heute, hat man den ROM-Baustein des Bios nur als PROM (Programmable Read Only Memory = programmierbarer Nur-Lesespeicher)-Variante gebaut. Das war bedeutete, dass Veränderungen in der Bios-Software nicht mehr vorgenommen werden konnten. Bei der Fertigung der Teile, wurde die Software unwiderruflich in den Baustein programmiert (gebrannt).

Hinweis

EPROM-Bausteine ließen sich außerhalb des PC neu brennen.

Ein erster Fortschritt demgegenüber war der EPROM (Erasable Programmable ROM = Löschbarer PROM). Das war ein PROM, der mit Hilfe von UV-Strahlen auch wieder gelöscht werden konnte. Damit das nicht willkürlich geschah, hat man die lichtempfindlichen Speicherzellen mit einem Aufkleber gegen Tageslicht geschützt. Bei einer Neuprogrammierung war der Speicher auszubauen, mit UV-Licht zu löschen und danach mit einem EPROM-Brenner neu zu programmieren.

EEPROM – der Anwender „brennt" selbst

Auf den modernen Boards kommt heutzutage ein EEPROM zum Einsatz. EEPROM bedeutet Electrically Erasable Programmable ROM und steht für „Elektrisch löschbarer und Programmierbarer ROM". In der Praxis bedeutet das, dass der Anwender selbst in der Lage ist, sein Bios zu aktualisieren („flashen"). Dazu wird eine Programmierspannung angelegt und die Firmware aktualisiert. Was da genau passiert, davon erfährt der Anwender nicht viel, eine Statusanzeige verrät lediglich den Fortschritt beim Brennen und nach Abschluss des Updates erscheint eine Erfolgsmeldung. Sollten Sie einmal ein Bios-Update in Erwägung ziehen, in *Kapitel 13: Bios Update – die Lizenz zum Flashen* bekommen Sie eine ausführliche Anleitung, die es selbst Ungeübten leicht macht, ein erfolgreiches Update durchzuführen.

In aktuellen Boards eingesetzte Flash-ROM-Bausteine beschränken sich hauptsächlich auf nachfolgend bezeichnete Teile und sind bei Bedarf auch über den gut sortierten Elektronikfachhandel zu beziehen:

Hersteller	Programmierspannung
CSI CAT28F0101P	12 Volt
Intel P28F001	12 Volt
Intel P28F001BX-T	12 Volt
Intel P28F010	12 Volt
MX28F1000PC	5 Volt
MX28F1000PL	12 Volt
SST PH29EE010	5 Volt
Winbond W29EE011	5 Volt

Sie erkennen Ihren Baustein, indem Sie den Aufkleber mit den Herstellerangaben des Bios (Award, AMI,...) abziehen. Darunter sind die Angaben zum Hersteller des Bausteins zu finden.

Abb. 7.3

EEPROM mit Aufkleber

Abb. 7.4

Angaben des Speicherherstellers

Das Bios und der Chipsatz

Bei einem Chipsatz handelt es sich um eine Anzahl Chips, die auf dem Mainboard dafür sorgen, dass Speichercache, Bussysteme und Peripheriegeräte angesteuert werden können. Eine Auswahl an Chipsatzherstellern sind zum Beispiel Intel, AMD, VIA, SiS oder Cyrix, um nur die bekanntesten zu nennen. Jeder dieser Hersteller hat verschiedene Produkte auf dem Markt (Intel z.B. den 440 BX, den i810, i820 usw. oder VIA den KT133 oder den KX133), so dass im Ganzen ca. 25 verschiedene Chipsätze ihren Dienst auf den unterschiedlichsten Boards verrichten.

Abb. 7.5

Die so genannte Southbridge des VIA KX133 ist u.a. zuständig für Tastatur, Maus, USB und den ISA-Bus

Auch diese Chipsätze müssen mit einigen grundlegenden Informationen versorgt werden, die sie vom Bios beim Rechnerstart übergeben bekommen.

Um die Arbeit des Chipsatzes zu optimieren, hat der Anwender die Möglichkeit, im Bios Setup unter „Chipset Features Setup“ (bei Award) bzw. „Advanced Chipset Setup“ (bei AMI) diverse Einstellungen vorzunehmen. In diesen Menüs wird die meiste Geschwindigkeit bei allen Tuningmaßnahmen herausgeholt. Was genau dabei zu beachten ist, erfahren Sie in den Kapiteln 10 und 12, in denen es um die schnellsten Einstellungen für Ihren Rechner geht, ohne dabei Sicherheit und Stabilität außer Acht zu lassen.

Tipp

Am besten informieren Sie sich vor dem Mainboardkauf über die Einstellungsmöglichkeiten bzgl. der Taktfrequenzen, des Multiplikators und der Corespannung. Das erspart Ihnen einen Fehlkauf, falls Sie irgendwann Ihrem Prozessor etwas Mehrleistung entlocken wollen.

Abb. 7.6

Das Chipset Features Setup, hier geht es hauptsächlich um Geschwindigkeit

```
                    ROM PCI/ISA BIOS (2A69KTG9)
                     CHIPSET FEATURES SETUP
                      AWARD SOFTWARE, INC.

SDRAM RAS-to-CAS Delay     : 2          Current CPU Temp.         :  0°C/ 32°F
SDRAM RAS Precharge Time   : 2          Current System Temp.      : 28°C/ 82°F
SDRAM CAS latency Time     : 2          Current CPU Fan Speed     : 6250 RPM
SDRAM Precharge Control    : Disabled   Current Chassis Fan speed:     0 RPM
DRAM Data Integrity Mode   : Non-ECC    V5.0   :  5.09 V  V-5.0  :- 4.93 V
System BIOS Cacheable      : Enabled    V12.0  : 12.22 V  V-12.0 :-12.35 V
Video  BIOS Cacheable      : Enabled    V3.3   :  3.48 V  Vcore  :  2.01 V
Video RAM Cacheable        : Enabled    CPU Warning Temp.         : Disabled
8 Bit I/O Recovery Time    : 1          System Warning Temp.      : Disabled
16 Bit I/O Recovery Time   : 1          CPUFAN Warning Speed      : Disabled
Memory Hole At 15M-16M     : Disabled
Passive Release            : Enabled    Auto Disable Unused Clock : Disabled
Delayed Transaction        : Enabled    Ext. Clock Frequency: 66.8/100Mhz
AGP Aperture Size (MB)     : 64

                                        ESC : Quit        ↑↓→ : Select Item
                                        F1  : Help        PU/PD/+/- : Modify
                                        F5  : Old Values  (Shift)F2 : Color
                                        F6  : Load BIOS  Defaults
                                        F7  : Load Setup Defaults
```

Die Grundeinstellungen in diesen Menüs sind von den Herstellern bei Auslieferung des Rechners eher konservativ (weil stabiler) vorgenommen worden. Das liegt zum einen daran, dass die Boardhersteller nicht wissen können, was in Ihren Rechner alles eingebaut wurde oder noch eingebaut wird, zum anderen daran, dass vor den Tuningmaßnahmen erst einmal ein lauffähiges System vorhanden sein muss. In den Grundeinstellungen ist das auch der Fall, allerdings kann man das „lauffähig" schon eher als „dahinschleppend" bezeichnen. Performanceunterschiede von 15-25% sind hier keine Seltenheit.

Leider existiert in den Bios-Menüs kein Standard, der ein Universalrezept zur Leistungssteigerung ermöglichen würde. Selbst bei ein und demselben Chipsatz sind die Menüoptionen von Boardhersteller zu Boardhersteller unterschiedlich. Das macht auch den Mainboardkauf spannend. Während Abit beispielsweise dem Tuner alle Möglichkeiten incl. der Einstellung der Prozessorspannung oder des Multiplikators offen lässt, gibt es andere Hersteller, die diese Daten höchstens anzeigen, die Veränderung aber sperren.

Hinweis

Mit „Modbin" (auf der Buch-CD) können Sie die meisten Award-Bios-Versionen auf versteckte Optionen hin untersuchen und – falls nötig – diese auch freischalten

Zum Glück gibt es auch für solche Fälle (meistens) eine Lösung. Findige Programmierer entwickeln in derselben Geschwindigkeit Tools, die solche versteckten Optionen frei schalten, wie die Firmen ein neues Produkt auf den Markt bringen. Solcherlei „Spielzeug" holt dann wirklich das Letzte aus dem System, sollte aber nur von Anwendern eingesetzt werden, die über ausreichendes Wissen verfügen. Hardwareschäden durch falsche Anwendung sind hier nicht ausgeschlossen.

Wenn Sie aus Ihrem System wirklich bis zu 50% mehr Leistung herausholen wollen, dann machen Sie sich mit dem Inhalt dieses Buches (auch mit den Grundlagen) vertraut und steigen dann in die Systemoptimierung ein. Wenn Sie mit Hilfe der „Best-Settings“ aus *Kapitel 12: Bios Tuning – die Best Settings für mehr Sicherheit, Stabilität und Geschwindigkeit* zu einem schnellen und gleichzeitig stabilen System gefunden haben, dann können Sie sich noch aus dem *Kapitel 14: Am Hersteller vorbei – Programmieren direkt auf den Chip* ein paar wertvolle Tipps holen, mit welchen Tools noch mehr an Perfomance machbar ist.

Bios – Wegweiser zu den Optionen

Wenn sie das Bios Setup aufrufen, werden Sie bemerken, dass es aus mehreren Untermenüs besteht. Dabei sind die unterschiedlichen Menüpunkte von Hersteller zu Hersteller zwar verschieden, aber im Wesentlichen ähnlich. Es sollte im weiteren Verlauf des Buches also kein Problem sein, den einen oder anderen Menüpunkt, der nicht wörtlich genau so wie hier beschrieben vorkommt, doch zumindest zu finden oder zu erkennen.

Den einzelnen Untermenüs kommt dabei folgende Bedeutung zu:

AMI	Award	Parameter
	!! CPU – Soft Menu!! (derzeit bis Version III)	Einstellungen für Spannungen (CPU, Memory Bus,...), Multiplikatoren und Frequenzen. Hier gibt es „Default“-Werte, die automatisch vom Prozessor geliefert werden, oder „User“-Einstellungen zum Übertakten des Systems.
STANDARD CMOS SETUP	STANDARD CMOS SETUP	Datum, Uhrzeit, Festplatten, Diskettenlaufwerke, Reaktion auf Fehler
ADVANCED CMOS SETUP	BIOS FEATURES SETUP	Shadow-RAM, Cache-Einstellungen, Tastatureinstellungen
ADVANCED CHIPSET SETUP	CHIPSET FEATURES SETUP	Speichertimings, Cache-Einstellungen, FSB

AMI	Award	Parameter
	PC HEALTH STATUS (in Verbindung mit „!! CPU Soft Menu!!“	eine Art „Hardwaremonitor“ zur Anzeige von CPU-Temperatur, Lüftergeschwindigkeit usw.
PCI/PLUG & PLAY SETUP	PNP AND PCI SETUP	manuelle Einstellungen für IRQ und DMA
AUTO DETECT HARD DISKS	IDE HDD AUTO DETECTION	automatische Festplattenerkennung
PERIPHERAL SETUP	INTEGRATED PERIPHERALS	Einstellungen für Schnittstellen und Controller
CHANGE USER PASSWORD	USER PASSWORD	Systempasswort
CHANGE SUPERVISOR PASSWORD	SUPERVISOR PASSWORD	Bios-Passwort
AUTOCONFIGURATION WITH OPTIMAL DEFAULTS	LOAD SETUP DEFAULTS	Bios-Optionen auf Optimalwert setzen (vom Boardhersteller konfiguriert)
AUTOCONFIGURATION WITH FAIL SAVE DEFAULTS	LOAD BIOS DEFAULTS	Bios-Optionen auf Minimalwert setzen (vom Bioshersteller konfiguriert)
SAVE SETTINGS & EXIT	SAVE & EXIT SETUP	Setup nach dem Speichern der neuen Einstellungen beenden
EXIT WITHOUT SAVING	EXIT WITHOUT SAVING	Setup ohne zu speichern beenden

Bios – Alternativen zu AMI und Award

AMI
http://www.ami.com
http://www.megatrend.com
Award:
http://www.award.com
http://www.unicore.com
Phoenix:
http://www.ptltd.com
MRBios:
http://mrbios.com

Nachdem Award und Phoenix sich im Spätsommer 1998 zusammengeschlossen haben, ist als ernstzunehmende Konkurrenz nur noch AMI übriggeblieben. Die Produzenten von Mainboards beschränken sich beim Einkauf der Biossoftware auch regelmäßig auf einen dieser beiden Giganten und der Kunde hat letztendlich nicht die große Auswahl.

Vergleicht man nun noch die Optik der Bios-Oberfläche, die Bezeichnung der Parameter und den Funktionsumfang der einstellbaren Optionen, dann könnte man vermuten, dass auch AMI nicht mehr lange auf dem Markt bleibt.

Alternativ zu den beiden genannten Firmen gibt es noch MRBios, die für viele gängige Boards Bios-Versionen herstellt. Leider ist MRBios seinem Vorsatz „Try before buy" untreu geworden. Mittlerweile ist das kostenlose Probieren mit einem MR Bios nicht mehr möglich. Sollte sich im Nachhinein herausstellen, dass das neu gekaufte MR Bios auf Ihrem Board nicht läuft, ist das Geld sozusagen futsch. Riskiert man dagegen den Einsatz eines solchen Bios, wird man mit einem größerem Funktionsumfang belohnt, und auch schnelleres Booten ist möglich.

Noch mehr Bios im PC

Wie schon an anderen Stellen festgestellt, gibt es im PC auf diversen Erweiterungskarten Bios-Bausteine. Auch diese Teile enthalten eine Software, die zum Steuern der Funktionen der entsprechenden Karte benötigt wird. Je moderner die entsprechende Karte ist, desto größer ist die Wahrscheinlichkeit, dass es sich hier auch um ein Flash-Bios handelt. Damit kann man den Funktionsumfang der Erweiterungskarte im Nachhinein entsprechend neuen Anforderungen anpassen. Meistens ist dies bei Grafikkarten oder CD-Brennern der Fall.

Das Bios auf der Grafikkarte

Im Bios-Baustein der Grafikkarte befinden sich unter anderem Bios-Funktionen, Initialisierungsroutinen und Zeichensätze. Gleich nach dem Einschalten des PC arbeitet die CPU diese Routinen ab. Mit etwas Glück können Sie das beobachten: Wenn Ihr Monitor schnell genug ein Bild zeigt, sehen Sie am oberen Rand noch die Meldungen des Grafikkartenbios.

Abb. 7.7

Bios-Baustein auf einer Guillemot 3D-Prophet

An dieser Stelle wird eine Bios-Versionsnummer angezeigt. Diese Nummer können Sie mit der auf den Herstellerseiten angegebenen letzten Version vergleichen und im Bedarfsfall auch aktualisieren. Das lohnt sich immer dann, wenn Grafikkarten mit manchen Betriebssystemen nicht ordnungsgemäß zusammenarbeiten.

Firmware im CD-Brenner

Die meisten Brenner besitzen ebenfalls eine updatefähige Firmware. Diese Software kann man sich aus dem Internet laden, meistens sind dafür die Herstellerseiten zuständig, um Fehler beim Brennvorgang zu beseitigen. Wenn es allerdings darum geht, aus einem 2fach- einen 4fach-Brenner zu machen (bei Yamaha war das eine Zeitlang möglich), dann sollten Sie vielleicht einmal in einer Suchmaschine die genaue Brennerbezeichnung eingeben und dann auf Seiten verzweigen, die mit Newsgroups, Foren oder Hardwaretuning zu tun haben. Häufig findet man dort Tipps, wie man Überlängen brennen kann, obwohl das laut Hersteller nicht möglich sein soll. Auch das Anfertigen von Sicherheitskopien trotz Kopierschutz, ist dort ein beliebtes Thema.

SCSI-Hostadapter

Wenn im System ein SCSI-Hostadapter vorhanden ist, dann hat er (bis auf ganz wenige Billigst-Ausnahmen) ein eigenes Bios. Dieses Bios fragt nach dem Systemstart der Reihe nach alle ID-Nummern ab, ob dort ein Gerät angeschlossen ist. Im Erfolgsfall meldet sich das Gerät mit Hersteller- und Geräte-ID. Sie können das auf dem Bildschirm beobachten, wenn nach dem Speichertest die Statusmeldungen erscheinen.

Dieses Bios hat ähnlich dem Systembios ein eigenes Menü, das von Hersteller zu Hersteller unterschiedlich ist und Einstellungen für Bootreihenfolge, Transferrate, Terminierung usw. zulässt.

Das Bios auf der Netzwerkkarte

Die Netzwerkkarte für das kleine Netzwerk zuhause kommt ohne eigenes Bios aus. Hier wird jeder Rechner über das Systembios gestartet und erst danach mit dem Netzwerk über Hubs verbunden.

Anders verhält sich die Sache, wenn von einem Netzwerkserver gebootet werden soll. Hier muss das Bios der Netzwerkkarte den Interrupt 18h des Systembios abfangen (sonst würde auf dem Rechner kein bootfähiges Medium gefunden und es erscheint eine Fehlermeldung) und die Steuerung des Systems auf den Netzwerkserver übertragen. Von dort aus wird dann gebootet.

Bios – Identifikation leicht gemacht

Immer wieder stoßen Sie bei der Lektüre dieses Buches auf Sätze wie: „Es gibt ca. 2000 Bios-Versionen" oder „Bitte verwenden Sie zum Update Ihres Bios die richtige Version".

Solange ein Handbuch vorhanden ist und hier auch noch der Hersteller, die genaue Boardbezeichnung und eventuell noch die Revisionsnummer angegeben sind, ist das alles kein Problem: Sie sehen in Anhang B dieses Buches nach, suchen sich den Hersteller Ihres Boards und schauen auf der Webseite nach einem Biosupdate. Die Adressen sind brandaktuell und meistens verändern die Hersteller nur etwas am Inhalt der Seiten, nicht aber die Adressen. Sollte sich die eine oder andere Adresse später doch als nicht mehr aktuell herausstellen, gehen Sie bitte auf die Seite http://www.koffmane.de/Treiber/treiber.html und sehen Sie dort im aktualisierten Verzeichnis nach. Das erspart Ihnen eine Menge Sucherei und Online-Zeiten, zumal die Links direkt zum jeweiligen Support zeigen.

Ist kein Handbuch vorhanden oder – in selteneren Fällen – dort kein Hersteller angegeben, (Yakumo hat eine ganze Zeit No-Name-Boards verbaut). dann bleiben Ihnen nur die nachfolgend beschriebenen Möglichkeiten.

Die Bezeichnung auf dem Board – den richtigen Code finden

Die meisten Motherboardhersteller drucken auf dem Board direkt noch einmal die Bezeichnung auf. Dabei sind Produktbezeichnungen, die aus einer Kombination von Buchstaben und Zahlen bestehen, sehr typisch, zum Beispiel P2BF, GA6BXE oder KA7. Manche Hersteller haben die Bezeichnungenvon Prozessorfamilie und Chipsatz abgeleitet: suchen Sie nach Kombinationen aus Zahlen wie 486, 586 o.ä. für die Prozessorgeneration und Buchstaben, die auf den Chipsatz hinweisen (HX, TX, BX o,ä.).

Manche Boardhersteller drucken das halbe Handbuch auf die Platine. Bestes Beispiel ist Gigabyte: so etwas sollte Schule machen. Versierte Anwender können bei solch vorbildhafter Darstellung aller relevanten Daten auf das Handbuch komplett verzichten.

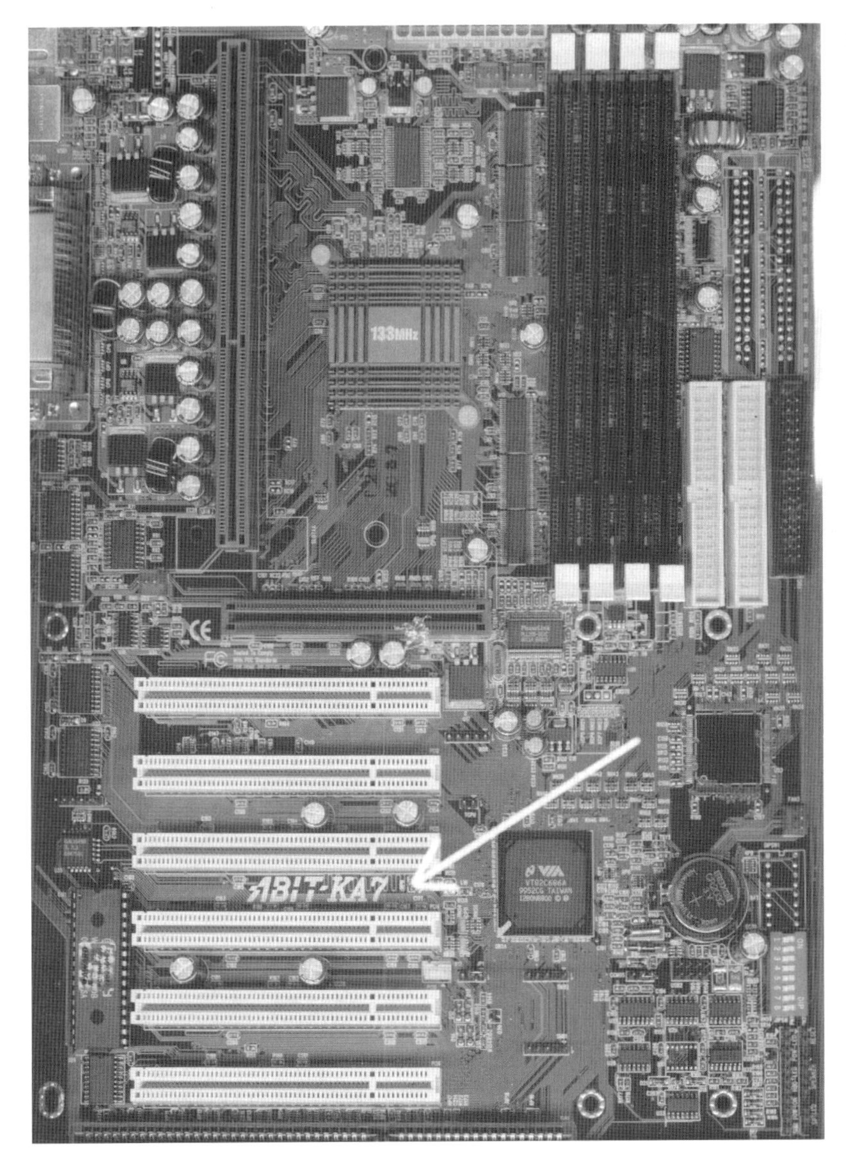

Abb. 8.1

Produktbezeichnungen bei Abit: schön groß und deutlich

Abb. 8.2

Gigabyte gibt alles an: Produktbezeichnung, Revision, Jumpersettings für Takt und Multiplikator

Der Startbildschirm – Informationen pur

Hinweis

Ein Druck auf die Pause-Taste unterbricht den Startvorgang und Sie haben genügend Zeit, sich die Ident-Line abzuschreiben.

Gleich nach dem Einschalten, noch während des Speichertests, wird in der untersten Bildschirmzeile eine Zeichenkette angezeigt, die sowohl Chipsatz als auch Boardhersteller und Mainboardtyp verschlüsselt angibt.

Solch eine Zeichenkette hat entweder das Format

11/08/1999-i440BX-W83977-*2A69KTG9C-00*

falls es sich um ein Award Bios handelt, oder

51-0826-00*1223*-00111111-071595-82430VX-F

wenn das Bios von AMI ist.

Wichtig sind dabei die jeweils fett gedruckten Teile der ID.

Die Ident-Line – Geheimnisse entschlüsselt

Wenn Sie solch eine verschlüsselte ID haben, werden Sie sich wahrscheinlich nicht besonders viel darunter vorstellen können. Nachfolgende Tabellen sollen Ihnen bei der Identifizierung des Chipsatzes und des Mainboardherstellers behilflich sein.

2A69KTG9C-00 – alles klar, oder?

Der hier in der Überschrift angegebene Teil der Award-Bios-ID ist verantwortlich für den Chipsatz, den Mainboardhersteller und den Mainboardtyp. Dabei kommt den einzelnen Zeichen folgende Bedeutung zu:

Code	im Beispiel	Bedeutung
die ersten 5 Stellen	6A69K	Chipsatz, hier: Intel 440BX für Pentium II
die 6. und 7. Stelle	TG	Hersteller, hier: Tekram
die 8.- 12. Stelle	9C-00	für Hersteller frei verfügbar und zur Boardidentifikation genutzt (hier für das P6B40-A4X)

Tipp

Unter http://www.ping.be/bios finden Sie auf Wims BiosPage die größte Sammlung von Bios-Nummern mit den dazugehörigen Boards im Internet.

Leider existieren keine Tabellen, die die eindeutige Zuordnung der Boards nach der 8.-12. Stelle zulassen. Das sind firmeninterne Zeichen, die jeder Hersteller für sich vergeben kann. Sicher sollte es aber möglich sein, sich beim Support des Mainboardherstellers entsprechende Auskunft holen zu können.

Award – Chipsatz und Hersteller entschlüsselt

Nachfolgend finden Sie die Tabellen, mit deren Hilfe die Codes für die wichtigsten Chipsätze und Hersteller bei Award-Bios-Versionen entschlüsselt werden können.

Code	Chipsatz	Code	Hersteller
213V1	SARC RC2018	A0	ASUS
21480	HiNT SC9204 (Sierra), HMC82C206	A1	Abit (Silicon Star)

Code	Chipsatz	Code	Hersteller
214D1	HiNT SC9204 (Sierra), HMC82C206	A2	Atrend
214I8	SiS 85C471	A3	Bcom (ASI)
214I9	SiS 85C471E	A7	AVT (Concord)
214L2	VIA VT82C486A	A8	Adcom
214L6	VIA Venus VT82C486A/ VT82C495/VT82C496G	AB	AOpen
214W3	VD 88C898	AD	Amaquest
214X2	UMC 491 Chipset	AK	Advantech
215UM	OPTi 82C546/82C597	AM	Achme
21917	ALD Chipset	AT	ASK Technology
219V0	SARC RC2016	AX	Achitec
2A431	Cyrix MediaGx Cx5510 Chipset	B0	Biostar
2A432	Cyrix GXi Cx5520 Chipset	B1	BEK-Tronic Technology
2A433	Cyrix GXm Cx5520 Chipset	B2	Boser
2A434	Cyrix GXm Cx5530 Chipset	B3	BCM
2A496	Intel Saturn Chipset	C1	Clevo
2A498	Intel Saturn II Chipset	C2	Chicony
2A499	Intel Aries Chipset	C3	Chaintech
2A4H2	Contaq 82C596-9 Chipset	C5	Chaplet
2A4IB	SiS 496/497 Chipset	C9	Computrend
2A4J6	Winbond W83C491 (SL82C491 Symphony Wagner)	CF	Flagpoint

Code	Chipsatz	Code	Hersteller
2A4KA	Ali	CS	Gainward oder CSS
2A4KC	ALi 1439/45/31 Chipset	Do	Dataexpert
2A4KD	ALi 1487/1489 Chipset	D1	DTK
2A4L4	VIA 486A/482/505 Chipset	D2	Digital
2A4L6	VIA 496/406/505 Chipset	D3	Digicom
2A4O3	EFAR EC802GL, EC100G Chipset	D4	DFI (Diamond Flower)
2A4UK	OPTI-802G-822 Chipset	D7	Daewoo
2A4X5	UMC 8881E/8886B Chipset	DE	Dual Tech
2A597	Intel Mercury Chipset	DI	Domex (DTC)
2A59A	Intel Natoma (Neptune) Chipset	DJ	Darter
2A59B	Intel Mercury Chipset	DL	Delta Electronics
2A59C	Intel Triton FX Chipset (Sockel 7)	E1	ECS (Elitegroup)
2A59F	Intel Triton II HX Chipset (auch: 430 HX PCIset) (Sockel 7)	E3	EFA
2A59G	Intel Triton VX Chipset (Sockel 7)	E4	ESPCo
2A59H	Intel Triton VX Chipset (Sockel 7)	E6	Elonex
2A59I	Intel Triton TX Chipset (Sockel 7)	E7	Expen Tech
2A5C7	VIA VT82C570 Chipset	EC	ENPC
2A5G7	VLSI VL82C594 Chipset	Fo	FIC

Code	Chipsatz	Code	Hersteller
2A5GB	VLSI Lynx VL82C541/VL82C543 Chipset	F1	Flytech Group International
2A5IA	SiS 501/02/03 Chipset	F2	Free Tech
2A5IC	SiS 5501/02/03 Chipset	F3	Full Yes
2A5ID	SiS 5511/12/13 Chipset	F5	Fugutech
2A5IE	SiS 5101-5103 Chipset	F8	Formosa Industrial Computing
2A5IF	SiS 5596/5597 Chipset	F9	Fordlian
2A5IH	SiS 5571 Chipset	G0	Gigabyte
2A5II	SiS 5582/5597/5598 Chipset	G3	Gemlight
2A5IJ	SiS 5120 Mobile Chipset	G5	GVC
2A5IK	SiS 5591 Chipset	G9	Global Circuit Technology
2A5IM	SiS 530 Chipset	GA	Giantec
2A5KB	Ali 1449/61/51 Chipset	GE	Zaapa
2A5KE	ALI 1511 Chipset	H0	Hsing-Tech (PcChips)
2A5KF	ALI 1521/23 Chipset	H2	HOLCO (Shuttle)
2A5KI	ALI IV+ M1531/M1543 Chipset (Super TX Chipset)	HH	HighTech Information System
2A5KK	Ali Aladdin V Chipset	I3	IWill
2A5L7	VIA VT82C570 Chipset	I4	Inventa
2A5L9	VIA VT82C570M Chipset	I5	Informtech

Code	Chipsatz	Code	Hersteller
2A5LA	VIA Apollo VP1 Chipset (VT82C580VP) (VX Pro)	I9	ICP
2A5LC	VIA Apollo VP2 Chipset (AMD640 Chipset)	IA	Infinity
2A5LD	VIA VPX Chipset (VXPro+ Chipset)	IC	Inventec
2A5LE	VIA Apollo (M)VP3 Chipset	IE	Itri
2A5LH	VIA Apollo VP4 Chipset	J1	Jetway (Jetboard, Acorp)
2A5R5	Forex FRX58C613/601A Chipset	J2	Jamicon (Twn)
2A5R6	Forex FRX58C613A/602B/601B	J3	J-Bond
2A5T6	ACC Micro 2278/2188 (Auctor) Chipset	J4	Jetta
2A5UI	Opti 82C822/596/597 Chipset oder OPTi 596/546/82	J6	Joss
2A5UL	Opti 82C822/571/572 Chipset	K0	Kapok
2A5UM	Opti 82C822/546/547 Chipset	K1	Kamei
2A5UN	Opti Viper-M 82C556/557/558 Chipset oderr Opti Viper 82C556/557/558	KF	Kinpo
2A5UP	Opti Viper Max	L1	Lucky Star
2A5X7	UMC 82C890 Chipset	L7	Lanner Electronics
2A5X8	UMC UM8886BF/UM8891BF/ -UM8892BF Chipset	L9	Lucky Tiger
2A5XA	UMC 890C Chipset	LB	LeadTek
2A69H	Intel 440FX Chipset	M0	Matra

Code	Chipsatz	Code	Hersteller
2A69J	Intel 440LX/EX Chipset	M2	Mycomp (TMC) /Megastar
2A69K	Intel 440BX Chipset	M3	Mitac
2A69L	Intel „Camino“ 820 Chipset	M4	Microstar
2A69M	Intel „Whitney“ 810 Chipset	M8	Mustek
2A69N	Intel Banister Mobile Chipset mit C&T 69000 Video	M9	MLE
2A6IL	SiS 5600 Chipset	MH	Macrotek
2A6IN	SiS 620 Chipset	No	Nexcom
2A6KL	ALi 1621/1543C Chipset	N5	NEC
2A6KO	ALi M1631/M1535D	NM	NMC (New Media Communi-cation)
2A6LF	Via Apollo Pro (691/596) Chipset	NX	Nexar
2A6LG	Via Apollo Pro Plus (692/596) Chipset	Oo	Ocean (Octek)
2A6LI	Via MVP4 VIA 601 (Trident video on-chip)/ 686A (Modem on-chip, Sound on-chip)	P1	PC-Chips
2A6LJ	VIA 694X/596B and VIA 694X/686A (Modem on-chip, Sound on-chip)	P4	Asus
2A9KG	ALi M6117/M1521/M1523 Chipset	P6	Pro-Tech
2AG9H	Intel Neptune ISA Chipset	P8	Azza
2B496	Intel Saturn I EISA Chipset	P9	Powertech

Code	Chipsatz	Code	Hersteller
2B597	Intel Mercury EISA Chipset	PA	Epox & 2TheMax
2B59A	Intel Neptune EISA Chipset	PC	Pine
2B59F	Intel 430HX EISA Chipset	PF	President
2B69D	Intel Orion EISA Chipset	PN	Procomp Informatics Ltd.
2C470	HYF82481 Chipset	PS	Palmax
2C4D2	HiNT SC8006 (Sierra), HMC82C206	PX	Pionix
2C4I7	SiS 461 Chipset	Q0	Quanta (Twn)
2C4I8	SiS 85C471B Chipset	Q1	QDI
2C4I9	SiS 85C471B/E/G Chipset	R0	Mtech (Rise)
2C4J6	Winbond W83C491	R2	Rectron
2C4K9	ALI 14296 Chipset	R3	Datavan International Corp
2C4KC	Ali 1439/45/31 Chipset	RA	RioWorks Solutions Inc
2C4L2	VIA 82C486A Chipset	S2	Soyo
2C4L6	VIA VT496G Chipset	S3	Smart D&M Technology Co., Ltd
2C4L8	VIA VT425MV Chipset	S5	Shuttle (Holco)
2C4O3	EFAR EC802G-B Chipset	S9	Spring Circle
2C4S0	AMD Elan 470	SA	Seanix

Code	Chipsatz	Code	Hersteller
2C4T7	ACC Micro 2048 (Auctor)	SC	Sukjung (Auhua Electronics Co.Ltd.)
2C4UK	OPTI 82C895/82C602	SH	SYE (Shining Yuan Enterprise)
2C4X2	UMC UM82C491/ 82C493 Chipset	SN	Soltek
2C4X6	UMC UM498F/496F	T0	Twinhead
6A69K	Intel 440BX Pentium III	T4	Taken
6A6LK	VIA VT8371 (KX-133) Chipset	T5	Tyan
6A6S2	AMD 751 Chipset	T6	Trigem
		TG	Tekram
		TJ	Totem
		TP	Commate, Ozzo
		U4	Unicorn
		U6	Unitron
		V3	Vtech (PCPartner)
		V5	Vision Top Technology
		V6	Vobis
		W5	Winco
		W7	Win Lan Enterprise
		X3	A-Corp
		X5	Arima

Code	Chipsatz	Code	Hersteller
		XA	ADLink Technology Inc.
		Y2	Yamashita
		Z1	Zida (Tomato)

AMI – Ident-Line: einfach entschlüsselt

Ähnlich wie bei Award, so ist auch bei AMI in den Bios-ID Codes eine Menge Information gespeichert. Betrachten Sie eingangs erwähntes Beispiel noch einmal:

51-0826-00*1223*-00111111-071595-82430VX-F

Hinweis

Im Internet finden Sie unter http://www.ping.be/bios die wohl größte Sammlung von Bios-IDs mit dazugehörigen Boardbezeichnungen.

Meistens befinden sich im dritten Zahlenblock (hier fett markiert) entweder vier oder sechs Ziffern, die verschlüsselt den Hersteller angeben. Das sind auch die wichtigsten Ziffern, denn der Chipsatz steht meistens direkt im Klartext in der Ident-Line.

Im Einzelnen haben die Ziffern folgende Bedeutung:

Achtung

Die Bindestriche werden als Zeichen mitgezählt!

Zahl an x. Stelle von links	Bedeutung	Wert	Funktion
1	Prozessortyp	X 4 5	80386 80486 Pentium
2	Biosgröße	0 1	64 KByte 128 KByte
4-5	Major Versionsnummer		
6-7	Minor Versionsnummer		
9-14	Mainboardhersteller	siehe Herstellerliste im Anschluss an diese Tabelle (1223 steht für Biostar)	
16	stoppt bei einem POST-Fehler	0 1	Off On
17	CMOS-Initialisierung bei jedem Bootvorgang	0 1	Off On
18	Pin 22 u. 23 vom Keyboardcontroller werden blockiert	0 1	Off On
19	Mausunterstützung im Bios/Keyboardcontroller	0 1	Off On

Zahl an x. Stelle von links	Bedeutung	Wert	Funktion
20	warte auf! , wenn ein Fehler gefunden wird	0 1	Off On
21	zeigt Floppyfehler während des POST	0 1	Off On
22	zeigt Videofehler während des POST	0 1	Off On
23	zeigt Tastaturfehler während des POST	0 1	Off On
25-26	Bios-Datum Monat		
27-28	Bios-Datum Tag		
29-30	Bios-Datum Jahr		
32-39	Chipsatz		
41	Tastaturcontroller Versionsnummer		

Das Bios aus unserem Beispiel ist also von einem Biostar-Board (genauer vom MB-8500TVX), vom 15.07.95. Der Chipsatz ist ein 430VX.

Die Herstellerbezeichnungen sind in den Ident-Lines am wichtigsten: Sollten Sie nämlich mit Hilfe von Wims Bios-Page Ihr Mainboard nicht mit hundertprozentiger Sicherheit identifizieren können, so können Sie wenigstens mit der Supportabteilung des Mainboardherstellers Kontakt aufnehmen (siehe *Anhang B: Supportadressen der Hersteller im Internet*).

Code (an 9. bis 14. Stelle)	Hersteller
1101	Sunlogix Inc.
1102	Soyo Technology Co., LTD.
1103	TidalPower Technology INC.
1105	Autocomputer Co., LTD.
1106	Dynasty Computer Inc.
1107	DataExpert Corp.
1108	Chaplet Systems
1109	Fair Friend
1113	Micro Leader Enterprises
1114	Iwill
1116	Chicony Eectronics
1117	A-Trend
1120	Unicorn Computer
1121	First International Computer (FIC)
1122	Microstar
1123	Mactron Technology
1124	Tekram
1128	Chaintech
1131	Elitegroup
1135	Acer
1136	Suńs Electronics
1144	Vista Technology
1146	Taste Corporation
1147	Integrated Technology Express
1151	Accos Enterprise

Code (an 9. bis 14. Stelle)	Hersteller
1159	Twinhead International
1163	Softek Systems
1168	Riowork Solutions
1169	Microstar
1176	Sigma Computers
1177	High Tech Computer Corp.
1197	Golden Way Electronic
1199	Gigabyte
1203	Sunrex
1210	Rise
1211	Diamond Flower
1223	Biostar
1229	Dataworld
1235	Formosa
1241	Mustek
1242	Amptek
1244	Flytech Technology
1247	Abit
1256	Luckystar
1258	Four Star Computer
1260	DT Research
1270	Portwell Inc.
1291	Mycomp (Taiwan-Mycomp)
1292	Asustek Computer
1318	Unitron Inc.

Code (an 9. bis 14. Stelle)	Hersteller
1323	Inventec Corp.
1353	J.Bond Computer
1354	Protech
1373	Silicon Integrated Systems
1379	Win Technologies
1393	Plato Technology
1396	Tatung Co.
1437	HSING TECH Enterprise (PCChips)
1472	Datacom
1484	Mitac
1490	Great Tek Corp.
1491	President Technology
1494	Pro Team Computer
1519	Epox Computer
1526	Eagle Computer
1576	Jetta
1588	Boser Technology
1593	Advantech Co.
1621	New paradise
1628	Digital Equipment International
1647	Lantic Inc.
1655	Kingston Tech.
1656	Storage System
1658	Macortek
1671	Cordial Far East

Code (an 9. bis 14. Stelle)	Hersteller
1675	Advanced Scientific Corp.
1685	High Ability Computer
1691	Gain Technology
1720	Fantas Technology
1743	Mitac
1770	Acer Incorporated
1771	Toyen Computer
1774	Acer Sertek
1776	Joss Technology
1788	Systex
1815	Powertech Electronics
1828	Axiom Technology
1845	PC Direct Technology
1868	Soyo Technology
1918	Lanner Electronics
1928	Nexcom
1931	AAEON
1938	Project Information Company
1940	Sun Top Computer Systems
1942	Sun Flower
1943	Needs System Technology
1955	Yamashita Systems
1964	Micron Design Technology
1969	Gemlight Computer
1974	Green Taiwan Computer

Code (an 9. bis 14. Stelle)	Hersteller
1977	AT&T Taiwan
1978	Winco
1981	Nexcom
1998	Chang Tseng Corp.
6156	Genoa
8003	QDI
8045	VTech / PC Partner
428054	Pine

Identifikation per Software – die Bios-ID

Sollten Sie den bequemeren Weg bevorzugen, dann können Sie die Bios-ID auch per Software auslesen. Manche Hardwarediagnosetools sind da sehr komfortabel und zeigen eventuell sogar im Klartext an, um welches Board es sich handelt.

Dr. Hardware 2000 – Diagnose de Luxe

Das Tool von Peter A. Gebhard ist eines der komfortabelsten auf dem Markt. Sie finden es auf der Buch-CD in einer 14-Tage-Testversion. Mit diesem Tool können Sie so ziemlich alles in Ihrem Rechner untersuchen. An anderer Stelle wurde schon auf die Speicheridentifikation eingegangen, hier soll es um die Bios-ID gehen.

Abb. 8.3

Unter Hardware/Mainboard finden Sie die interessanten Daten zur Bios-ID (hier auf einem Tekram P6B40-A4X)

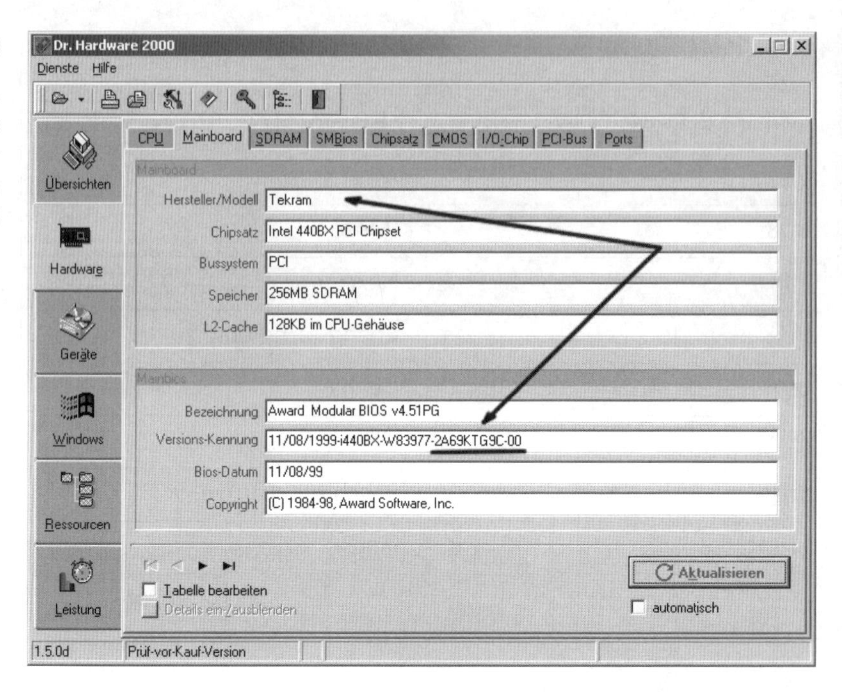

Wenn möglich, liest das Tool zusätzlich noch die genaue Boardbezeichnung aus. Getestet ist das auf einigen Asus- und Abit-Modellen.

Abb. 8.4

Angabe der genauen Boardbezeichnung bei manchen Boards

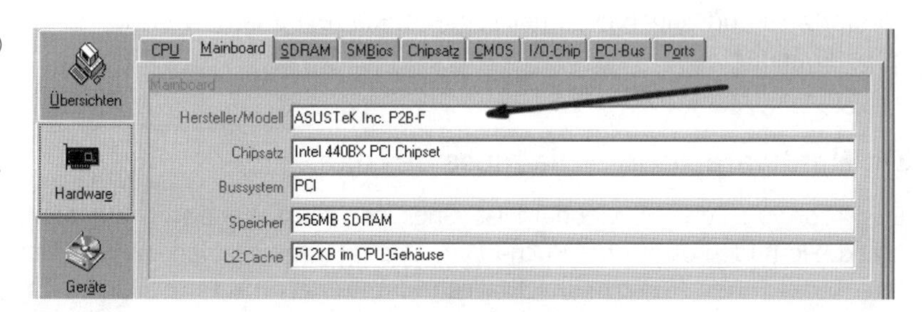

Wichtig für die weitere Identifikation ist der in Abb. 8.3. unterstrichene Teil der ID. An dieser Stelle wird verschlüsselt der Chipsatz, der Hersteller und das Board codiert. Wie Sie den Code entschlüsseln können, erfahren Sie in diesem Kapitel im Abschnitt *Die Ident-Line – Geheimnisse entschlüsselt*.

Natürlich gibt es noch eine ganze Menge anderer Tools, wie z.B. SiSoft Sandra (auf Buch-CD) oder ähnliche: bei allen können Sie Ihren Rechner auf „Hertz" und Nieren prüfen und über Benchmarks die von Ihnen vorgenommenen Tuningmaßnahmen auf Erfolg überprüfen.

Bios-ID – kleines Tool mit großer Wirkung

Falls Sie weder über Brenner noch Netzwerk oder sonstige Möglichkeiten zum Transport von größeren Datenmengen verfügen (Sandra oder Dr. Hardware sind einige MByte groß), bietet sich an Stelle der „großen" Tools eine andere Software an, die speziell nur für das Auslesen und Anzeigen von Bios-ID-Nummern geschrieben wurde und damit ganz bequem auch auf eine Diskette passt. Das kleinste mir bekannte ist Bios-ID von unicore (auf der Buch-CD). Die Downloadzeiten bei einer Größe von 1 KByte sind ein netter Nebeneffekt!

Auch hier finden Sie unter Bios-ID einen Code, den Sie mithilfe dieses Kapitels ganz leicht entschlüsseln können.

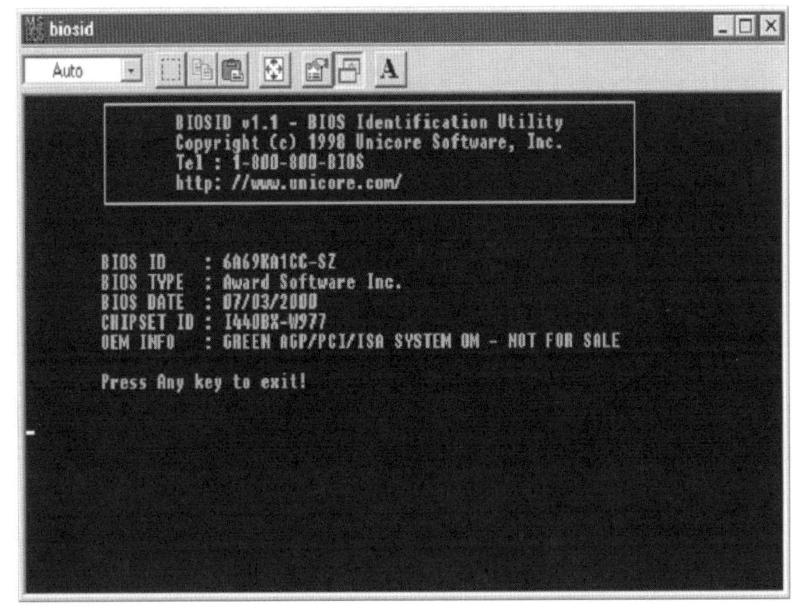

Abb. 8.5

Bios-ID von unicore

Bios-ID – mit Debug selbst auslesen

Angenommen, Sie verwenden ein Betriebssystem, unter dem die Diagnosetools nicht funktionieren, und auf dem Startbildschirm ist nichts zu finden, was einer solchen Identline ähnelt. Dann haben Sie immer noch die Möglichkeit, den Code „per Hand" auszulesen.

Dazu verwenden Sie auf DOS-Ebene den Befehl „Debug". Um das Bildbeispiel nachzuvollziehen, gehen Sie bitte auf „Start/Ausführen", geben dann „command" ein und bestätigen mit „OK". Im jetzt offenen Fenster geben Sie „debug" ein, bestätigen mit , [Enter], und los geht's:

Der Rechner springt in die nächste Zeile und wartet auf die Startadresse. Für die Bios-Informationen ist der Bereich f000 bis e000 reserviert. Sie geben hinter das Minuszeichen „df000:e000" ein (ohne die Anführungszeichen) und bekommen „häppchenweise" die Biosinformationen angezeigt. Nach jedem Schritt reicht die Eingabe von „d", um die nächsten Informationen zu erhalten. Das machen Sie so lange, bis die Bios-ID zu sehen ist:

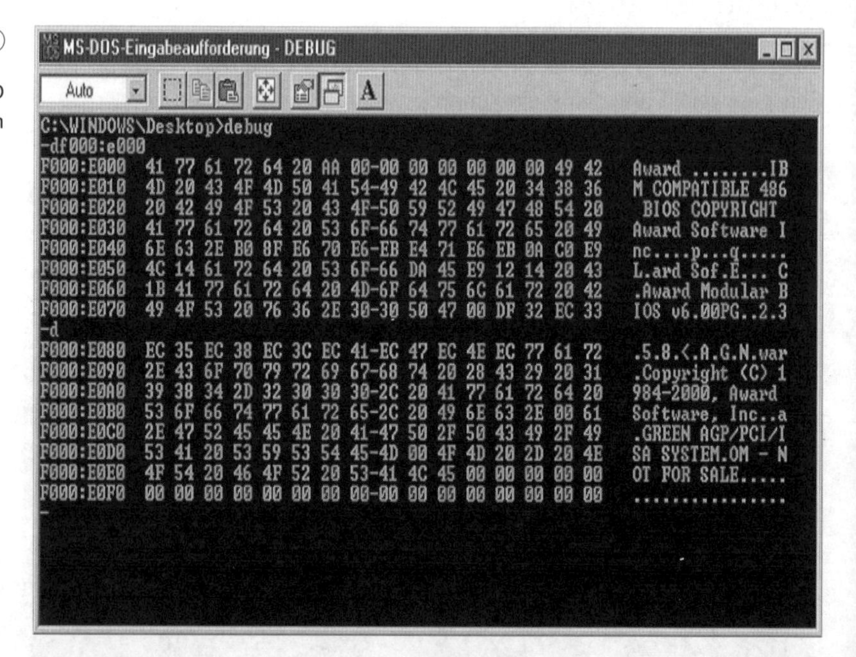

Abb. 8.6

Mit Debug die Bios-ID auslesen

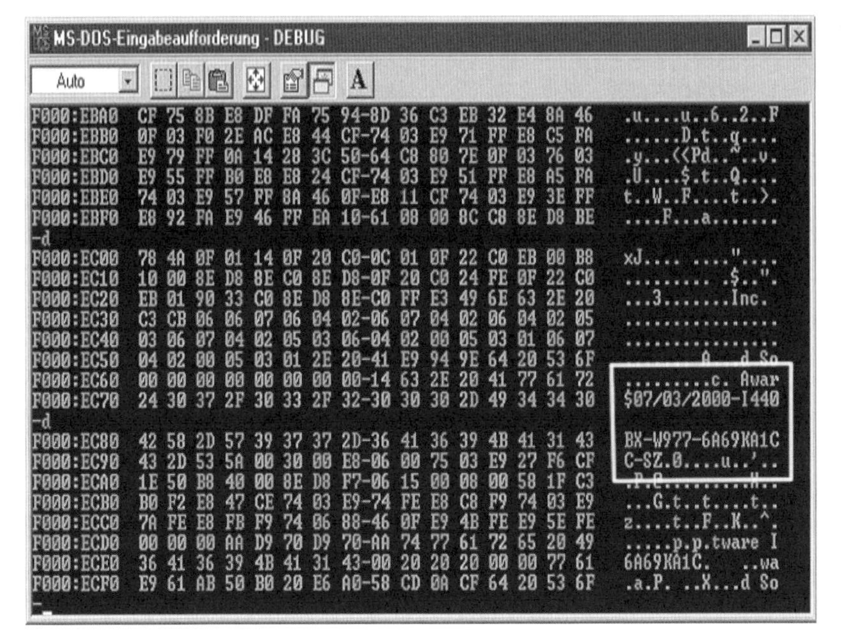

Abb. 8.7

Erfolg: BIOS-ID mit Deburg ausgelesen

Es piept – die richtige Fehlerdiagnose

9

Wie überall, wenn Mensch und Technik in Berührung kommen, so gibt es auch bei Computern eine Menge falsch zu machen. Besonders bei Eingriffen in die Hard!warekonfiguration oder ins Bios-Setup sind seitens des Anwenders Handlungen möglich, die dem Computer als „unlogisch" und damit als nicht ausführbar erscheinen. Es wurden geeignete Wege gesucht und gefunden, den Anwender mittels verschiedener Meldungen zumindest auf die richtige Spur bei der Fehlersuche zu führen. Dabei wird der POST (Power On Self Test) genutzt, der das System verschiedene Testroutinen durchlaufen lässt und eventuell auftretende Fehler auf unterschiedliche Arten mitteilt:

Fehler, die vor der Initialisierung der Grafikkarte auftreten, werden logischerweise nicht visuell, sondern als Tonfolge verschieden hoher oder verschieden langer Töne ausgegeben.

Fehler, die nach der Initialisierung der Grafikkarte auftreten, werden auf dem Bildschirm ausgegeben.

Dabei teilt man die Fehlermeldungen in drei Kategorien ein:

Fehlermeldungen

optisch über den Bildschirm	akustisch über den Systemlautsprecher	optisch über eine Diagnosekarte
Fehleranzeige in Klarschrift auf dem Bildschirm (Fehlercodes)	Fehlerausgabe als Tonfolge (Beepcodes), meistens Fatal-Errors	Anzeige auf 2-stelliger Diagnosekarte, im Fachhandel erhältlich (POST-Code)
genaue und schnelle Möglichkeit der Fehlersuche	gibt Richtung zur Fehlereingrenzung an	genaueste Variante der Fehleranzeige

Im Nachfolgenden werden die möglichen Fehleranzeigen bei den verschiedenen Biosversionen benannt und, wenn möglich, auch Tipps zur Fehlerbeseitigung gegeben.

Die Fehlercodes – Bildschirmanzeige

Fehlercodes beim AMI-Bios

Bildschirmausgabe	Bedeutung / Abhilfe
8042 Gate-A20 Error	Gate-A20 im Tastaturcontroller ist defekt. Hier hilft nur ein neuer Tastaturcontroller
Address Line Short	Fehler in der Adressenlogik auf dem Mainboard
Bus Timeout NMI at Slot n	Die Erweiterungskarte in Slot n wurde abgeschaltet aufgrund einer Zeitüberschreitung
C: Drive Error	Laufwerk C: reagiert nicht. Evtl. Laufwerkstyp im Standard CMOS Setup falsch angegeben. Abhilfe schafft eventuell das Hard-Disk-Utility im Bios Setup (Achtung: Datenverlust).
C: Drive Failure	Laufwerk C: reagiert nicht. Evtl. defekte oder nicht angeschlossene Kabel, Festplatte defekt.
Cache Memory Bad, Do Not Enable Cache	Defekter Cache-Speicher, wenn möglich ersetzen, ansonsten im Bios deaktivieren
CH-2 Timer Error	Fehler im Systemzeitgeber
CMOS Battery State Low/ CMOS Battery failed	Die CMOS Batterie ist fast leer. Hier hilft nur ein Austausch.
CMOS Checksum Failure/ CMOS Checksum Error -Defaults loaded	Nach dem Speichern der Systemkonfiguration im CMOS wird eine Prüfsumme errechnet. Die gegenwärtige unterscheidet sich von der vorherigen. Die Fehlermeldung erscheint nach einem nochmaligen Aufruf des Bios Setup nicht mehr.

Bildschirmausgabe	Bedeutung / Abhilfe
CMOS Display Type Mismatch	Im CMOS RAM ist ein anderer Grafikkartentyp gespeichert, als jetzt beim POST erkannt wurde. Möglicherweise wurde die Grafikkarte gewechselt, Bios Setup aufrufen und korrigieren, oder RESET drücken in der Hoffnung, dass die richtige Karte jetzt erkannt wird.
CMOS Memory Size Mismatch	Im CMOS RAM ist ein anderer Wert für Speicher eingetragen, als jetzt beim POST erkannt wurde. Bios Setup aufrufen, ohne Änderungen abspeichern und neu starten. Sollte der Fehler immer noch auftauchen, dann ist ein Speichermodul defekt.
CMOS System Options Not Set	Im CMOS RAM eingetragene Werte sind falsch oder nicht vorhanden. Neukonfiguration im Setup, sollte das nicht helfen, könnte die Batterie defekt sein.
CMOS Time and Date Not Set	Zeit und/oder Datum nicht eingetragen. Werte im Standard CMOS Setup eintragen.
Diskette Boot Failure	Keine Boot-Diskette in Laufwerk A: oder Laufwerk defekt.
Display Switch Not Proper	Einstellung für Monochrom oder Colorgrafik ist falsch. Entweder Jumper auf dem Board umsetzen oder Einstellung „Video Selection“ im Setup korrigieren.
DMA-Bus Time-out	DMA Bussignal wurde von einem Baustein länger als 7,8 Mikrosekunden angesteuert (ISA)
DMA Error	Fehler im DMA-Controller auf dem Mainboard
DMA #1(#2) Error	Fehler im ersten (zweiten) DMA-Kanal

Bildschirmausgabe	Bedeutung / Abhilfe
EISA CMOS Checksum Failure	Nach dem Speichern der Systemkonfiguration im CMOS wird eine Prüfsumme errechnet. Die gegenwärtige unterscheidet sich von der vorherigen. Die Fehlermeldung erscheint nach einem nochmaligen Aufruf des Bios Setup nicht mehr.
EISA CMOS Inoperational	Lese-/Schreibfehler im erweiterten CMOS RAM, möglicherweise hilft das Auswechseln der Batterie
(E)nable (D)isable Expansion Board?	Eine Erweiterungskarte im EISA-Bus, auf der ein NMI (Not Maskable Interrupt) aufgetreten ist, kann durch die Eingabe von [E] oder [D] ein- bzw. ausgeschaltet werden
Expansion Board disabled at Slot n	Erweiterungskarte in Slot n ist abgeschaltet
Expansion Board not ready at Slot n	Erweiterungskarte im EISA Slot n wird nicht gefunden, korrekten Sitz / korrekten Slot überprüfen
Fail-Safe Timer NMI Inoperational	Komponenten, die den NMI Timer benutzen, werden nicht richtig funktionieren
Fail-Safe Timer NMI	Es wurde ein ausfallsicherer NMI Timer generiert
FDD Controller Failure	keine Kommunikation mit Diskettenlaufwerk möglich, Kabel überprüfen
HDD Controller Failure	keine Kommunikation mit der Festplatte möglich, meistens ein Kabelproblem, alle Kabel überprüfen, bei Neueinbau möglicherweise falsch gesetzte Jumper
INTR #1(#2) Error	am ersten(zweiten) Kanal der Interruptsteuerung wurde ein Defekt/Fehler festgestellt, alle Karten checken, möglicherweise auch Board oder CPU defekt (DER Fehler schlechthin)

Bildschirmausgabe	Bedeutung / Abhilfe
Invalid Boot Disc	Diskette in Laufwerk ist keine Bootdiskette, neue Boot Disk mit format a: /s erstellen
Invalid Configuration Information for Slot n	EISA Karte in Slot n kann nicht konfiguriert werden, Karte neu konfigurieren
I/O Card Parity Error????	Paritätsfehler auf Erweiterungskarte
I/O Card Parity Error at????	Paritätsfehler auf Erweiterungskarte an Adresse xxxx
KB/Interface Error	Fehler an Tastatur , Stecker oder Buchse defekt, evtl. zu langes Kabel (z.B. bei Kabelverlängerung eher selten)
Keyboard Error	Tastaur nicht angeschlossen oder defekt, möglicherweise ein Defekt im Tastaturcontroller, austauschen (bei eingelötetem Controller neues Board)
Keyboard is Locked Unlock it	Tastatur gesperrt, entriegeln
Memory mismatch, run Setup	Der Speicher wurde verändert, Bios Setup aufrufen, Einstellungen aktualisieren und abspeichern
Memory Parity Error????	Speicher fehlerhaft, austauschen
Memory Parity Error at xxxx	Speicher fehlerhaft an Adresse xxxx, austauschen
No ROM BASIC	Bios findet keinen Bootsektor
NVRAM Cleared by Jumper	„Clear-CMOS"-Jumper wurde auf enabled/on gestellt und hat die Daten des CMOS gelöscht
Off Board Parity Error Addr (Hex)=xxxx	Paritätsfehler an einem Speicher in einem Erweiterungssteckplatz, lässt sich per Diagnosesoftware lokalisieren und evtl. korrigieren

Bildschirmausgabe	Bedeutung / Abhilfe
On Board Parity Error Addr(Hex)=xxxx	Paritätsfehler im DRAM auf der Hauptplatine, lässt sich per Diagnosesoftware lokalisieren und evtl. korrigieren
Parity Error????	Paritätsfehler im Hauptspeicher an unbekannter Adresse
Primary Master Hard Disk Fail	Fehler der primären Master-Festplatte
Software Port NMI	Ein Softwareport NMI wurde generiert
Software Port NMI Inoperational	Der Softwareport NMI arbeitet nicht, wenn ein NMI aufgerufen wird, bleibt das System „hängen"

Fehlercodes beim Award-Bios

Bildschirmausgabe	Bedeutung / Abhilfe
BIOS ROM Checksum Error -System halted	Falsche Prüfsumme des Bios-Codes im Bios-Chip, hier hilft nur neu brennen oder austauschen
CMOS Battery failed	CMOS Batterie defekt oder leer, austauschen
CMOS Checksum Error – Defaults loaded	Nach dem Speichern der Systemkonfiguration im CMOS wird eine Prüfsumme errechnet. Die gegenwärtige unterscheidet sich von der vorherigen. Fehlermeldung sollte nach einem erneuten Speichern der Bios-Einstellungen nicht mehr erscheinen. Falls doch, könnte die Batterie defekt sein (oder das Passwort wurde durch Batterieausbau gelöscht , s.a. *Kapitel 15: Tipps und Tricks – was Hersteller verschweigen).*

Bildschirmausgabe	Bedeutung / Abhilfe
Disk Boot Failure, insert system disk and press Enter	Es wurde kein bootfähiges Laufwerk gefunden oder die Diskette in Laufwerk A: ist keine Systemdiskette, Systemdiskette einlegen oder Kabelverbindungen von der Festplatte überprüfen, falls von dort gebootet werden sollte
Diskette drives or type mis-match error – run Setup	Im Bios-Setup wurde der falsche Diskettenlaufwerkstyp eingestellt, richtigen Typ einstellen (gewöhnlich 3 $^1/_2$ Zoll, 1.44 MByte)
Display switch is set incorrectly	Falsche Einstellung für Monochrom-/Color-Grafik, Bioseinstellung stimmt nicht mit dem Jumper für die Video-Einstellungen auf dem Mainboard überein, richtige Einstellung im Bios Setup festlegen oder Jumper in die richtige Position setzen
Display type has changed since last boot	Die Grafikkarte wurde nach dem letzten Systemstart ausgetauscht, System neu konfigurieren
EISA Configuration Checksum error – Please run EISA Configuration Utility	EISA Konfigurations- Checksumme stimmt nicht oder ein EISA-Steckplatz kann nicht korrekt ausgelesen werden, EISA-Karte auf korrekten Sitz überprüfen, EISA-Slot per EISA-Konfigurations Utility (ECU) neu konfigurieren
EISA Configuration is not complete – Please run EISA Configuration Utility	Unvollständige Daten in der EISA-Steckplatzkonfiguration, EISA-Slot per EISA-Konfigurations Utility (ECU) neu konfigurieren
Error encountered initializing hard drive	Initialisierung der Festplatte nicht möglich, Kabel und Festplattentyp im Bios Setup überprüfen
Error initializing hard disk controller	Initialisierung des Festplattencontrollers nicht möglich, meist Ursache im Bios Setup oder Jumper auf dem Mainboard

Bildschirmausgabe	Bedeutung / Abhilfe
Floppy disk(s) fail	Diskettenlaufwerk nicht gefunden oder Initialisierung nicht möglich, Kabel überprüfen
Floppy disk controller error or no controller present	Bios kann Floppycontroller nicht finden oder initialisieren, Einstellungen im Setup überprüfen
HARD DISK initializing Please wait a moment	Manche ältere Festplatten brauchen etwas länger zum Initialisieren
Hard Disk Install Failure	Festplatte oder Festplattenkontroller kann nicht gefunden oder initialisiert werden, möglicherweise wurde eine Festplatte ausgebaut und im Setup nicht ausgetragen (Festplattenauswahl im Bios Setup auf NONE stellen)
Hard disk(s) Diagnosis fail	Fehler bei Diagnose der Festplatte gefunden, möglicherweise Festplatte defekt
Invalid EISA configuration Please run EISA Configuration Utility	Fehlerhafte EISA Konfiguration, Neukonfiguration mit EISA Konfigurationsprogramm
Keyboard error or no Keyboard present	Initialisierung der Tastatur nicht möglich, keine Tastatur vorhanden oder eine Taste wurde beim Start gedrückt (meist liegt etwas auf der Tastatur); wenn ohne Tastatur gestartet werden soll: Halt on im Standard CMOS Setup auf „All, But Keyboard" stellen
Keyboard is locked out – Unlock the key	Eine Taste wird während des Keyboard Tests gedrückt, entweder hängt eine Taste oder etwas liegt auf der Tastatur
Memory adress error at...	Adressfehler im Speicherchip, Chip austauschen
Memory parity error at...	Paritätsfehler im Speicherchip, Chip austauschen

Bildschirmausgabe	Bedeutung / Abhilfe
Memory size has changed since last boot	Es wurde die Größe des DRAMs seit dem letzten Systemstart verändert. Bei EISA ist eine Neukonfiguration nötig, bei ISA im Setup neue Speichergröße einstellen
Memory Test	„Hochzählen" des Speichers während des Speichertests
Memory test fail	Fehler im Speicher entdeckt, austauschen
Memory verify error at...	Fehler beim Prüfen eines bereits in den Speicher geschriebenen Wertes
Offending addess not found	Tritt während der E/A Kanal-Prüfung oder bei Paritätsfehlern auf, wenn das fehlerhafte Segment nicht gefunden werden kann
Offending adress:	Segment wurde gefunden, ansonsten siehe oben
Override enabled – Defaults loaded	System ist mit vorhandener Konfiguration nicht bootfähig, es überschreibt alle Werte mit den Default-Werten, Bios neu konfigurieren
Press a key to reboot	Neustart durch Drücken einer Taste einleiten
Press ESC to skip Memory test	Durch Drücken von Esc kann man den Memory Test überspringen (kann Zeitersparnis von mehreren Sekunden bedeuten, je nach Speicherausbau)
Press F1 to disable NMI, F2 to reboot	Es wurde eine NMI Bedingung festgestellt, mit!wird NMI ausgeschaltet und gestartet, mit „wird ein Neustart mit eingeschaltetem NMI initiiert
Primary master hard disk fail	Fehler an primärer Master-IDE-Festplatte
Primary slave hard disk fail	Fehler an primärer Slave-IDE-Festplatte

Bildschirmausgabe	Bedeutung / Abhilfe
RAM parity error – checking for segment..	RAM-Paritätsfehler in Segment
Should be empty but EISA Board found	In einem als leer definierten Steckplatz wurde eine Karte gefunden, EISA-Slot per EISA-Konfigurations Utility (ECU) neu konfigurieren
Slot not Empty	In einem als leer definierten Steckplatz wurde eine Karte gefunden, EISA-Slot per EISA-Konfigurations Utility (ECU) neu konfigurieren
System halted, (Ctrl-Alt-Del) to reboot	Startprozess abgebrochen, Neustart mit Strg+Alt+Entf
Wrong Board in Slot – Please Run EISA Configuration Utility	Identifikationscode der Karte stimmt nicht mit dem im EISA-CMOS gespeicherten Identifikationscode überein, Steckplatz per EISA-Konfigurations Utility (ECU) neu konfigurieren

Fehlercodes beim Phoenix-Bios

(Diese Fehlercodes gelten auch für das Quadtel Bios)

Bildschirmausgabe	Bedeutung / Abhilfe
xxxx Cache SRAM Passed	Größe des erfolgreich getesteten Cache-Speichers
xxxh Optional ROM bad checksum=xxxh	Erweiterungskarte mit defektem ROM-Bios, Karte ersetzen
xxxx Shadow RAM Passed	Größe des erfolgreich getesteten Shadow-RAM

Bildschirmausgabe	Bedeutung / Abhilfe
Diskette drive A (B) error	Diskettenlaufwerk gefunden, Test jedoch nicht bestanden, korrekten Anschluss und Einstellung im Bios überprüfen
Diskette drive 0 seek to track 0 failed	Kein Diskettenlaufwerk gefunden, korrekten Anschluss prüfen
Diskette drive reset failed	Kein Start von Diskette möglich, Probleme mit Diskettenlaufwerk Controller
Diskette read failure – strike F1 to retry boot	Diskette defekt oder unformatiert, gegen Startdiskette austauschen
Display adapter failed; using alternate	Jumper/DIP-Schalter für monochrom/color auf dem Board falsch gesetzt oder Probleme mit Grafikkarte
Entering Setup...	Bios Setup wird aktiviert
Extended RAM failed at offset: nnnn	erweiterter Speicher an Offset-Adresse nnnn funktioniert nicht oder ist falsch konfiguriert
nnnn Extended RAM Passed	nnnn KByte erweiterter Speicher erfolgreich geprüft
Failing Bits: nnnn	Abbildung von defekten Bits aus Shadow-RAM, konventionellem oder Erweiterungsspeicher über eine hexadezimale Zahl nnnn
Fixed Disk 0(1) Failure	Festplatte nicht korrekt installiert, Überprüfung der Anschlüsse und der Einstellungen im Setup
Fixed Disk Controller Failure	Festplattencontroller arbeitet nicht oder Festplatte nicht korrekt installiert, Anschlüsse der Festplatte und des Controllers überprüfen
Gate A20 Failure	Betriebssystem kann nicht in den geschützten Modus wechseln, meist Fehler der Gate-A20-Logik auf dem Mainboard
Hard disk controller failure	defekter Festplattencontroller

Bildschirmausgabe	Bedeutung / Abhilfe
Hard disk failure	Festplattenfehler, mit Diskette starten und evtl. Festplatte neu formatieren, geht das nicht, neue Festplatte einbauen
Hard disk read failure: Strike F1 to retry boot	Festplattenfehler, mit Diskette starten und evtl. Festplatte neu formatieren, geht das nicht, neue Festplatte einbauen
Incorrect Drive A (B) Type – run Setup	Typ des Diskettenlaufwerks im Bios Setup falsch eingestellt
Invalid configuration information – Please run SETUP program	Speichergröße oder Grafikkarte nicht korrekt installiert oder falsche Anzahl von Diskettenlaufwerken angegeben, Bios Setup starten, Diskettenlaufwerksanzahl eingeben (Speichergröße und Grafikkarte wurden jetzt automatisch erkannt) Save & Exit
Invalid NVRAM media type	Probleme beim Zugriff auf CMOS-RAM
Keyboard clockline failure	Tastatur nicht richtig angeschlossen
Keyboard controller error	Fehlerhafter Test des Keyboard-Controllers, austauschen
Keyboard controller failure	Fehlerhafter Test des Keyboard-Controllers, austauschen
Keyboard dataline failure	Tastatur nicht richtig angeschlossen
Keyboard error	Tastatur funktioniert nicht, evtl nicht richtig angeschlossen
Keyboard error nn	Taste auf der Tastatur klemmt, (nn ist Scan-Code der Taste)
Keyboard is locked: Please unlock	Tastatur gesperrt, entsperren
Keyboard locked – Unlock key switch	Tastatur gesperrt, entsperren

<table>
<tr><th>Bildschirmausgabe</th><th>Bedeutung / Abhilfe</th></tr>
<tr><td>Keyboard stuck failure</td><td>Taste auf der Tastatur klemmt</td></tr>
<tr><td>Memory address line failure at xxxxxh, read xxxxxh expecting xxxxxh</td><td rowspan="6">Fehler von Speicherchips oder der mit ihnen verbundenen Logik, Chips ersetzen oder Logik reparieren</td></tr>
<tr><td>Memory data line failure at xxxxxh, read xxxxxh expecting xxxxxh</td></tr>
<tr><td>Memory high address line failure at xxxxxh, read xxxxxh expecting xxxxxh</td></tr>
<tr><td>Memory odd/even logic failure at xxxxxh, read xxxxxh expecting xxxxxh</td></tr>
<tr><td>Memory parity failure at xxxxxh, read xxxxxh expecting xxxxxh</td></tr>
<tr><td>Memory write/read failure at xxxxxh, read xxxxxh expecting xxxxxh</td></tr>
<tr><td>Monitor type does not match CMOS – run Setup</td><td>Bildschirmtyp im Setup nicht korrekt konfiguriert</td></tr>
<tr><td>No boot device available – strike F1 to retry boot</td><td>kein Bootlaufwerk gefunden, je nachdem, von wo Sie booten wollten: Laufwerk prüfen</td></tr>
<tr><td>No boot sector on hard disk – strike F1 to retry boot</td><td>Festplatte unformatiert, formatieren mit format /s</td></tr>
</table>

Bildschirmausgabe	Bedeutung / Abhilfe
No timer tick	Zeitgeber-Chip auf der Hauptplatine defekt
Not a boot diskette – strike F1 to retry boot	Diskette in Laufwerk A: ist keine Startdiskette
Operation system not found	Kein Betriebssystem gefunden
Parity Check 1 (2)	Paritätsfehler auf Systembus (1) oder E/A-Bus (2) Wenn das Bios nicht in der Lage ist, die Adresse mitzuteilen wird „????“ angezeigt
Press <F1> to resume, <F2> to Setup	Es wurde ein irreparabler Fehler erkannt, mit! starten oder mit „ ins Bios Setup wechseln, um Einstellungen zu korrigieren
Previous boot incomplete – Default configuration used	letzte Ausführung des POST war erfolglos, es werden die Standardeinstellungen verwendet, Abhilfe: Bios-Setup starten und die Einstellungen korrigieren (meistens sind es zu optimistische „wait-states“)
Real time clock error	Echtzeituhr (RTC) defekt, möglicherweise Mainboard reparieren
Shadow RAM Failed at offset:nnnn	Fehler im Shadow-RAM an Adresse nnnn
Shutdown Failure	defekter Tastaturcontroller
System battery is dead – Replace and run Setup	CMOS Batterie ist leer, austauschen und Bios Setup neu konfigurieren
System BIOS shadowed	Bios in Shadow RAM kopiert
System cache error – Cache disabled	Fehler im Cachespeicher, deshalb hat das BIOS den Cache abgeschaltet

Bildschirmausgabe	Bedeutung / Abhilfe
System CMOS checksum bad – run Setup	Inhalt des CMOS RAM wurde verändert, verfälscht oder beschädigt, möglicherweise durch ein Programm, welches in den Speicher schreiben kann, oder durch Batterieaustausch, wenn vorher ein Passwort vergeben war, Setup neu konfigurieren
System RAM Failed offset:nnnn	Fehler im internen Speicher an Adresse nnnn
System timer error	Test der Systemuhr fehlerhaft, evtl. Mainboardreparatur
Time-of-day clock stopped	Fehler in der Echtzeituhr, Aufruf Bios Setup, Safe&Exit
Timer chip counter 2 failed	Timer Chip auf Hauptplatine muss kontrolliert und evtl ausgetauscht werden
Timer or interrupt controller bad	Timer Chip oder Interrupt Controller defekt, Austausch
UMB upper limit segment adress:nnnn	Obergrenze der freigegebenen Segmente des BIOS im UMB
Unexpected interrupt in protected mode	NMI (Not maskable Interrupt)-Port kann nicht ausgeschaltet werden, Abhilfe: Kontrolle der mit dem NMI verbundenen Logik
Video Bios shadowed	Video Bios wurde ins Shadow RAM kopiert

Beep-Codes beim AMI-Bios

Signal	Bedeutung	Abhilfe
1x kurz	Speicher Refresh Logik auf dem Mainboard ist defekt	RAM Module prüfen (korrekter Sitz im Sockel), Bios-Takteinstellungen, passen die Module paarweise zusammen (z.B. bei EDO und FPM)
1x lang	Alles o.k.	
1x Dauer	Netzteilfehler	PC ausschalten, einen Moment warten, wieder einschalten, tritt der Fehler wieder auf, ist ein neues Netzteil nötig
1x lang, 1x kurz	Hauptplatinenfehler	schwerer Fehler auf dem Mainboard (z.B. falsche Taktrate der CPU)
1x lang, 2x kurz	Grafikkartenfehler	keine Grafikkarte, Monitoransteuerung defekt oder Video-ROM-Bios-Checksumme falsch
1x lang, 3x kurz	Videofehler	RAM-DAC defekt, Video-RAM fehlerhaft, Monitorerkennungsprozess fehlerhaft (z.B. Monitorkabel defekt)
2x kurz	Parity Error in den ersten 64kB des Speichers	POST (Power On Self Test) fehlerhaft, d.h. eine der Hardwaretestroutinen ist fehlerhaft, RAM überprüfen
2x lang, 2x kurz	Videofehler	Checksummenfehler des Video-BIOS-ROM

Signal	Bedeutung	Abhilfe
3x kurz	Fehler in den ersten 64 KByte des Speichers	korrekten Sitz des RAM überprüfen, Speichertiming überprüfen
3x kurz, 3x lang, 3x kurz	Arbeitsspeicher defekt	austauschen
4x kurz	Fehler in den ersten 64 KByte des Speichers oder Systemtimer 1 funktioniert nicht	Batterie/Akku defekt, Speichermodule checken, RAM-Einstellungen prüfen, neues Mainboard
5x kurz	Prozessorfehler	Prozessor defekt, unzureichende Kühlung, zu hoch getaktet, manchmal Grafikkartenproblem
6x kurz	Bios kann nicht in Protected Mode umschalten	defekter Tastaturcontroller -> austauschen, (bei manchen Boards eingelötet -> Pech, neues Board)
7x kurz	Prozessor erzeugt Ausnahmeinterrupt	Kontaktprobleme der CPU im Sockel, bei Übertaktung: etwas zurückschrauben
8x kurz	Display Memory Read/Write Error	Grafikkarte defekt oder nicht eingebaut, bei Onboard-Grafik eventuell über Jumper deaktiviert -> aktivieren, manchmal auch übertakteter ISA-Bus

Signal	Bedeutung	Abhilfe
9x kurz	ROM-Bios-Prüfsumme nicht ok	EPROM, EEPROM oder Flash-ROM-Baustein defekt, BIOS defekt oder nicht korrekt upgedated, möglicherweise Fehler im Bios irgendwelcher Karten
10x kurz	Fehler im Shutdown Register des CMOS-RAM	CMOS kann nicht gelesen/geschrieben werden Hauptplatine ist defekt und muss getauscht werden, bei gesockeltem Dallas-Chip: austauschen
11x kurz	Fehler im externen Cache-Speicher	L2 – Cache auf dem Mainboard defekt, bei älteren Boards gesockelte Module auf korrekten Sitz überprüfen, bei neueren: integriert: -> Pech, neues Board kaufen

Beep-Codes beim AWARD-Bios

Signal	Bedeutung	Abhilfe
1x kurz	Alles ok	
2x kurz	Fehler im Video-System	wird auf dem Bildschirm angezeigt, entsprechend weiterverfahren
ununterbrochen	Fehler in der Speisung der Hauptplatine	meistens auch Speicher oder Grafikproblem (evtl Karte nicht gefunden)

Signal	Bedeutung	Abhilfe
wiederholt kurz	Fehler in der Speisung der Hauptplatine	
1x lang	Speicherproblem	Module sitzen nicht richtig
1x lang, 1x kurz	Fehler auf der Hauptplatine	
1x lang, 2x kurz	Grafikfehler (MDA,CGA)	Grafikkarte defekt oder sitzt nicht richtig im Slot
1x lang, 3x kurz	Grafikfehler (EGA)	Grafikkarte defekt oder sitzt nicht richtig im Slot
3x lang	Fehler im Tastatur-Interface (3270)	

Beep-Codes beim Phoenix-Bios

Signal	Bedeutung	Abhilfe
1-1-3	CMOS – Fehler beim Schreiben oder Lesen	BIOS-Setup ausführen zur Fehlerkorrektur
1-1-4	BIOS ROM Checksumme fehlerhaft	BIOS austauschen oder updaten
1-2-1	System – Timer defekt (Timer 1)	Board defekt, austauschen
1-2-2	DMA – Controller defekt	Board defekt, austauschen
1-2-3	DMA – Controller defekt (Seitenregister)	Board defekt, austauschen

Signal	Bedeutung	Abhilfe
1-3-1	DRAM Refresh fehlerhaft – falsche BIOS-Einstellung oder Mainboard defekt	RAM Module auf korrekten Sitz überprüfen
1-3-3	64 KByte Basisspeicher defekt (Speicherchip/Datenleitung)	RAM Module auf korrekten Sitz überprüfen
1-3-4	64 KByte Basisspeicher defekt (Logikchip-Fehler)	RAM Module auf korrekten Sitz überprüfen
1-4-1	64 KByte Basisspeicher defekt (Adressleitung)	RAM Module auf korrekten Sitz überprüfen
1-4-2	64 KByte Basisspeicher defekt (Parity-Logik)	RAM Module auf korrekten Sitz überprüfen
2-x-x	64 KByte Basisspeicher defekt	RAM Module auf korrekten Sitz überprüfen
3-1-1	Master DMA Register defekt	Board defekt, austauschen
3-1-2	Slave DMA Register defekt	Board defekt, austauschen
3-1-3	Master Interrupt Register defekt	Board defekt, austauschen
3-1-4	Slave Interrupt Register defekt	Board defekt, austauschen
3-2-4	Tastatur-Controller defekt	Evtl. Controller defekt, auf Board austauschen
3-3-4	Fehler beim Testen des Bildschirmspeichers	Grafikkarte oder Grafikspeicher defekt, austauschen
3-4-1	Fehler beim Initialisieren der Grafikkarte (Grafikchip fehlt oder ist defekt)	Grafikkarte oder Grafikspeicher defekt, austauschen
3-4-2	Fehler beim Testen der Bildschirmsteuerung	Evtl. Grafikkarten-Controller defekt, Monitor nicht angeschlossen oder Kabel defekt
4-2-1	Timer-Interrupt fehlerhaft	Board defekt, austauschen
4-2-2	Shutdown-Funktion fehlerhaft	Board defekt, austauschen

Signal	Bedeutung	Abhilfe
4-2-3	Fehler im Gate A20	Board defekt, austauschen
4-2-4	Unerwarteter Interrupt im ProtectedMode	Board defekt, austauschen
4-3-1	DRAM-Fehler oberhalb der ersten 64 KByte RAM	RAM Module auf korrekten Sitz überprüfen
4-3-2	Timer defekt (Timer 2)	Board defekt, austauschen
4-3-4	Fehler beim Testen der Echtzeituhr	Board defekt, austauschen
4-4-1	Fehler beim Testen der seriellen Schnittstellen	
4-4-2	Fehler beim Testen der parallelen Schnittstellen	
4-4-3	Fehler beim Testen des Coprozessors	

Beepcodes beim MRBios

Die Pieptöne des Microid Research (MR) Bios werden als Folge von hohen und niedrigen Tönen ausgegeben, nach den ersten beiden Tönen erfolgt eine Pause. L=Low/Tief H=High/Hoch

Signal	Bedeutung	Abhilfe
LH-LLL	Prüfsummenfehler	BIOS muss ausgetauscht bzw. upgedated werden
LH-HLL	Fehler des DMA-Seitenregisters	Board ist defekt und muss getauscht werden
LH-LHL	Fehler im Selbsttest des Tastaturcontrollers	Evtl. Controller defekt, ggf. auf dem Board austauschen
LH-HHL	Fehler in der Speicher-Refresh-Logik	RAM Module auf korrekten Sitz überprüfen
LH-LLH	Fehler im DMA-Controller (Master)	Mainboard defekt, austauschen
LH-HLH	Fehler im DMA-Controller (Slave)	Mainboard defekt, austauschen
LH-LLLL	Fehler in Speicherbank 0 (Mustertest)	RAM Module auf korrekten Sitz überprüfen
LH-HLLL	Fehler in Speicherbank 0 Paritätslogik)	RAM Module auf korrekten Sitz überprüfen
LH-LHLL	Fehler in Speicherbank 0 (Paritätsfehler)	RAM Module auf korrekten Sitz überprüfen
LH-HHLL	Fehler in Speicherbank 0 (Fehler im Datenbus)	RAM Module auf korrekten Sitz überprüfen
LH-LLHL	Fehler in Speicherbank 0 (Fehler im Adressbus)	RAM Module auf korrekten Sitz überprüfen
LH-HLHL	Fehler in Speicherbank 0 (Lesefehler)	RAM Module auf korrekten Sitz überprüfen
LH-LHHL	Fehler in Speicherbank 0 (Lese-/Schreibfehler)	RAM Module auf korrekten Sitz überprüfen

Signal	Bedeutung	Abhilfe
LH-HHHL	Fehler im Interrupt-Controller (Master-8259-Port 21h)	Mainboard defekt, austauschen
LH-LLLH	Fehler im Interrupt-Controller (Slave-8259-Port A1h)	Mainboard defekt, austauschen
LH-HLLH	Fehler im Interrupt-Controller (Master-8259-Port 20h)	Mainboard defekt, austauschen
LH-LHLH	Fehler im Interrupt-Controller (Slave-8529-Port A0h)	Mainboard defekt, austauschen
LH-HHLH	Fehler im Interrupt-Controller (Adressfehler Port 20h/A0h)	Mainboard defekt, austauschen
LH-LLHH	Fehler im Interrupt-Controller (Master-8259-Port 20h)	Mainboard defekt, austauschen
LH-HLHH	Fehler im Interrupt-Controller(Slave-8259-Port A0h)	Mainboard defekt, austauschen
LH-LHHH	Fehler im System-Timer (8254, Kanal 0 – IRQ0)	Mainboard defekt, austauschen
LH-HHHH	Fehler im System-Timer (8254, Kanal 0)	Mainboard defekt, austauschen
LH-LLLLH	Fehler im System-Timer (8254, Kanal 2 – Lautsprecher)	Mainboard defekt, austauschen
LH-HLLLH	Fehler im System-Timer (8254,OUT2 – Lautsprecher ermitteln)	Mainboard defekt, austauschen
LH-LHLLH	Fehler beim Lese- und Schreibtest des CMOS-RAM	BIOS-Setup ausführen um Fehler zu beheben

Signal	Bedeutung	Abhilfe
LH-HHLLH	Fehler in der Echtzeituhr (periodischer Interrupt/ IRQ8)	Mainboard defekt, austauschen
LH-LLHLH	Prüfsummenfehler des Video-RAM, Speicherfehler der Monochrom-/Farb-Bildschirmkarte, Fehler in der Adressleitung der Monochrom-/ Farb-Bildschirmkarte	Grafikkarte austauschen
LH-HLHLH	Fehler im Tastaturkontroller	Evtl. Controller defekt, auf Board austauschen
LH-LHHLH	Paritätsfehler des Speichers	RAM Module auf korrekten Sitz überprüfen
LH-HHHLH	Fehler in einem E/A-Kanal	Mainboard defekt, austauschen
LH-LLLHH	Testfehler des Gate-A20 wegen 8042-Timeout	Mainboard defekt, austauschen
LH-HLLHH	Gate-A20 blockiert im ausgeschalteten Status (A20=0)	Mainboard defekt, austauschen
LH-LHLHH	Echtzeituhr wird nicht aktualisiert	Mainboard defekt, austauschen

Postcodes

Wie eingangs in diesem Kapitel aufgeführt, gibt es außer den schriftlich am Bildschirm dargestellten Fehlercodes und den über unterschiedliche akustische Signalfolgen ausgegebenen Fehlermeldungen noch die Ausgabe über eine Diagnosekarte.

Abb. 9.1

POSTBoard PCI

Hinweis

POSTBoard PCI, nähere Informationen erhalten Sie über www.poets-computertechnik.de.

Solch eine Diagnosekarte visualisiert die POST-Codes, die während des POST als hexadezimale Codes an den E/A Port 80h geschickt werden. Sie wird in einen freien PCI Slot gesteckt und zeigt dann den Postcode über eine LED-Anzeige an. Zum Lieferumfang gehören umfangreiche Tabellen, die dem Anwender die Bedeutung dieser ausgegebenen hexadezimalen Zahlen erläutern. Aus diesem Grund wird auf die Veröffentlichung der Codes in diesem Buch verzichtet.

Die hier dargestellte Karte verfügt über weitere Funktionen wie zum Beispiel Busspannungsüberwachung, PCI Activity & Error Check usw. Ohne hier Werbung machen zu wollen: Eine sehr nützliche Angelegenheit für den ambitionierten PC-Bastler.

Diagnosekarten bekommt man im gut sortierten Fachhandel, z.B. bei Conrad Electronics oder online unter http://www.poets-computertechnik.de.

Übrigens: Wer des Englischen nicht so mächtig ist – meistens werden die Code-Tabellen in Englisch geliefert- der findet im Internet unter http://www.bios-info.de eine ganz gute Übersetzung ins Deutsche.

Das Bios Setup – wir „schrauben“ uns zu mehr Geschwindigkeit

10

Das Bios – sozusagen die Schnittstelle zwischen Hardware und Betriebssystem – lässt eine Vielzahl unterschiedlicher Einstellungen und Parameter zu, die in jedem PC optimal auf die Hardware angepasst werden können. Damit der PC bei Auslieferung an die Kunden sicher funktioniert, werden sehr häufig Standardwerte eingestellt, die auf jeder Hardware zu einem lauffähigen System führen. Diese Standardwerte gilt es zu optimieren, um ähnlich wie beim Übertakten die Leistungsfähigkeit der einzelnen Komponenten voll auszuschöpfen.

Der Zugang zum Bios

AMI	AWARD	Phoenix
Entf	Entf	Entf
F1	Strg+Alt+Esc	Strg+Alt+Esc
	Strg+Alt+S	Strg+Alt+S
		F2

Mit diesen Standardkombinationen sollten Sie sich Zugang zum Bios verschaffen können. Der Rechner wird eingeschaltet, und während des Speichertests des POST muss eine bestimmte herstellerabhängige Tastenkombination gedrückt werden.

Weitere Kombinationen
Strg+Enter
Alt+Enter
Alt+F1
Strg+Alt+F1
Strg+Alt+Einfg
F2

Sollten diese Tastaturkombinationen nicht zum Erfolg führen, helfen vielleicht noch andere, denn einige PC-Hersteller wie Acer, Compaq und Dell haben das Bios speziell an ihre Rechner angepasst. Folgende Kombinationen sollten einmal ausprobiert werden

Uralt-PCs beispielsweise von DEC oder IBM, haben nur einen Bios-Baustein. Die dazu gehörige Setup-Software ist auf einer Diskette gespeichert. Um das Bios Setup aufzurufen, braucht man diese Diskette. Manchmal sind umfangreiche Recherchen im Internet damit verbunden, auf die hier nicht weiter eingegangen werden kann.

Übrigens: Hat man den Zeitpunkt der Tastatureingabe einmal verpasst, ist das nicht so schlimm: ein Druck auf den RESET-Schalter, und man bekommt eine neue Chance.

Tipp: Bios überlisten

Sollten alle Tastaturkombinationen versagen, dann einfach mal den PC ohne Tastatur starten, das Bios bemerkt einen Tastaturfehler und fordert zu einer Tastenkombination auf. Nachdem man den PC ausgeschaltet, die Tastatur wieder angeschlossen und neu gestartet hat, verhilft diese Kombination zum Zugang zum Bios-Setup

Troubleshooting – kein Zugang zum Bios?

Wurde die richtige Tastenkombination im richtigen Augenblick gedrückt?

Der Zugang zum Bios ist nur durch Drücken der richtigen Tastenkombination während des Speichertests möglich.

Hat das Mainboard überhaupt ein Bios-Setup?

Manche alten PCs besitzen ein getrenntes Bios-Setup auf Diskette. Sollte diese Diskette fehlen, hilft meist nur eine Internetrecherche oder eine Nachfrage beim Hersteller.

Das Bios ist passwortgeschützt und das Passwort ist verloren gegangen *siehe Kapitel 15: Tipps und Tricks – was Hersteller verschweigen.*

Das Setup-Menu – die Benutzerführung

Funktion	Tasten
links	←
rechts	→
oben	↑
unten	↓
Auswahl	[Leertaste]/Enter
Auswahl ändern	Zehnerblock +/-
Hilfe	F1
Beenden	Esc/F10

Im Bios Setup ist man auf die Tastatur angewiesen. Zum Glück wird meistens am unteren Bildschirmrand eine kleine Übersicht über die zu verwendenden Tasten angeboten. Im Wesentlichen beschränkt sich das auf die Pfeil- und die ⇩-Tasten, denen nebenstehende Bedeutung zukommt. Da man es hier noch mit dem amerikanischen Tastaturtreiber zu tun hat (der deutsche wird erst später beim Booten geladen), sind außerdem die Tasten Y und Z vertauscht. Das muss unbedingt bei Abfragen im y/n – Stil und beim Abspeichern beachtet werden. Will man mit „ja" antworten, so ist in diesem Fall Z zu drücken.

Wie in so vielen anderen Fällen, so gibt es auch hier eine Ausnahme was die Steuerung angeht: Das AMI-Win-Bios arbeitet – wie der Name schon sagt – mit einer Fenstertechnik und lässt sich außer mit der Tastatur auch bequem per Maus bedienen.

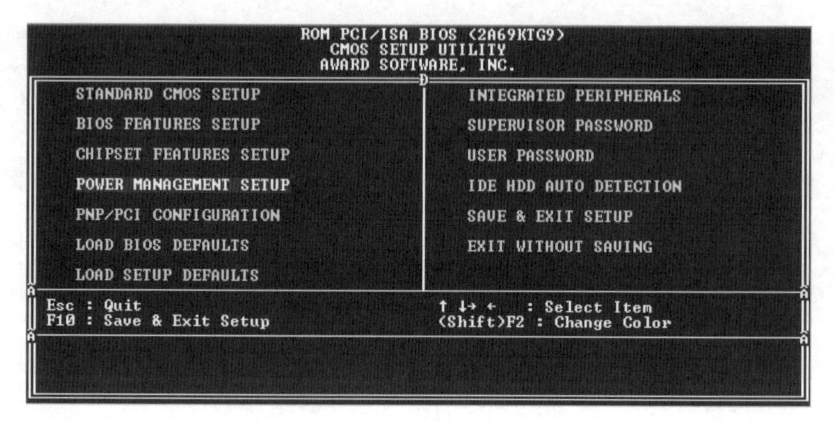

Abb. 10.1

CMOS Setup Utility von Award

Nette Kleinigkeiten

Beispielsweise kann man die Farbgebung des Setupbildschirms ändern, wenn man beim Award-Bios ⇧+" drückt. Bei AMI reicht ein Druck auf „ oder auf F3. Nach jedem erneuten Druck ändert sich auch die Farbe wieder, so hat man sicher bald seine Lieblingskombination gefunden.

Sollte wider Erwarten durch umfangreiche Veränderungen der PC gar nicht mehr starten, so kann man beim Start des Rechners durch Druck auf die Einfg-Taste die Standardwerte aus dem „Load Bios Defaults" bei Award und aus dem „Auto Configuration with Fail Safe Settings" bei AMI laden. Nun kann man sein Tuning von vorn beginnen.

Mit! kann man bei manchen Bios-Versionen eine Hilfedatei aufrufen, allerdings fällt diese durch den begrenzten Speicherplatz von höchstens 128 KByte im Eprom ziemlich spärlich aus.

Bios-Settings – Minimalkonfiguration

Wie eingangs schon erwähnt, gibt es eine Minimalkonfiguration, mit der der Rechner stabil seinen Dienst versieht und die Grundlage zum Optimieren bildet.

Solide Basis herstellen

Dabei ist es egal, ob ein kompletter PC gebaut wird, der Prozessor oder das Mainboard ausgewechselt oder nur eine neue Festplatte eingebaut wird. Diese Basis lässt sich sehr leicht einrichten, denn die meisten Hersteller bieten dafür einen, meistens aber zwei Menüpunkte im Hauptmenü an: Für einen von beiden kann man sich entscheiden und eine funktionsfähige Standardkonfiguration laden:

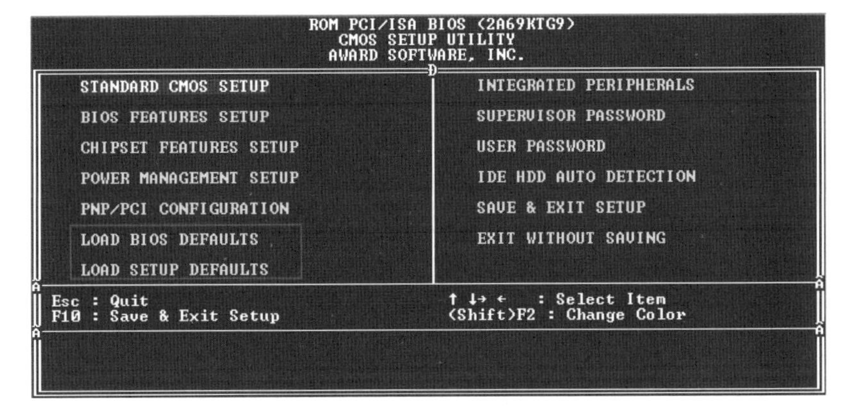

Abb. 10.2

Voreinstellungen im CMOS Setup

Load Bios Defaults

Das ist die minimalste aller möglichen Einstellungen. Die Parameter wurden vom Bios-Hersteller so konfiguriert, dass der PC überhaupt läuft. Diese Einstellungen sollten auf jeder Hardware zu einem lauffähigen System führen. Beim AMI-Bios heißt diese Einstellung „Auto Configuration with Fail Settings“. Wer diese Einstellungen zum dauerhaften Arbeiten benutzt, verschenkt einen großen Teil der Leistungsfähigkeit seines Systems.

Load Setup Defaults

Diese Konfiguration wurde vom Mainboardhersteller integriert und sollte die Grundlage für ein einigermaßen leistungsfähiges System sein. Beim AMI-Bios heißt diese Einstellung „Auto Configuration with Optimal Settings". Diese Einstellungen sind auf den jeweiligen Chipsatz abgestimmt und warten auf eine Optimierung, schließlich kann der Hersteller nicht ahnen, welche Festplatte eingebaut wird und wie viel von welcher Sorte Speicher verwendet wird.

Tipp: Höhere Werte immer schneller?

Prinzipiell kann man nicht davon ausgehen, dass höhere Werte in den Einstellungen oder das „enablen" der Parameter das System beschleunigen. Wenn Sie nicht sicher sind, ob Sie im Folgenden die Werte erhöhen oder senken müssen, hilft dieser kleine Trick: Laden Sie zuerst die „Bios Defaults" und drucken Sie die einzelnen Menüs aus (dazu müssen Sie nur die Druck-Taste betätigen). Tun Sie nun dasselbe mit den „Setup Defaults". Wenn Sie die Werte vergleichen, stehen die „besseren" bei den „Setup Defaults"

Der erste Weg führt ins Standard CMOS Setup

Im Standard CMOS Setup werden sämtliche Grundeinstellungen für die Systemzeit und die installierten Festplatten und Diskettenlaufwerke vorgenommen. Beim Award-Bios kann man zusätzlich noch einstellen, wie auf Bootfehler reagiert und welcher Grafikmodus verwendet werden soll.

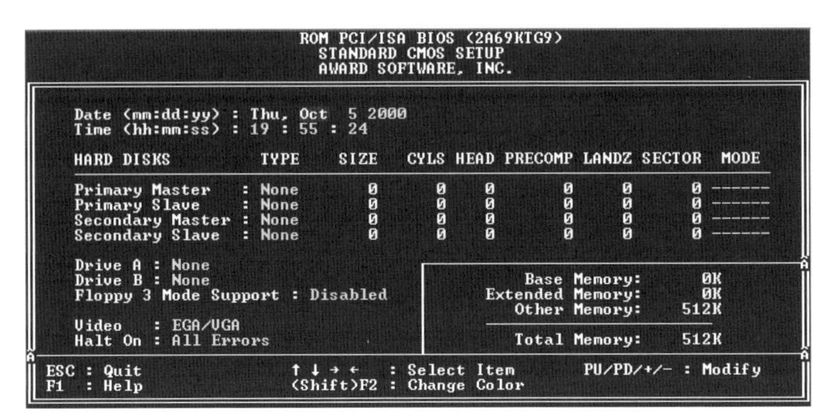

Abb. 10.3

IDE HDD Auto Detection

Datum und Uhrzeit

Auf die Eingabe des Datums und der Uhrzeit möchte ich nicht näher eingehen, allerdings erscheint mir der Hinweis auf zwei Dinge wichtig:

In einigen Bios-Versionen gibt es den Parameter „Daylight Saving". Dieser Parameter ist für die Umschaltung von Sommer zur Winterzeit wichtig, allerdings für den amerikanischen Raum und damit hier nicht gültig, also ist „disabled" die bessere Wahl.

Hinweis

Atomuhr im PC

Da der Zeitgeber eine recht ungenaue Angelegenheit ist, können Anwender als Zeitgeber eine Atomuhr nutzen. Das ist im Grunde eine ganz einfache Sache: Der Elektronikfachhandel bietet Funkuhrmodule an, die über die serielle oder parallele Schnittstelle an den PC angeschlossen werden. Eine Software sorgt dafür, dass der Rechner ständig die aktuelle Uhrzeit erhält. Alternativ – und vor allem billiger – kann man sich bei jeder Onlinesitzung automatisch mit der Funkuhr in Braunschweig verbinden und die Systemzeit so abgleichen lassen. Noch genauer geht's dann wirklich nicht.

Auf der Buch-CD finden Sie ein Programm namens AboutTime, das den Abgleich mit der Atomuhr recht einfach macht. Es liegt in 2 Versionen vor, einmal für Benutzer des Internetexplorers von Microsoft, die andere für das Konkurrenzprodukt von Netscape.

Hinweis

Näheres zum Programm finden Sie auf der Seite http://www.arachnoid.com/abouttime/index.html

Gleich nach der Installation kann man unter „Time Hosts" die vorgegebenen Zeitserver verifizieren –also auf Erreichbarkeit prüfen- lassen und den ersten Abgleich durchführen. Man kann die vorgeschlagenen Server übrigens auch löschen und deutsche Server eintragen – beispielsweise den der Technischen Universität Berlin: ntps1-0.cs.tu-berlin.de

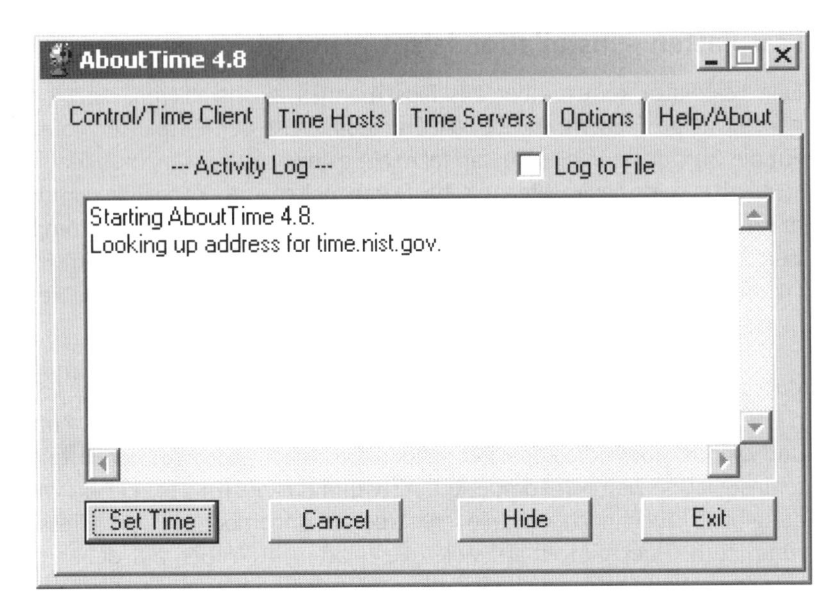

Abb. 10.4

Atomuhr per kostenloser Software

„Atom-Tipp“ für Windows 2000

Zuerst eine Internetverbindung herstellen und dann über Start/Programme/-Zubehör/Eingabeaufforderung das DOS-Fenster öffnen. Jetzt folgende Zeilen eingeben:

```
net time /setsntp:ptbtime1.ptb.de
w32tm -once
```

Nun wird über net time die Systemzeit mit dem Zeitserver der PTB in Braunschweig (ptbtime1.ptb.de) abgeglichen, inclusive Korrektur der Übertragungszeit des Signals. Na wenn das nichts ist, alles ohne Installation von Software, und kostenlos.

Festplatten – Installation leicht gemacht

Eine Festplatte korrekt über das Bios manuell zu installieren, setzt eine ganze Menge Fachwissen über die Funktionsweise der Festplatten voraus. Für die Grundlage in diesem Kapitel reicht es nicht zu wissen, dass für eine Festplatte verschiedene technische Daten gelten, z.B. Kapazität, Umdrehungsgeschwindigkeit und Zugriffszeit. Um es aber nicht unnötig kompliziert zu machen, erfahren Sie hier, wie Festplatten per Automatik im Bios erkannt werden und finden einige wichtige Tipps zum Umgang mit Festplatten im Bios.

Wie in Abb. 10.3 gezeigt, muss man beim manuellen Eintrag einer Festplatte auch technische Parameter wie z.B. die Anzahl der Sektoren, Köpfe und Zylinder sowie die Kapazität kennen. Das macht diese Art der Festplatteninstallation ziemlich kompliziert. Als wenn das noch nicht reichen würde, gibt es auch noch verschiedene Übersetzungsmodi bei der Adressierung. Zum Glück gibt es auf vielen Festplatten Aufkleber, auf denen die korrekten Werte angegeben sind, diese können nun hier in die Tabelle eingetragen werden. Manchmal ist auch noch ein Handbuch vorhanden, das weiterhelfen könnte.

Wer es sich besonders einfach machen möchte, greift auf die automatische Festplattenerkennung im Bios zurück: Im Hauptmenü des Bios-Setups gibt es einen Eintrag IDE HDD AUTODETECTION (Award), Auto-Detect Hard Disks (AMI) oder Autotype Fixed Disk (Phoenix), der die Arbeit wesentlich erleichtert.

Die Reaktionen auf die Auswahl dieser Menüpunkte sind verschieden, bei AMI findet man sich nach der Aktivierung im Standard CMOS Setup wieder, eventuell installierte CD-ROM Laufwerke werden gleich mit angezeigt, bei Award muss man jede einzelne Aktion mit [Y] (Achtung: Taste mit [Z] vertauscht) bestätigen und dann per Hand ins Standard CMOS Setup wechseln.

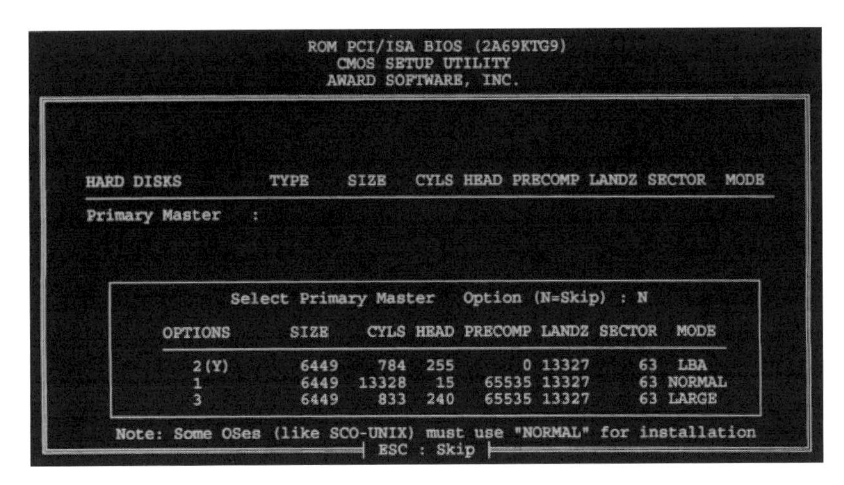

ROM PCI/ISA BIOS (2A69KTG9)
CMOS SETUP UTILITY
AWARD SOFTWARE, INC.

HARD DISKS	TYPE	SIZE	CYLS	HEAD	PRECOMP	LANDZ	SECTOR	MODE
Primary Master :								

Select Primary Master Option (N=Skip) : N

OPTIONS	SIZE	CYLS	HEAD	PRECOMP	LANDZ	SECTOR	MODE
2(Y)	6449	784	255	0	13327	63	LBA
1	6449	13328	15	65535	13327	63	NORMAL
3	6449	833	240	65535	13327	63	LARGE

Note: Some OSes (like SCO-UNIX) must use "NORMAL" for installation
ESC : Skip

Abb. 10.5

Festplatteninstallation mit der IDE HDD Auto Detection

Hier kann man außerdem noch zwischen verschiedenen Modi wählen, wobei dem LBA Modus unbedingt der Vorzug zu geben ist. Ist ein Modus erst einmal eingetragen und Sie haben schon Daten auf der Festplatte gespeichert: NIEMALS den Modus wechseln! Die Folge ist ein kompletter Datenverlust.

Nützliches zum Umgang mit Festplatten

Wenn Sie Wechselplatten mit unterschiedlicher Kapazität verwenden, dann stellen Sie im Standard CMOS Setup (Abb. 10.3) unter TYPE den Wert Auto ein. Damit sucht das Bios bei jedem Systemstart die Festplatte neu und trägt den korrekten Wert ein, ein manuelles Eintragen bei jedem Plattenwechsel entfällt damit.

Wenn Sie aus einem alten Rechner eine Festplatte mit wichtigen Daten in Ihren neuen Rechner einbauen wollen, dann schreiben Sie sich am besten die Werte, mit denen die Platte im alten Rechner eingetragen war, ab und geben im neuen Rechner unter TYPE im Standard CMOS Setup den Wert User ein. Jetzt können Sie die Werte ins Bios übertragen. Möglicherweise war die Platte im alten Rechner manuell nicht korrekt eingetragen worden und der neue PC würde andere Parameter festlegen. Die Folge wäre ein kompletter Datenverlust.

Diskettenlaufwerke im Bios anmelden

Tipp

Die Einträge unter A: und B: kann man vertauschen, wenn man einmal vom anderen Laufwerk booten muss. Ein Umstecken der Kabel kann so entfallen.

Wie in Abbildung 10.3 zu sehen ist, gibt es auch für Installation von Diskettenlaufwerke verschiedene Einstellungen. Im heutigen Gebrauch findet man hauptsächlich 3 1/2-Zoll-Laufwerke mit einer Kapazität von 1,44 MByte. Diese sollten unter „Drive A:" eingetragen sein. Ein weiteres Laufwerk – möglicherweise ein 5 1/4-Zoll-Laufwerk der älteren Generation – kann man unter „Drive B:" eintragen.

Insgesamt gibt es folgende Möglichkeiten für Diskettenlaufwerke:

Größe	Format	Bemerkung
5 1/4 Zoll	360 KByte	uralt und heute nicht mehr verwendet
5 1/4 Zoll	1,2 MByte	selten anzutreffen
3 1/2 Zoll	720 KByte	erste Generation der 3 -Zoll-Diskette
3 1/2 Zoll	1,44 MByte	heute Standard
3 1/2 Zoll	2,88 MByte	selten

Grundsätzlich gilt bei der Installation von Diskettenlaufwerken Folgendes: Das Laufwerk A: ist immer das Laufwerk am Ende des Laufwerkkabels, Laufwerk B: ist das näher am Port befindliche.

Den Eintrag „Floppy Mode 3 Support“ kann man im mitteleuropäischen Raum auf „disabled“ lassen, er ist nur für Japan relevant und für $3^1/_2$-Zoll-Disketten mit 1,2 MByte Speicherkapazität gedacht.

HALT ON im Award Standard CMOS Setup

Da der Rechner beim Start zuerst den Power On Self Test (POST) mit den verschiedenen Testroutinen durchführt, können natürlich auch einmal Fehler im System entdeckt werden. Mit dem Parameter HALT ON, kann bestimmt werden, beim Auftreten welcher Fehler der Rechner anhalten soll:

Wert	Beschreibung
All Errors	Alle Fehler
No Errors	Keine Fehler
All But Keyboard	Alle Fehler außer Tastaturfehler
All But Diskette	Alle Fehler außer Diskettenfehlern
All But Disk/Key	Alle Fehler außer Tastatur- und Diskettenfehlern

Wenn der Wert auf All Errors steht, hat man die Chance, bei Tastaturfehlern die Fehlermeldung „Keyboard Error – Hit........ to Enter Setup“ zu bekommen. An und für sich eine ziemlich belustigende Meldung, bei einem Tastaturfehler eine Taste drücken zu müssen. Das lässt sich aber ausnutzen, wenn man die Tastenkombination zum Starten des Bios Setups nicht kennt. Man startet einfach ohne Tastatur, bis die Fehlermeldung kommt und weiß bei einem Neustart, welche Tasten zu drücken sind, um ins Bios zu kommen.

Das Power Management – ökologisch wertvoll

Fast jeder hat einen Computer zu Hause, einen am Arbeitsplatz und manche sogar einen für unterwegs. Über das Einsparen von Energie macht man sich zumeist nur dann Gedanken, wenn der Vorrat begrenzt ist, nämlich beim Notebook mit seinem Akku. Das soll lange netzunabhängig sein und damit dem Benutzer eine hohe Flexibilität garantieren. Zum Glück gibt es im Bios aber nicht nur für Notebooks Energiesparfunktionen, so dass jeder Anwender zu Hause auch ein paar Mark durch sinnvolle Einstellungen in diesen Setups einsparen kann.

Vorteile des Power Management

Die Vorteile sind schnell aufgezählt:

Berechnet man für den Monitor im Standby-Modus etwa 65 Watt weniger an Energie und für den PC etwa 15 Watt weniger als unter „Vollast", so kann man stündlich 70 Watt an Energie sparen.

Diese 70 Watt pro Stunde können aufs Jahr umgerechnet das Bewusstsein stärken, etwas für die Umwelt getan zu haben, oder auch ein nettes Essen zu zweit in einem Restaurant bedeuten.

Viele Hersteller produzieren ihre Geräte unter dem Energy-Star-Label und zeigen damit, dass das Gerät die Normen der amerikanischen Umweltschutzbehörde EPA (Environmental Protection Agency) erfüllen kann.

Abb. 10.6

Das Energy-Star Logo beim Starten des PC

Dieses oder ein ähnliches Logo kennen Sie sicher von Ihrem Startbildschirm, ein Indiz dafür, dass Sie die später beschriebene Funktion Ihren Bedürfnissen anpassen können.

Hardwarebelastung durch Power Management

Licht und Schatten auch hier wieder im Wechselspiel: Es gilt genau abzuwägen, wie lange Sie Ihren Rechner am Tag ungenutzt und eingeschaltet stehen lassen. Ihre Hardware „leidet" nämlich unter zu häufigem Ein- und Ausschalten. Die Festplatten brauchen beim „Erwachen" mehr Energie als sie eventuell in einer halbstündigen Arbeitspause eingespart hätten. Die Einsparungen beim Monitor sind zwar am größten, andererseits wird die Bildröhre unnütz belastet, wenn nach einer 10-minütigen Raucherpause der Monitor sein bekanntes „Klick-pfffft" von sich gibt. Für den durchschnittlichen Heimanwender sind diese Funktionen also relativ uninteressant.

Anders dagegen bei Geräten, die ständig in Betrieb sind, Ihr Arbeitsplatzrechner zum Beispiel, oder Sie nutzen eine Flatrate zum Internet und sind ständig online. Auch da bietet sich nachts das Abschalten des Monitors an.

Leistungseinbuße durch Power Management

Das Power Management ist nichts weiter, als die ständige Kontrolle des PCs über Aktivität bzw. Untätigkeit der einzelnen Komponenten. Dabei wird jeweils noch die Dauer der Untätigkeit berücksichtigt und das Gerät nach einer vorher definierten Zeit abgeschaltet. Diese Überwachungstätigkeit kostet einiges an Systemleistung, die der Heimanwender sinnvoller nutzen kann.

Power Management – Einzelheiten zu den Biosoptionen

Die Power Management Funktionen sind nicht nur allein im Bios einzustellen, das Betriebssystem muss diese Funktionen auch unterstützen können. Dafür muss das APM (Advanced Power Management) beherrscht werden.

Troubleshooting: Suspend Mode und die Zeit steht still

Wenn Sie DOS verwenden, müssen Sie in Ihre config.sys die Zeile „device=c:\DOS\power.exe" eingeben, bei Windows3.x und 9x muss bei der Installation die APM-Option mit installiert werden. Ist das nicht der Fall, laufen Sie Gefahr, dass die Systemuhr stehenbleibt, wenn der Rechner in den Suspend-Modus eintritt. Bei Win 9x erkennen Sie das Vorhandensein der Option an der Ikone „Energie" in der Systemsteuerung.

Bei Windows 2000 gibt es für die Aktivierung der APM-Unterstützung den Button „Energieoptionen" in der Systemsteuerung.

Hier kann man abhängig von der jeweiligen Windows Version Einfluss auf verschiedene Größen nehmen, beispielsweise die Abfrage eines Kennwortes beim Reaktivieren.

Abb. 10.7

Kontrollkästchen für APM-Unterstützung bei Win 2000 aktivieren

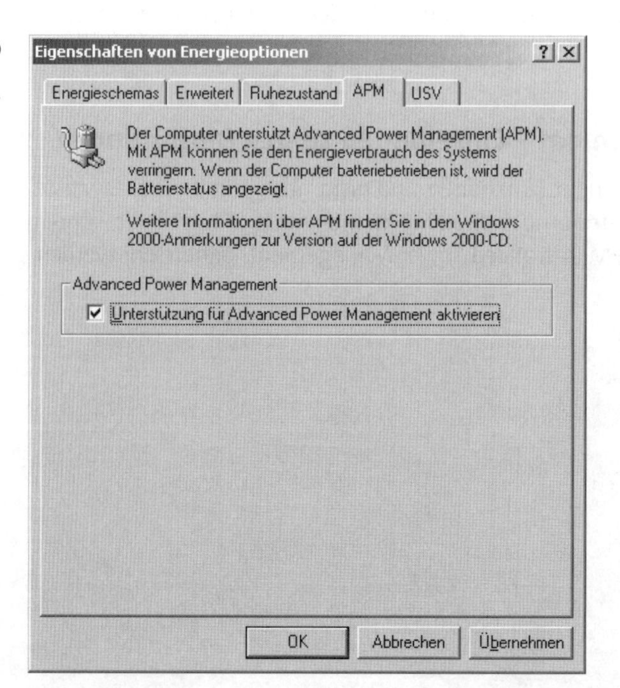

POWER MANAGEMENT (User Define)

Dieses Feld ist gewissermaßen der Hauptschalter für die Stromsparmodi. Abhängig von der Bios-Version gibt es folgende Einstellungen: AMI beschränkt sich auf das Einschalten („enabled") und Ausschalten („disabled"). Wesentlich komfortabler gibt sich hier Award: vier Möglichkeiten stehen dem Anwender offen.

Disabled	Funktion abgeschaltet
Max Saving	Maximales Energiesparmanagement schaltet schon nach relativ kurzer Zeit in den Energiesparmodus um, wenig sinnvoll, weil zu kurze Einstellungen
Min Saving	Minimales Energiesparmanagement, schaltet nach längerer Zeit ab
User Defined	Lässt benutzerdefinierte Einstellungen für Doze Mode, Standby-Mode, Suspend-Mode und Hdd Power Down zu (siehe auch dort)

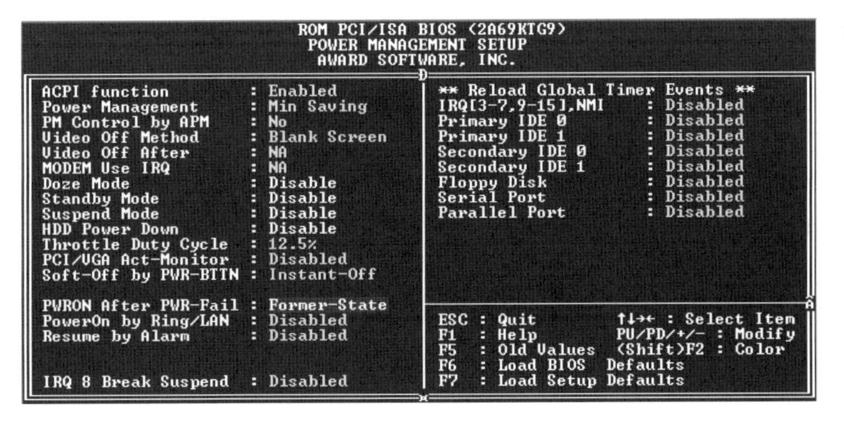

Abb. 10.8

Bildschirm des Power Management Setups von Award

PM Control by APM

Wird hier „yes"/ „enabled" eingestellt, so wird die APM-Funktion aktiviert. Sie können nun beispielsweise aus Windows heraus das Power Management einstellen und im laufenden Betrieb verändern. Bei vielen Boards (z.B. Tekram P6B40-A4X) wird außerdem der maximale Energiesparmodus erweitert und bei Bedarf der CPU-interne Takt angehalten. Unter Win NT/2000 fällt besonders auf, dass die CPU dann nicht so heiß wird.

Video Off Methode

Hier legen Sie fest, in welcher Weise der Bildschirm bei Bedarf abgeschaltet wird. Die einstellbaren Werte haben häufig unterschiedliche Bezeichnungen, hier die gängigsten:

V/H SYNC+Blank	die vertikalen und horizontalen Synchronisationsanschlüsse werden abgeschaltet und Nullsignale in den Grafikpuffer geschrieben (der Bildschirm wird dunkel)
Blank Screen / Blank Only	Nullsignale werden in den Grafikpuffer geschrieben (Bildschirm wird dunkel), bevorzugte Einstellung für Monitore ohne Power Managementsystem
DPMS	Energiemanagement nach VESA DPMS-Standard (Display Power Management Signaling)

Video Off After / Video Off Option

Hier legen Sie fest, wann der Bildschirm abgeschaltet wird: Möglichkeiten wären „Standby", „Doze" (Schlummermodus), „Suspend" und „N/A" / „Always on" (nie).

Modem Use IRQ

Hier wird dem Bios mitgeteilt, welcher IRQ dem angeschlossenen Modem zugeteilt ist. Meistens ist hier IRQ 3 voreingestellt, da die Modems an COM2 angeschlossen sind.

PM Timers

Die folgenden Power Management-Modi entsprechen dem Green-PC Standard.

Doze Mode (Schlummermodus)	Geschwindigkeit der CPU wird nach der angegebenen Zeitspanne reduziert, die anderen Geräte bleiben aktiv
Standby Mode	Festplatte und Monitor werden nach der angegebenen Zeitspanne abgeschaltet, die anderen Geräte bleiben aktiv
Suspend Mode	alle Geräte außer der CPU werden nach der angegebenen Zeitspanne abgeschaltet
HDD Power Down / HDD Time Out	Festplatte wird nach der angegebenen Zeitspanne deaktiviert, die anderen Geräte bleiben aktiv

Der Rechner bzw. die abgeschalteten Geräte „wachen auf“, wenn eine System aktivität wie z.B. ein Tastendruck oder eine Aktivität auf einem IRQ-Kanal registriert wird.

Tipp: HDD Power Down effektiver in Windows 9x

Wem die im Bios einstellbaren Zeitspannen für die Festplattenabschaltung zu kurz sind (max. 15 Minuten), der kann im Menü „Energieoptionen" in der Systemsteuerung Werte bis zu 5 Stunden einstellen. Das gilt auch für den Monitor. Dadurch wird die Hardware durch „Raucherpausen" nicht belastet.

Suspend Switch

Eine ganz nette Funktion bekommen Sie, wenn Sie „Suspend Switch" aktivieren. Sicher kennen Sie die grüne „Öko"-Taste an neueren PC-Gehäusen. Diese wird mit oben bezeichnetem Parameter aktiviert und schickt den Rechner in den Suspend-Mode, sozusagen ein „manuelles" Power Management, ganz ohne Systemressourcen zu verbrauchen und genau zum richtigen Augenblick.

Tipp: Gehäuse ohne Stromspartaste nutzen

Eventuell fehlt in Ihrem Bios (wie auch in meinem) dieser Parameter, das Board besitzt aber einen solchen Anschluss: ok, dann kann er eben nicht deaktiviert werden. Das ist nicht so schlimm. Sie können den Anschluss trotzdem nutzen, indem Sie ihn einfach mit der Stromspartaste verbinden. Sollte Ihr Gehäuse keine solche Taste haben, benutzen Sie einfach die Turbotaste. Dabei bleibt einer der beiden äußeren Kontakte frei, welcher ist egal, und schon haben auch Sie einen „grünen" Rechner.

Throttle Duty Cycle

Hier können Sie den Signalzyklus für den Temperaturdrosselungsmodus der Taktsteuerung festlegen. Der Signalzyklus gibt an, über wie viel Prozent der Zeit das STPCLK#-Signal ausgegeben wird.

VGA Active Monitor

Bei aktiviertem Parameter (enabled) erzeugt der Videoerkennungs-Schaltkreis ein Timer-Reload für den Gerätemonitor 11.

Soft-Off by PWR-BTTN / PWR Button < 4 Secs (Soft Off)

Instant Off	ATX-Schalter funktioniert wie ein gewöhnlicher Netzschalter
Delay 4 sec.	ATX-Schalter muss länger als 4 Sekunden gedrückt werden, um das System hardwaremäßig abzuschalten, ansonsten wird es in den Soft-Off-Zustand versetzt

PWRON After PWR-Fail / AC PWR Loss Restart

Hier kann der Anwender entscheiden, wie sich der PC nach einem Stromausfall bezüglich eines Neustarts verhalten soll:

	Systemstatus bei Stromausfall	Systemstatus nach Stromausfall
Former-State	Ein	Ein
	Aus	Aus
Off	Ein	Aus
	Aus	Aus
On	Ein	Ein
	Aus	Ein

Resume by Ring/LAN / Wake on LAN/ Power Up On Modem Act

Diese Funktionen befähigen den Rechner, über das Netzwerk oder ein Modem ferngesteuert gestartet zu werden. Dazu muss der Parameter „enabled" werden. Das ist jedoch an einige Voraussetzungen gebunden:

1. Der PC muss sich im Soft-Off-Modus befinden, damit er über das Netzwerk reaktiviert werden kann.

2. Die Netzwerkkarte muss „Magic Packet" unterstützen und über ein mitgeliefertes Kabel mit einer Steckbrücke auf dem Board verbunden sein.

3. Im Suspend-Modus ist ein IRQ- oder DMA-Interrupt (ein „klingelndes" Modem) nötig, um den Rechner zu wecken. Beim Asus P2B zum Beispiel funktioniert das nur mit einem externen Modem.

Nebenwirkungen: Haben Sie beispielsweise Ihr Modem über eine Y-Verbindung zusammen mit dem Telefon an einem analogen Anschluss Ihrer Telefongesellschaft angeschlossen, startet der Rechner bei jedem normalen Anruf! Dasselbe passiert, wenn Sie ein externes Modem ab- und wieder anschalten.

Und noch ein Hinweis: Der Rechner ist erst nach vollständiger Betriebsbereitschaft in der Lage, Daten zu empfangen oder zu senden. Daher ist die erste Modemverbindung nur für den Rechnerstart zuständig, Daten können hier meistens noch nicht übertragen werden.

Automatic Power Up / Resume by Alarm

Mit dieser Option lässt sich der Rechner täglich („Everyday") um die gleiche, unter „By Date" einstellbare Zeit hochfahren. Sinnvoll, wer sofort an seinem Arbeitsplatz loslegen möchte. Manche Bios-Versionen erwarten für das tägliche Starten unter „Date" den Wert 0.

ACPI – und der Rechner schläft weiter

Ab Windows 98 SE kann man sich auch mit dem Power Management mit ACPI befassen. ACPI bedeutet „Advanced Configuration Power Interface" und sollte eigentlich den Umgang mit dem Power Management komfortabler machen.

Häufig wacht der PC allerdings nicht wieder aus seinem Schlaf auf: Dafür kann es verschiedene Ursachen geben, z.B. wenn die 5V-Standby-Leitung zu wenig Ampere verkraftet, als notwendig wäre, um den kompletten Rechner zu wecken. Oder aber bei der Windows-98-Installation wurde die ACPI-Unterstützung nicht mit installiert (siehe Troubleshooting). Wie auch immer, folgender Parameter ist im Bios für das Power Management mit ACPI-Unterstützung zuständig:

ACPI Function

Hier tragen Sie ein, ob Sie die ACPI-Unterstützung wünschen („enabled") oder nicht.

ACPI Suspend Type

Neuere Bios-Versionen bieten hier die Möglichkeit, verschiedene Modi zu wählen:

Bezeichnung	Modus	Wirkung
S1	Sleep-Modus	Abschalten von Festplatte und Monitor
S3	Suspend-to-RAM	Alle Informationen von Prozessor, Steckkarten usw. werden in den Arbeitsspeicher geladen, der PC wird abgeschaltet, nur Arbeitsspeicher und Standby-Leitung bleiben aktiv
S4	Suspend-to-Disk	Alle Informationen von Prozessor, Steckkarten usw. werden auf die Festplatte geschrieben, das verbraucht den wenigsten Strom

Die ACPI – Modi sind ohnehin mit Vorsicht zu genießen, da sämtliche Karten wie Grafik- , Netz- oder ISDN-Karten ACPI-Unterstützung bieten müssen. Falls der Rechner nach seinem Schlaf nicht wieder ordnungsgemäß startet, kann das mehrere Gründe haben. Meistens ist es so, dass der eventuelle Datenverlust durch die Stromersparnis nicht wettgemacht wird.

Troubleshooting: Der Rechner wacht nicht auf

Problem: Festplatte „schläft" unter Windows 95 weiter.

Das äußert sich meistens durch einen „Bluescreen" oder einen eingefrorenen Bildschirm und liegt daran, dass nicht alle Mainboards mit den APM-Treibern zusammenarbeiten.

Lösung: Deaktivieren Sie die Festplattenabschaltung im Bios, damit lösen Sie dieses Timing-Problem

Problem: Sie finden die Einstellungsmöglichkeiten für den Monitor unter Windows nicht

Lösung: Gehen Sie über „Systemsteuerung/Anzeige" auf das Register „Bildschirmschoner", dort finden Sie, was Sie brauchen.

Problem: Ihr Windows 98 hat die ACPI Unterstützung nicht mitinstalliert:

Lösung: Tippen Sie unter „Start/Ausführen" „regedit"ein, bestätigen mit OK und fügen Sie unter „HOTKEY_LOCAL_MACHINE\Software\Microsoft\CurrentVersion\Detect" einen neuen Eintrag „ACPIOption" (DWORD) mit dem Wert „1" ein. Dann im Hardwaremanager die „automatische Hardwareerkennung" starten, und ACPI sollte gefunden und nachträglich installiert werden.

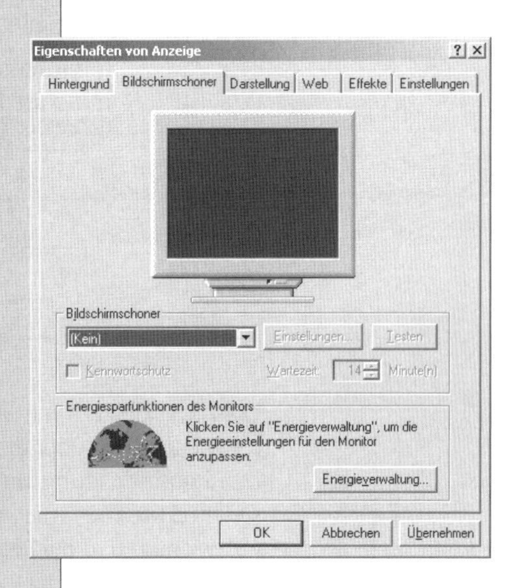

Abb. 10.9

Einstellungen für den Monitor unter Windows

Nützliches zum Schluss

In der „Systemsteuerung/Energie" können Sie unter dem Register „Problembehebung" den „APM 1.0 Kompatibilitätsmodus verwenden" aktivieren. Damit lösen Sie eventuelle Probleme unter Windows 95. Bei der Gelegenheit können Sie auch gleich „Automatische Ladestandskontrolle deaktivieren" markieren, da ein stationärer PC ja nicht über Akkus läuft.

Sie können übrigens auch über „Start/Beenden/Standby" den Standby-Mode aktivieren. In den mir vorliegenden Windows-Versionen sieht der Beenden-Bildschirm zwar jedesmal anders aus, aber dieser Menüpunkt war immer dabei (falls nicht, lässt er sich über „Systemsteuerung/Energie/Erweitert" aktivieren)

Abb. 10.10

Unter Windows 2000 den Rechner schlafen schicken

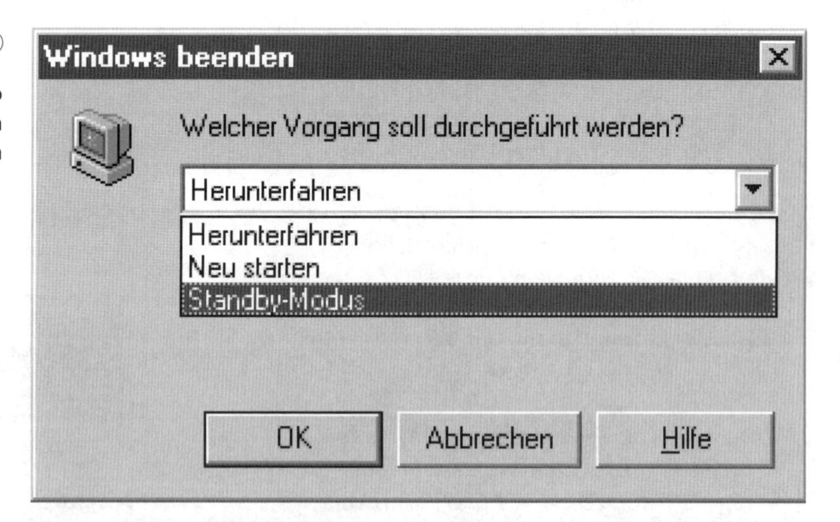

Was das Arbeiten mit Windows ab Version 98 recht einfach gestaltet, ist die Möglichkeit, über die Systemsteuerung die Festplattenabschaltung, die Monitorabschaltung und den Standby-Modus getrennt voneinander einstellen zu können. Hier können Sie Ihre bevorzugten Werte über Schemata abspeichern und bei Bedarf bequem wieder aufrufen.

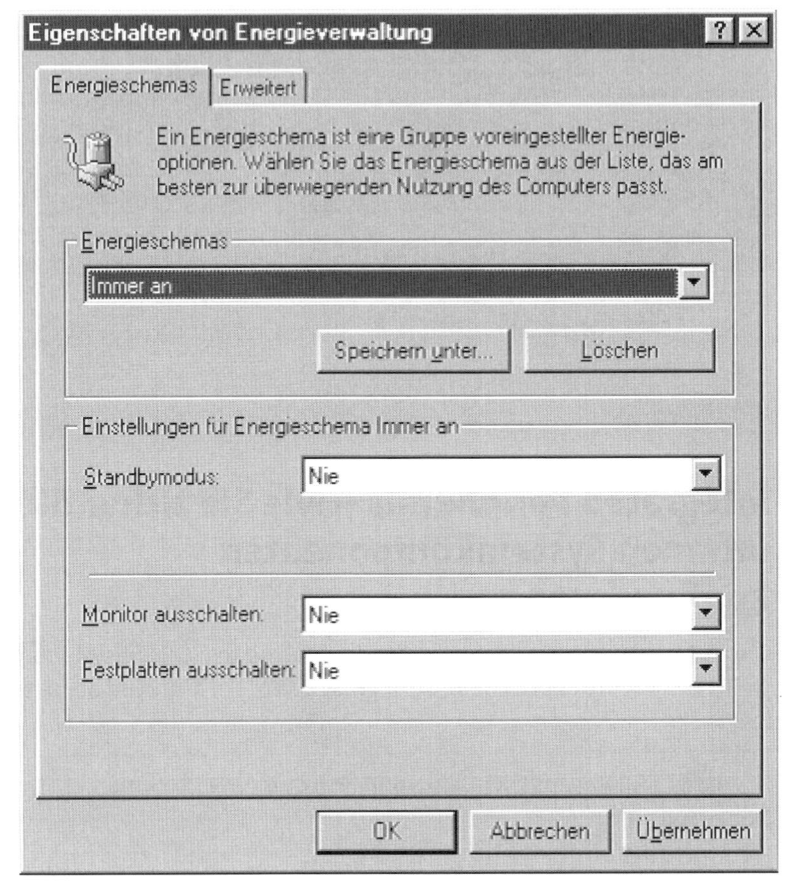

Abb. 10.11

Power Management unter Win98/SE/Me

Wichtig für die Sicherheit: Unter Windows 98 können Sie auch ein Kennwort vergeben, das nach dem Reaktivieren des Computers eingegeben werden muss. Das ist zwar kein übermäßig großer Schutz, hat aber immerhin abschreckende Wirkung.

Abb. 10.12

Kennwortabfrage ab Windows 98

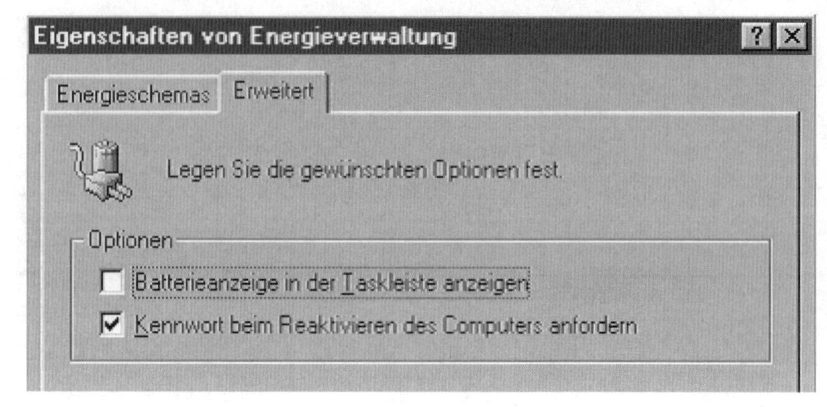

Integrated Peripherals – wie Sie sicher die internen Systemkomponenten konfigurieren

Dieses Menü dient zur Konfiguration des integrierten IDE-Subsystems und weiterer Systemkomponenten, kurz gesagt also: der Onboard-Schnittstellen.

Je nach Mainboardgeneration und –ausführung kommen folgende Schnittstellen vor:

Schnittstelle	mögliche angeschlossene Geräte
(E)IDE	Festplatten, CD-ROM Laufwerke, Brenner usw.
FDC	Diskettenlaufwerk(e), Streamer
serielle	Modem, Maus, Funkuhr,...
parallel	Drucker, Scanner
USB	Tastatur, Maus,...
PS/2	Tastatur, Maus
Infrarot	Tastatur, Maus,...

Schnittstelle	mögliche angeschlossene Geräte
Firewire	könnte durch seine höhere Datenübertragungsrate demnächst USB ablösen
USB2	für den Heimbereich noch Zukunftsmusik

Dieser Auflistung können Sie entnehmen, dass die Maus beispielsweise an verschiedenen Schnittstellen betrieben werden kann. Da nun alle Rechner mit nur einer Maus auskommen, können die jeweils anderen Schnittstellen deaktiviert werden und so Systemressourcen für andere Geräte freigeben. Die andere Möglichkeit der Optimierung in diesem Bereich liegt in der Verbesserung der Datenübertragungsraten, die je nach angeschlossenem Gerät angepasst werden können. Das klassische Beispiel dafür ist der parallele Anschluss für Drucker oder Scanner (oder beides!).

Die Integrated Peripheral Setups haben bei 100 Boards ca. 200 verschiedene Ansichten, eine typische könnte folgende sein:

```
                    ROM PCI/ISA BIOS (2A5KIB09)
                     INTEGRATED PERIPHERALS
                      AWARD SOFTWARE, INC.

On-Chip Primary IDE         : Enabled
On-Chip Secondary IDE       : Enabled   Onboard FDC Controller   : Enabled
IDE Primary Master PIO      : Auto      Onboard Serial Port 1    : 3F8/IRQ4
IDE Primary Slave  PIO      : Auto      UR1 Mode                 : Normal
IDE Secondary Master PIO    : Auto
IDE Secondary Slave  PIO    : Auto      Onboard Serial Port 2    : 2F8/IRQ3
IDE Primary Master UDMA     : Disabled  UR2 Mode                 : Normal
IDE Primary Slave  UDMA     : Disabled
IDE Secondary Master UDMA   : Disabled
IDE Secondary Slave  UDMA   : Disabled  Onboard Parallel Port    : 378/IRQ7
IDE HDD Block Mode          : Disabled  Parallel Port Mode       : PS/2
On-Chip USB Controller      : Enabled
USB Keyboard Support        : Disabled

                                        ESC : Quit       ↑↓→← : Select Item
                                        F1  : Help       PU/PD/+/- : Modify
                                        F5  : Old Values (Shift)F2 : Color
                                        F7  : Load Setup Defaults
```

Abb. 10.13

Integrated Peripheral Setup

EIDE Schnittstelle optimieren – volle Kraft für Festplatte & Co.

Im Abschnitt „Festplatten – Installation leicht gemacht“ wurde gezeigt, wie man eine Festplatte (oder auch ein CD-ROM Laufwerk) in das System integriert. Hier soll es nun darum gehen, den Controller über das Vorhandensein und die Qualität der Laufwerke zu informieren und so ein beträchtliches Stück Mehrleistung aus dem System zu holen.

On-Chip Primary IDE / Onboard Primary IDE

enabled	der erste (E)IDE Port ist eingeschaltet
disabled	der erste (E)IDE Port ist ausgeschaltet

Dies Funktion gibt es natürlich auch in folgender Ausführung:

On-Chip Secondary IDE / Onboard Secondary IDE

Warum sollte man einen (E)IDE Port abschalten?

Wenn beispielsweise nur eine Festplatte und ein CD-ROM Laufwerk im System eingebaut und noch dazu am selben Port angeschlossen sind (dem primären nämlich), dann kann der sekundäre abgeschaltet werden, denn er wird nicht gebraucht und verwendet unnütz einen IRQ. Den können Sie nun anderweitig vergeben (lassen). Vielleicht besitzen Sie auch ein komplettes SCSI-System und brauchen gar keinen IDE-Port. Dann schalten Sie eben beide ab. Der eine freigewordene IRQ kann gleich vom SCSI-Adapter genutzt werden, der andere steht Ihnen frei zur Verfügung.

In neueren Bios-Versionen von Award und AMI, kann dieser Parameter auch zusammengefasst unter „Onboard PCI IDE Enabled" oder „PCI Onboard IDE" vorkommen. In diesem Fall sind folgende Einstellungen möglich:

Primary IDE Channel	nur der primäre Port ist aktiviert
Secondary IDE Channel	nur der sekundäre Port ist aktiviert
Both	beide Ports sind aktiviert
Disable	kein Port ist aktiviert

IDE Primary Master (Slave) PIO / IDE Secondary Master (Slave) PIO

Hier handelt es sich sozusagen um die Gangschaltung für Festplatte und CD-ROM Laufwerk. Der PIO (Programmed input/Output) – Modus ist direkt verantwortlich für die Datenübertragungsraten.

Modus	Zeit	Übertragungsrate
PIO 0	600 ns	3,33 MByte /s
PIO 1	383 ns	5,22 MByte /s
PIO 2	240 ns	8,33 MByte /s
PIO 3	180 ns	11,11 MByte /s
PIO 4	120 ns	16,66 MByte /s

Zusätzlich zu den in dieser Tabelle gezeigten Werten können Sie im Bios noch die Option „Auto" wählen, der Controller trägt dann den richtigen Wert automatisch ein. Auf keinen Fall sollten Sie einen höheren Wert als vorgeschrieben einstellen: die Folge wäre ein Datenverlust.

Tipp

30% schneller durch richtigen PIO Mode

Manche ältere Controller kommen in Schwierigkeiten mit der Zuordnung der PIO-Modi, wenn verschieden „schnelle" Laufwerke an einem Port angeschlossen sind. Vorsichtshalber wird dann der langsamere Modus für beide Geräte eingetragen. Sie sollten also gleich beim Rechnerstart in der Boottabelle nachsehen, ob die korrekten Werte eingetragen sind. Ein Druck auf die Pause-Taste hält den Bootvorgang an und Sie können sich Zeit zum Kontrollieren nehmen. Stellt sich heraus, dass die angegebenen Werte von denen abweichen, die in Ihren Handbüchern empfohlen werden, dann sollten Sie diese Werte unbedingt manuell im Bios ändern. Ein Geschwindigkeitszuwachs in Größenordnungen um die 30 % ist hier nicht selten.

IDE UDMA Mode

Neuere Chipsätze erlauben den Einsatz von UltraDMA/33 Bus-Mastering-IDE. Damit sind Datenübertragungsraten von bis zu 33 MB/s möglich. Die nächsten Weiterentwicklungen sind dann UDMA 66 und UDMA 100.

Troubleshooting: neues Gerät nicht gefunden?

Verschiedene Hersteller, vor allem von „Billiggeräten", installieren aus Kostengründen Festplatte und CD-ROM Laufwerk gemeinsam am primären Port, so wird ein IDE-Kabel eingespart. Wenn Sie jetzt noch einen Brenner oder eine zweite Platte eingebaut haben, alles korrekt angeschlossen ist und trotzdem nicht funktioniert, dann ist mit ziemlicher Sicherheit der sekundäre IDE-Port abgeschaltet. Schalten Sie ihn ein, sollte alles funktionieren.

FDC Controller – 15% mehr Geschwindigkeit für Streamer

Wenn Sie einen QIC- oder Travan-Streamer besitzen, dann sollten Sie im Standard CMOS Setup anstelle von 1,44 MByte die 2,88 MByte – Variante eintragen. Effekt: Ihr Streamer wird 15% schneller. Allerdings müssen Sie dann beim Diskettenformatieren explizit zur Formatierung im 1,44-MByte-Format aufrufen. Das kann natürlich den Geschwindigkeitsvorteil des Streamers wieder aufheben, wenn Sie häufig Disketten formatieren müssen.

```
Drive A : 2.88M, 3.5 in.
Drive B : None
Floppy 3 Mode Support : Disabled
```

Abb. 10.14

Eintrag im Standard CMOS Setup

Serielle Schnittstelle – den Kontakt nach außen optimieren

Tipp

Das Nachrüsten weiterer serieller Schnittstellen ist jederzeit möglich!

Die seriellen Schnittstellen an Ihrem PC stellen den Kontakt zur „Außenwelt“ her. Sie werden als COM1 und COM2 bezeichnet und bieten die Möglichkeit, Maus, Modem oder Messgeräte anzuschließen. Typisch ist, dass die Maus an COM1 und das Modem an COM2 angeschlossen werden.

Wenn Sie darüber hinaus noch Geräte anschliessen wollen, die über serielle Schnittstellen kommunizieren, wie z.B. eine Funkuhr oder Messgeräte, dann können Sie über eine Zusatzkarte noch zwei Schnittstellen hinzufügen, COM3 und COM4. Diese werden dann allerdings über Jumper konfiguriert. Nachfolgende Tabelle zeigt die Adressen- und IRQ-Vergabe der seriellen Schnittstellen

In den meisten neueren Bios-Versionen tauchen nicht mehr die Bezeichnungen COM1 – COM4 auf, sondern es sind die direkten I/O-Adressen einzugeben:

COM-Port	Adresse	IRQ
COM1	3F8h	4
COM2	2F8h	3
COM3	2E8h	4
COM4	3E8h	3

Tipp

Bei Bedarf die Adressen tauschen!

Der Vorteil der direkten Adresseneingabe liegt auf der Hand: Die Anschlussbuchsen der COM-Ports COM1 und COM2 sehen unterschiedlich aus, die von COM1 ist 9-polig für die Maus, die von COM2 ist 25-polig für das Modemkabel. In manchen Fällen braucht man das aber gerade umgekehrt und wäre auf einen Adapter angewiesen: Tauschen Sie einfach im Integrated Peripherals Setup die Adressen aus, und schon hat COM1 die 25-polige Buchse und COM2 die 9-polige.

Onboard Serial Port 1 / 2

Abb. 10.15

Adressenvergabe der Schnittstellen im Bios

```
Onboard FDC Controller      : Enabled
Onboard Serial Port 1       : 3F8/IRQ4
UR1 Mode                    : Normal

Onboard Serial Port 2       : 2F8/IRQ3
UR2 Mode                    : Normal


Onboard Parallel Port       : 378/IRQ7
Parallel Port Mode          : PS/2
```

Tipp

IRQ-Freigabe durch alte AT-Maus

Die seriellen Schnittstellen lassen sich an dieser Stelle übrigens auch abschalten (Einstellung „disabled"). Erfolg: Ein IRQ mehr steht zur freien Verfügung, allerdings nur für ISA-Karten, da PCI-Slots nichts mit den niedrigen IRQs anfangen können. Sollten Sie einen IRQ für eine PCI-Karte brauchen, dann verwenden Sie am besten eine Maus am COM1 und geben dafür den IRQ von der PS/2-Maus (IRQ 12) frei.

Bei AMI heißt diese Option übrigens Serial Port IRQ 1 /2 und Serial Port 1 /2 Adress. Zusätzlich kann man bei AMI über „Serial Port FIFO" den Cache aktivieren oder deaktivieren. Deaktivieren ist nur sinnvoll, wenn es Probleme mit einem alten Modem oder mit anderen Geräten gibt. Ansonsten ist enabled der Vorzug zu geben.

Das angeschlossene Gerät kann dann die höchste Datentransferrate nutzen.

Übrigens: Serielle Schnittstellen sind von dem UART-Chip (Universal Asynchronous Receiver/Transmitter = Universaler asynchroner Empfänger/Sender) abhängig. Und davon gibt es verschiedene: Billigboards bis 1996 haben noch den alten UART 8250 verwendet, dieser schafft aber nur Datenübertragungsraten bis zu 9600 Baud.

Tipp

Schneller surfen mit neuem Chip

UART-Chip	Datenübertragung mit...
8250, 8250 A, 16450	9600 Bit/s
16550 A, AF, AN	115.200 Bit/s

Wenn Ihr Board über einen solchen langsamen Chip verfügt, lohnt sich die Anschaffung einer neuen Schnittstellenkarte. Diese verfügt dann zusätzlich noch über einen 16 KByte großen Cache.

Über welchen Chip Ihr Board verfügt, erfahren Sie mit Hilfe von MSD. Dieses Tool starten Sie entweder aus dem DOS-Verzeichnis heraus oder direkt von der Windows Installations-CD (bis einschließlich Windows Me befindet sich das Programm im Ordner Tools/oldmsdos/msd.exe). Unter COM Ports wird dann der UART Chip angezeigt. Mit Ausnahme einiger Menüpunkte funktioniert das Programm auch unter Win2000, wird aber nicht mitgeliefert.

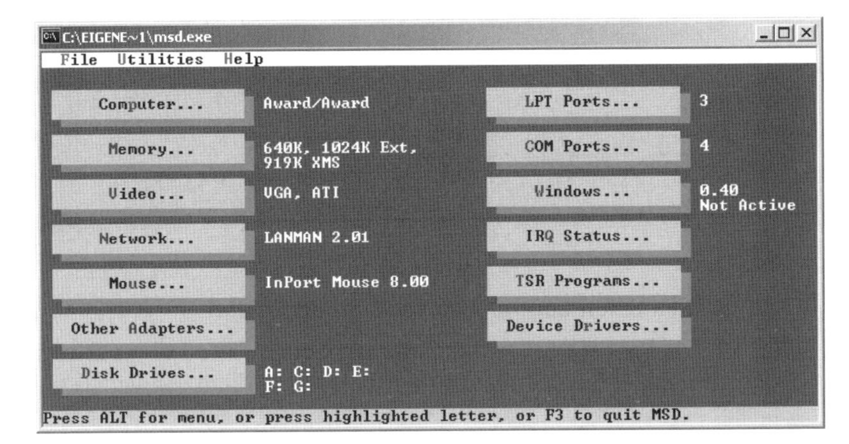

Abb. 10.16

Microsoft Diagnose Tool MSD

Alternativ können Sie über „Start/Einstellungen/Systemsteuerung/Modems" die Registerkarte „Diagnose" auswählen. Dann wählen Sie den gewünschten COM-Port aus und klicken „Details" an:

Abb. 10.17

Anzeige des UART-Chips über die Systemsteuerung

Die PS/2 Schnittstelle – mehr Speed mit der Maus

Die meisten neuen Mainboards haben eine PS/2-Schnittstelle für die Maus. Diese PS/2-Maus ist, bedingt durch den höheren Datenfluss, wesentlich schneller als die alte AT-Maus an COM1. Wenn Sie eine solche Maus nutzen, können Sie meistens den COM1-Port im Bios deaktivieren und bekommen dadurch für ISA-Karten noch einen niedrigen IRQ (IRQ4) frei. Andererseits benötigt der PS/2-Port einen hohen IRQ (IRQ 12), der dann für PCI-Karten nicht zu Verfügung steht. Sollten Sie also auf der einen oder anderen Seite einen IRQ benötigen, wäre hier die Lösung.

Tipp

IRQ freigeben durch Mäusewechsel

PS/2 Mouse Function Control / Mouse Support Option

Wenn Sie eine PS/2 Maus einsetzen möchten, muss diese Option aktiviert werden. Bleiben Sie bei der alten AT-Maus an COM1, dann können Sie hier „disabled“ eintragen.

Manche Anbieter haben aus Kostengründen die Option zwar im Bios vorhanden, aber keinen Anschluss am Rechner vorgesehen. Fehlt auf Ihrem Mainboard der PS/2-Anschluss, dann können Sie sich im Fachhandel eine Einsteckkarte dafür besorgen.

IrDa – kabellose Datenübertragung leicht gemacht

Die meisten Mainboards neuerer Bauart unterstützen die kabellose Übertragung von Daten. Obwohl es ein schönes Gefühl ist, nicht mehr im Kabelwirrwarr zu sitzen, hat sich diese Funktion beim Anwender kaum durchgesetzt.

Und dabei lässt sich solch eine Infrarot-Übertragung ganz einfach installieren:

Tipp

Infrarot – einfach installiert

Beim Mainboardhersteller werden Sender und Empfänger bestellt (speziell für Ihr Mainboard passend). Diese Teile werden auf die entsprechenden Pfostenstecker auf dem Board gesteckt und im Bios folgende Funktionen aktiviert:

IR Funktion enabled

```
Onboard FDC Controller    : Enabled
Onboard Serial Port 1     : 3F8/IRQ4
Onboard Serial Port 2     : 2F8/IRQ3
InfraRed/COM2 Mode Select: UART COM2
```

Abb. 10.18

Konfiguration der Infrarot-Schnittstelle

Bei manchen Boards heißt diese Funktion „InfraRed/COM2 Mode Select"und macht schon deutlich, warum sich das nicht durchsetzt: es werden die Aufgaben des UART-Chips von COM2 genutzt. Also funktioniert entweder die Infrarot-Geschichte oder COM2 ist aktiv. Für ein Modem würde dann also noch eine Schnittstellenkarte gebraucht. Wie immer: Licht und Schatten.

Einstellmöglichkeiten bei „InfraRed/COM2 Mode Select":

UART COM2	COM2 ist aktiv	Infrarotbetrieb nicht möglich
SHARP IR (Askir), IrDa Sir (HPSIR), CIR, FIR	COM2 ist nicht aktiv	Infrarotbetrieb möglich

Parallele Schnittstellen – dem Drucker Dampf machen

Auf den meisten Mainboards finden Sie nur eine parallele Schnittstelle, nämlich die für den Drucker. Diese Schnittstelle wird LPT1 genannt, ist 25-polig und „weiblich“. Somit kann man sie von der ebenfalls 25-poligen seriellen Schnittstelle unterscheiden, diese ist nämlich „männlich“.

Abb. 10.19

Bios- Parameter für die parallelen Schnittstellen

```
Onboard Parallel Port     : 378/IRQ7
Parallel Port Mode        : ECP+EPP
ECP Mode Use DMA          : 3
EPP Mode Select           : EPP1.9
```

In der Regel reicht der eine vorgesehene Druckeranschluss am Rechner. In besonderen Fällen sind jedoch zwei Drucker nötig: Ein Nadeldrucker für Rechnungen oder andere Belege mit Durchschlag und ein Laserdrucker für die Korrespondenz. Wenn Sie sich in nebenstehendem Tipp für die Steckkartenvariante entscheiden, müssen Sie Folgendes beachten:

Genau wie die Onboard-Schnittstelle standardmäßig auf LPT1 gestellt ist, sind die Steckkarten auch für LPT1 vorkonfiguriert. Eine von beiden Schnittstellen muss auf LPT2 umkonfiguriert werden. Bei der Einsteckkarte geht das über Jumper, für die Onboard-Schnittstelle hält das Bios Parameter bereit:

Tipp

Mehr als einen Drucker anschliessen: Hier haben Sie zwei Möglichkeiten: nachrüsten des Rechners mit einer zusätzlichen parallelen Schnittstelle per Einsteckkarte – das kostet die Karte und einen IRQ. Andere Möglichkeit: Sie kaufen im Fachhandel eine Switchbox 1xPC/2xLPT. Damit lassen sich 2 Drucker an den PC anschliessen, ohne einen zusätzlichen IRQ zu belegen.

Onboard Parallel Port

Unter diesem Parameter lassen sich sowohl IRQ als auch Speicheradresse einstellen und somit die Nummer des LPT-Ports konfigurieren.

Tipp: Noch mehr Speed für den Scanner

Viele Hersteller bremsen ihre Geräte durch die Treiber speziell für den deutschen Markt künstlich herunter. Damit werden Abgaben gespart (Urheberrechtsgesetz). Verwenden Sie die englischen Treiber, wird fast immer schneller gescannt!

In der Win.ini wird bei der Treiberinstallation in den Optionen für den Scanner meistens der Parameter „SLOWSPEEDVER=YES“ eingetragen. Den können Sie auf „NO“ stellen.

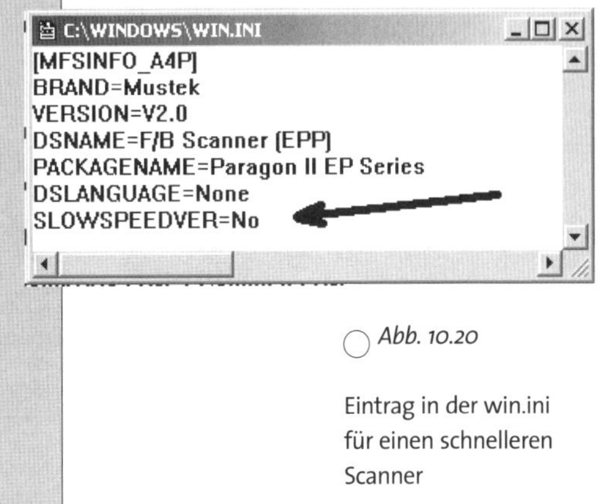

Abb. 10.20

Eintrag in der win.ini für einen schnelleren Scanner

LPT-Port	IRQ	Adresse
LPT1	7	378h
LPT2	5	278h

Insgesamt lassen sich drei LPT Ports (an Adresse 3BCh wäre der dritte) mit zwei IRQ konfigurieren. Vorsicht gilt nur, wenn beispielsweise eine Soundkarte auf IRQ5 liegt, die dann mit LPT2 in Konflikt käme. Diese müsste dann umkonfiguriert werden.

Parallel Port Mode

An dieser Stelle wird der Modus eingestellt, unter dem die parallele Schnittstelle betrieben werden soll. Als Möglichkeiten hat man meistens: SPP, EPP+SPP, ECP und ECP+EPP.

Hinweis

Turbo für Drucker und Scanner

Hier sind nun doch ein paar weitere Erklärungen nötig, denn es lassen sich gewaltige Geschwindigkeitsvorteile beim Datenaustausch mit der angeschlossenen Peripherie erzielen.

Der SPP (Standard Parallel Port)-Mode wurde ursprünglich für den reinen Druckerbetrieb entwickelt. Auf Mainboards vor 1990 findet man nur diesen Modus. Sein Vorteil ist von allen Druckern unterstützt zu werden, allerdings lässt er nur Datenübertragungsraten von 300 kB/s zu und hat eine Datenbreite von 8 Bit.

Der EPP (Enhanced Parallel Port)-Mode stellt den sogenannten „erweiterten" Parallelport dar. Die kommunizierenden Geräte (nur Nicht-Drucker) stellen am Anfang der Kommunikation Regeln auf, nach denen gearbeitet wird (Hand-shaking). Sie kennen das beispielsweise vom Modem, bei dem vor der Datenübertragung ein Pfeifsignal und ein Rauschen ausgetauscht wird, um sich über die Übertragungsart zu einigen. Dieses Optimieren der Geräte untereinander beschert Datenraten von 2MB/s. Nachteilig ist, dass ein IRQ und ein DMA benötigt wird und keine Drucker unterstützt werden.

Der ECP (Extended Capabilties Port)-Mode ist als das Optimum anzusehen, denn er besitzt zusätzlich zu den EPP-Eigenschaften einen 16 KByte großen FIFO-Puffer (First In/First Out), setzt Datenkompression ein UND unterstützt auch Drucker. Der ECP-Mode hat sich am Markt durchgesetzt und wird von vielen Geräten unterstützt. Auch hier benötigen Sie einen IRQ und einen DMA-Kanal.

Empfehlung: Verwenden Sie einen Drucker und einen Scanner an einem Port, dann ist ECP oder ECP+EPP die richtige Wahl, vorausgesetzt, der Scanner unterstützt diese Modi. Ein Scan-Versuch sollte Klarheit darüber verschaffen.

USB – Hot Plugging-fähige Schnittstelle

Der Universal Serial Bus – kurz USB – wurde von Intel entworfen und ist für Ein- und Ausgabegeräte mit relativ geringem Datenaufkommen (Mäuse, Trackballs, Modems, Joysticks usw.) gedacht. Diese Geräte müssen Plug&Play fähig sein und werden vom USB Implementation Forum ausdrücklich als USB-Geräte eingestuft.

Einen der schönsten „Nebeneffekte" des USB gleich vorab: endlich ist es möglich, Geräte im laufenden Rechnerbetrieb anzuschließen oder wieder abzubauen. Möglich ist das durch die Fähigkeit des USB-Ports, sich um die Treiber selbst zu kümmern. Ein aufwendiges Herunter- und wieder Hochfahren des Rechners erübrigt sich.

Außerdem kann man bis zu 128 Geräte an einen Port anschließen und verbraucht somit auch nur einen IRQ. Die angeschlossenen Geräte teilen eine Transferrate von 12 MBit/s unter sich auf und können sogar über diese Schnittstelle mit Strom versorgt werden. Dabei gibt es eine Obergrenze, nämlich 100 mA für die Kategorie Low Power und 500 mA für die Kategorie High Power. Von den High-Power-Geräten darf nur eines angeschlossen werden. Benötigen Geräte mehr als 500 mA, dann haben sie eine eigene Stromversorgung.

USB-Geräte wie Drucker, Scanner, Maus, Tastatur usw. sind zwar etwas teurer als „normale" Geräte, machen das aber durch schnelleren Datentransfer und sparsameren Umgang mit den Systemressourcen wieder wett.

Soweit klingt das alles ganz schön, hat aber den Haken, dass auch das Betriebssystem USB-fähig sein muss. Die aktuellen Betriebssysteme von Microsoft unterstützen alle USB, einzig mit Windows NT und 95 ist man nicht ganz auf der sicheren Seite.

Während bei Windows 95 ab Version 95b (Service Release 2) ein Treiber-Update auf der Installations-CD zu finden ist (im Ordner \Other\Usb), gibt es bei Windows NT zwar die Unterstützung für USB, diese ist aber eher unzureichend.

Abb. 10.21

USB-Controller im Gerätemanager von Windows 2000

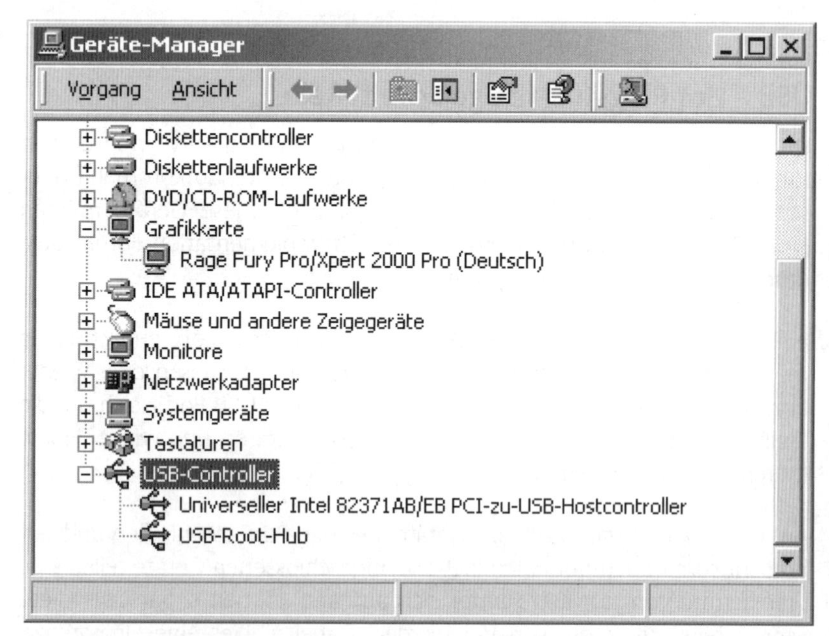

Assign IRQ for USB / USB Function / On-Chip USB Controller / USB IRQ

Wenn Ihr Mainboard und Ihr Betriebssystem USB unterstützen und Sie sich für den Einsatz dieser Geräte entscheiden, muss der USB Controller im Bios explizit aktiviert werden. Das geschieht, indem man dem Controller einen IRQ zuweist, die oben näher bezeichneten Parameter also „enabled" werden. Diese Parameter sind übrigens gut versteckt und kommen entweder im Chipset Features Setup, in den Integrated Peripherals oder wie hier in der Abbildung in der PNP/PCI Configuration vor.

USB Keyboard/Mouse Legacy Support / USB Keyboard Support

Diese Option dient zum Aktivieren bzw. Deaktivieren des USB-Tastaturtreibers im Bios. Dieser Treiber simuliert die Erteilung von Tastaturbefehlen und ermöglicht damit die Nutzung einer USB-Tastatur auch während des Systemstarts, im Bios oder unter Betriebssystemen, die keinen USB-Treiber haben, wie zum Beispiel DOS.

```
USB Keyboard Support      : Enabled
Init Display First        : PCI Slot
```

Abb. 10.22

USB Tastatur unter DOS

Bei deaktivierter Funktion könnten Sie unter DOS oder im Bios nur mit einer Standardtastatur arbeiten. Ist erst einmal ein USB-fähiges Betriebssystem geladen, ist diese Funtion „sinnlos“.

Firewire / USB2 – die Zukunft auf der Überholspur

Im Moment konkurrieren zwei Schnittstellen um den Zukunftsmarkt. Im Low-Cost- bzw. im Privatbereich sind sie bislang kaum zu finden, aber der Vollständigkeit halber sollen sie kurz erwähnt werden.

Es handelt sich um Hochgeschwindigkeitsschnittstellen im Bereich von 400 MBit/s (Firewire). Dabei können sich 63 Geräte, OHNE Hilfe von Hubkaskadierung, an einem Bus tummeln. Erste PCI-Karten sind schon erhältlich, die anschließbaren Geräte im Consumerbereich auch. Bei diesen Übertragungsraten bieten sich hauptsächlich Anwendungen im Videoschnittbereich an.

Spannend ist, zu verfolgen, welches System sich durchsetzen wird, denn die Geräte sind nicht billig. Fachartikel übertrumpfen sich gegenseitig mit immer neuen Rekordwerten bei der Datenübertragung und Verschiebungen bei der Einführung.

Security – alles gegen Sabotage, Viren und Datenverlust

11

Eines der wirklich wichtigen Dinge im PC-Alltag, ist der Datenschutz. Egal, ob firmenrelevante Daten auf dem Arbeitsrechner oder privat in den „Eigenen Dateien" die Briefe an die Versicherung: persönliche Daten gehen niemand anderen etwas an. Nun kann man mit dem Bios weder die Verschlüsselung von Daten ersetzen, versteckte Laufwerke anlegen oder die neuesten Viren von der Festplatte entfernen. Man kann allerdings durch geschickte Konfiguration potentiellen Datendieben das Leben schwerer machen.

Aber nicht nur Angriffe von „außen" haben ihre Tücken. Auch die selbst eingerichteten Sicherheitsvorkehrungen können zur Falle werden, wenn man beispielsweise das Passwort vergisst. In diesem Kapitel lesen Sie alles über die effektivsten Schutzvorkehrungen vor Datenmanipulation.

Bios „Backup" – Grundlage für schnelles Wiedereinrichten des Rechners

Immer wieder liest man von netten Kollegen, die mal eben zum Spaß an ein paar Einstellungen im Bios herumgespielt haben, und der Rechner kriecht plötzlich wie eine Schnecke. Oder die CMOS-Batterie hat nach jahrelangen Diensten nun doch den Geist aufgegeben und das Bios hat damit sein Gedächtnis verloren. Wie auch immer, am Ende ist man froh, wenn man die aufwendigen Tuningmaßnahmen irgendwo festgehalten hat und den Urzustand seines Rechners schnell wieder herstellen kann. Dafür gibt es mehrere Methoden:

Bios Backup – ganz technisch

Folgende Situation ist denkbar: das Bios ist optimiert, vor fremdem Zugriff durch ein Passwort geschützt und dieses wurde vergessen. Schön wäre jetzt eine Sicherungskopie der Bioseinstellungen, in denen das Passwort noch nicht vergeben wurde. Diese Sicherungskopie dann wieder ins Bios spielen, und der Zugang wäre gerettet. Auf dem Shareware-Markt gibt es ein paar recht nützliche Programme, die das Sichern der Bios-Einstellungen sehr einfach machen. Einige davon stelle ich Ihnen nachfolgend kurz vor.

BIOS310 von Eleventh Alliance

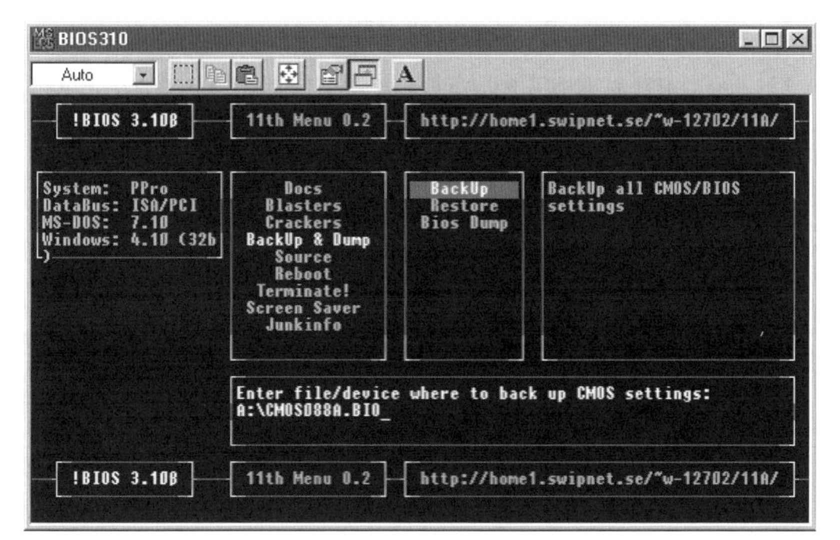

Abb. 11.1

Bios310 – Powertool zum Bios sichern

Mit noch nicht einmal 50 KB Größe hält dieses Tool (auf der Buch-CD) derartig viele Möglichkeiten für den Anwender bereit, dass es an dieser Stelle unmöglich ist, auf alle einzugehen. Bitte beim Probieren vorsichtig sein, es sind auch Funktionen zum „Abschießen“ des PC oder zum Löschen der Bios-einstellungen dabei. Englischkenntnisse sind von Vorteil. Durch das Programm navigiert man mit den Pfeiltasten:

Hinweis

Vor dem Backup das Biospasswort entfernen, sonst ist es mitgesichert und das Backup nutzt im Falle eines Passwortverlustes nichts mehr.

1. Den Menüpunkt „Backup & Dump“ auswählen
2. Den Menüpunkt „Backup“ auswählen
3. Im Fenster erscheint die Meldung „Enter File/Device where to back up CMOS settings: A:\CMOS088A.BIO“
4. Mit Enter bestätigen, und das Backup wird auf Diskette geschrieben.

Das Zurückspielen der Backup-Datei funktioniert genauso, nur wird anstelle des Menüpunkts „Backup“ der Menüpunkt „Restore“ gewählt.

Ganz nebenbei ist das Programm auch in der Lage, für viele Biosvarianten das Passwort auszulesen. Sollte bei einem Test dieser Funktion nicht „Ihr“ Passwort ausgegeben werden, probieren Sie es trotzdem einmal aus. Es funktioniert, da das errechnete Passwort dieselbe Prüfsumme hat, wie das von Ihnen vergebene. Windows-2000-Benutzer können dieses Programm allerdings nicht nutzen, sondern müssen auf CMOS20 zurückgreifen.

CMOS20 – Eine Sammlung von Backuptools

Auf der Buch-CD finden Sie die Datei cmos20.zip. Wenn Sie die Datei entpacken, erhalten Sie vier Programme zum Sichern, Rekonstruieren und Überprüfen der Bioseinstellungen. Es ist nicht ganz so komfortabel wie Bios310, funktioniert dafür aber auch unter Windows 2000:

Abb. 11.2

CMOSSAVE von CMOS20

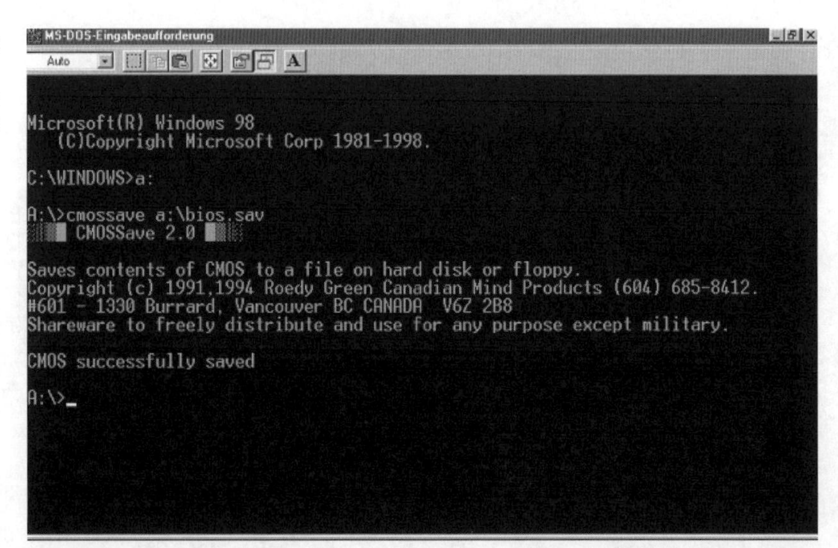

Das Programm wird in der Eingabeaufforderung gestartet. Diese erreicht man über „Start/Programme/Eingabeaufforderung“ (Windows 2000: „Start/Programme/Zubehör/Eingabeaufforderung“).

1. cmos20.zip auf Diskette entpacken
2. Eingabeaufforderung starten
3. Mit „a:“ ins Diskettenverzeichnis wechseln
4. Eingabe von „cmossave a:\bios.sav“

Die Bioseinstellungen werden nun auf Diskette gesichert.

Das Rekonstruieren verläuft ähnlich einfach:

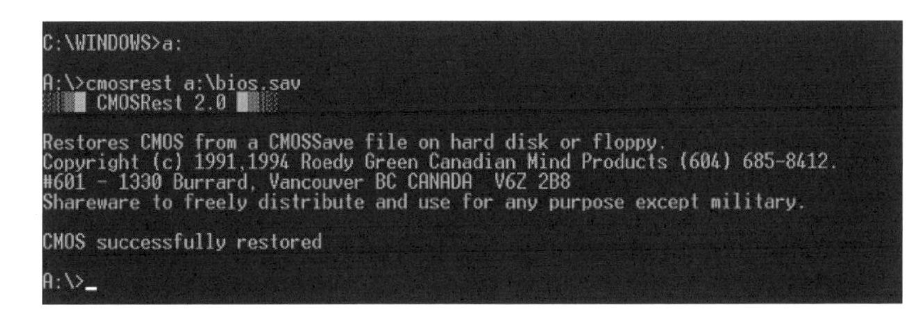

Abb. 11.3

Rücksicherung der Bioseinstellungen

1. Eingabeaufforderung starten
2. Mit „a:“ ins Diskettenverzeichnis wechseln
3. Eingabe von „cmosrest a:\bios.sav“

Und das war es schon. Die vorher gesicherten Bioseinstellungen sind jetzt zurückübertragen worden.

Darüber hinaus gibt es noch einige andere Bios-Backup-Programme auf der Buch-CD. Viel Spaß beim Ausprobieren!

Bios Backup auf dem Drucker

Sollten Sie das Pech haben und keines der hier vorgestelleten Programme läuft auf Ihrem Rechner zufriedenstellend, dann wechseln Sie ins Bios, rufen jedes Menü einmal auf und betätigen jedesmal die Druck-Taste:

Abb. 11.4

Hardcopy vom BiosSetup

```
                    ROM PCI/ISA BIOS (2A69KTG9)
                      STANDARD CMOS SETUP
                      AWARD SOFTWARE, INC.

   Date (mm:dd:yy) : Wed, Oct 11 2000
   Time (hh:mm:ss) : 10 : 17 : 23

   HARD DISKS          TYPE     SIZE   CYLS HEAD PRECOMP LANDZ SECTOR  MODE

   Primary Master    : User     6449    784  255       0 13327     63  LBA
   Primary Slave     : User    12832   1560  255       0 24875     63  LBA
   Secondary Master  : None        0      0    0       0     0      0 ------
   Secondary Slave   : None        0      0    0       0     0      0 ------

   Drive A : 1.44M, 3.5 in.
   Drive B : None                                  Base Memory:    640K
   Floppy 3 Mode Support : Disabled            Extended Memory: 261120K
                                                  Other Memory:    384K
   Video    : EGA/VGA
   Halt On : All Errors                           Total Memory: 262144K

ESC : Quit              ↑ ↓ →     : Select Item         PU/PD/+/- : Modify
F1  : Help              (Shift)F2 : Change Color
```

Das Ergebnis wird eine Sammlung von Ausdrucken im Stil von Abbildung 11.4 sein. Nicht jeder Drucker druckt alle Zeichen original aus (bei HP wird ßals Steuerzeichen gewertet), das liegt daran, dass nicht jeder Bios-Zeichensatz original vom Drucker verstanden wird. Die Ausdrucke sind aber in der Regel lesbar und für ein „Backup" geeignet.

Handschrift – Back to the Roots

Wer weder ein Programm findet, das mit seiner Hardware oder dem Betriebssystem zusammenarbeitet, noch einen Drucker hat, der wird nicht umhin kommen, die wichtigsten Parameter handschriftlich zu übernehmen. Dazu gehören vor allen Dingen die Einstellungen der Festplatte(n) im Standard CMOS Setup, die Einstellungen für die Speichertimings aus dem Chipset Features Setup, die Konfiguration aus der PNP/PCI Configuration und die Einstellungen des Power Management Setups.

Laufwerk A: konfigurieren – Zutritt für Fremde verboten

Angenommen, Sie haben den Start Ihres Rechners nicht durch ein Passwort im Bios geschützt, sondern durch eine Softwarelösung vor fremden Zugriffen gesichert. Wenn dann noch als erstes Bootlaufwerk A. eingestellt ist, dann hat ein „Angreifer" ein offenes Scheunentor vor sich: mit jeder Bootdiskette kann er den Rechner starten, die Software umgehen und Zugriff auf Ihre Daten erhalten.

Um das zu vermeiden, erhalten Sie hier ein paar Tipps, wie Sie Ihr Diskettenlaufwerk konfigurieren können. Diese Maßnahmen in Kombination mit einem Bios-Passwort sind schon schwer zu knacken, es sei denn, der Datendieb baut Ihre Festplatte in einen anderen Rechner ein ;-)

1st Boot Device / Boot Sequence

Um sich vor dem Zugriff mit Hilfe fremder Startdisketten zu schützen, kann man in diesen Optionen die Reihenfolge der Bootlaufwerke einstellen. Auf jeden Fall sollte hier als Erstes (oder auch als Einziges) Laufwerk „c:" aufgeführt sein. Im Zeitalter des CD-Brenners hilft auch die Einstellung „CDROM" nichts, da jeder innerhalb von wenigen Minuten eine bootfähige CD-ROM anfertigen kann.

Diese Einstellung hat insgesamt drei nennenswerte Vorteile:

1. Der Zugriff durch fremde bootfähige Datenträger ist nicht möglich
2. Der Rechner startet ein paar Sekunden schneller, da nicht erst auf anderen Datenträgern nach einem bootfähigen System gesucht wird
3. Versehentlich in den Laufwerken zurückgelassene Datenträger könnten mit Viren verseucht sein und so das System infizieren, auch das ist nun nicht mehr möglich.

Floppy Disk Access Control

Manche Bios-Versionen erlauben den Schreibschutz von Disketten schon im Bios einzustellen. Das ist vor allem dann wichtig, wenn Sie Ihren Arbeitsplatz öfter mal verlassen müssen. Selbst kurze Zeitspannen würden ausreichen, dass Kollegen per Diskette von Ihrem Rechner Daten ziehen.

Hinweis

Ganz wichtig für die Zeit nach Feierabend: Schützen Sie Ihr Bios durch ein Passwort, ansonsten können die Kollegen den Zugriff auf das Diskettenlaufwerk selbst wieder erlauben.

Diesen Eintrag kann man entweder auf „Read Only" oder auf „R/W" einstellen. „Read Only" bewirkt, dass ein Schreiben auf Diskette nicht mehr möglich ist. Natürlich haben Sie es selbst dann auch schwer, Dateien auf Diskette zu kopieren: dazu müssten Sie zuerst die Funktion wieder auf „R/W" (Read/Write) stellen.

Diskette komplett ausschalten – Schutz schon perfekt?

Abb. 11.5

Diskette deaktiviert

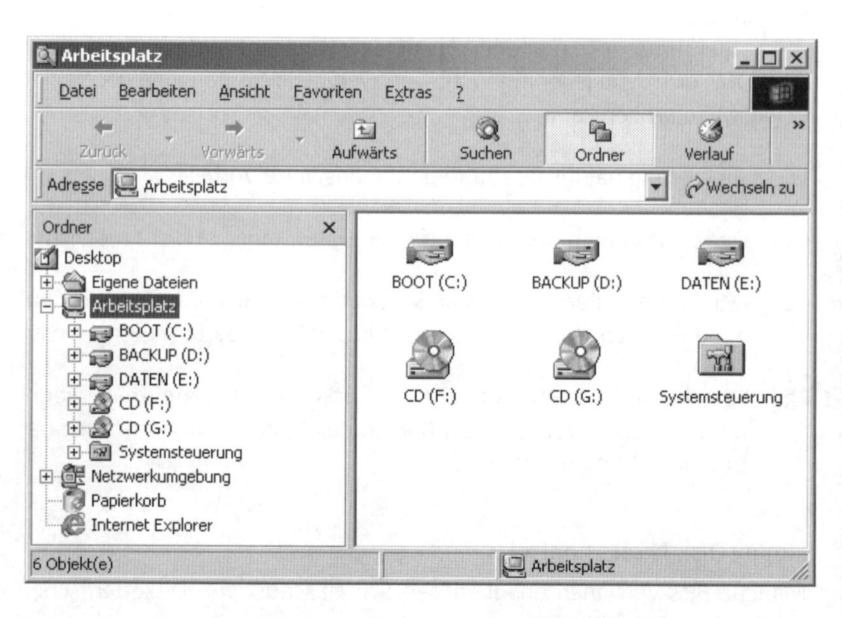

Das Ausschalten des Diskettenlaufwerkes kann im Bios auf zwei Arten geschehen:

Drive A:

Einfachste und schnellste Möglichkeit ist es, im Standard CMOS Setup unter „Drive A:“ None einzutragen. Damit wird das Diskettenlaufwerk ausgeschaltet und ist im Explorer nicht mehr sichtbar.

Onboard FDC Controller

Stellen Sie diesen Parameter in den Integrated Peripherals auf „disabled“, haben Sie den gleichen Effekt erzielt. In manchen Bios-Versionen finden Sie diese Möglichkeit auch im Chipset Features Setup.

Abb. 11.6

FDC-Controller ausschalten

```
KBC input clock              : 6 MHz
Onboard FDC Controller       : Disabled
Onboard Serial Port 1        : Auto
```

Das dürfte zumindest für den ungeübten Nutzer eine nicht leicht zu nehmende Hürde sein, auf Ihren PC mit Hilfe von Disketten Viren zu übertragen, Daten von Ihrem PC zu entwenden oder zu manipulieren.

Bios-Passwörter – Segen und Fluch für die Sicherheit

Die bisher aufgeführten Möglichkeiten, die Sicherheit des PC durch Einstellungen im Bios zu erhöhen, wären wirkungslos, wenn jeder einfach so ins Bios Setup spazieren und die Optionen wieder abändern könnte.

Damit so etwas nicht passiert, haben die meisten Bios-Versionen gleich zwei Optionen, in denen Passwörter vergeben werden können: das USER Passwort und das SUPERVISOR Passwort.

USER PASSWORD

Sie können im Standard CMOS Setup den Menüpunkt „User Password“ anwählen, mit ↵ bestätigen und dann ein Passwort Ihrer Wahl eingeben. Zur Sicherheit muss das Passwort zweimal eingegeben werden.

Effekt: Alle Benutzer werden zur Eingabe des Kennwortes aufgefordert, um entweder ins Bios Setup zu kommen, oder das System zu starten (siehe Tabelle Passwortkombinationen)

Abb. 11.7

Kennwortabfrage beim Zugang zum Bios

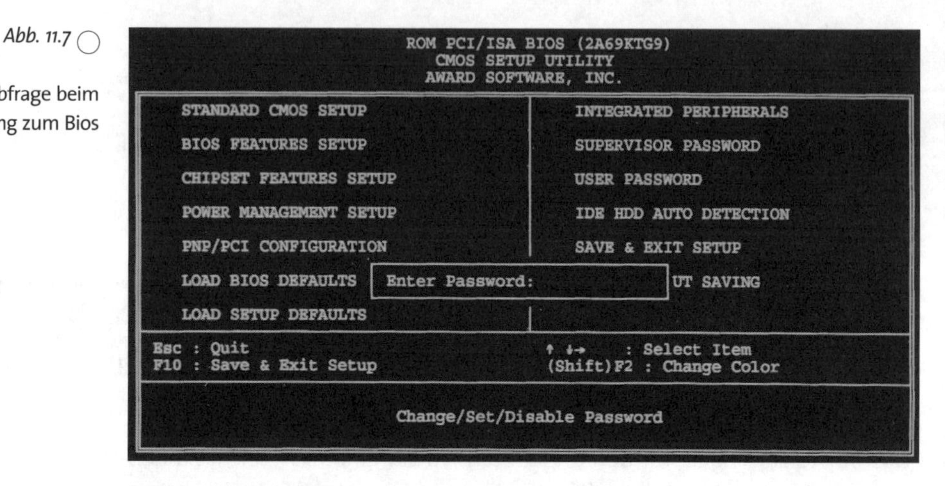

SUPERVISOR PASSWORD

Sie können im Standard CMOS Setup den Menüpunkt „Supervisor Password“ (Systembetreuer-Passwort) anwählen, mit ↵ bestätigen und dann ein Passwort Ihrer Wahl eingeben. Zur Sicherheit muss auch hier das Passwort zweimal eingegeben werden.

Hinweis

Wenn nur das User-Passwort vergeben ist, kann auch der User die Bios-Optionen verändern, wenn beide Passwörter vergeben sind, dann kann der User zwar ins Bios, jedoch keine Manipulationen an den Einstellungen vornehmen.

Effekt: Systembetreuer, die sich Zugang zum Bios und/oder zum Computersystem verschaffen wollen, werden nach diesem Kennwort gefragt.

Die Optionen im Bios Setup können nur noch vom Besitzer dieses Passwortes geändert werden, Sie haben also die Einstellungen vor Manipulation durch „normale User“ geschützt. Den einzigen Menüpunkt, den User noch beeinflussen können, ist das Verändern des eigenen Passwortes.

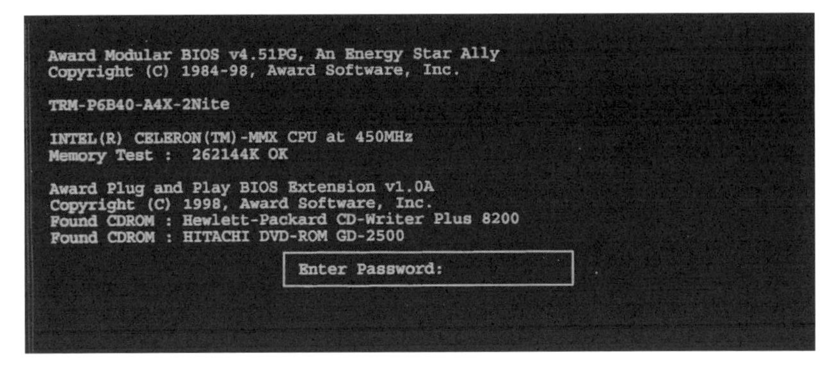

Abb. 11.8

Abfrage des Kennwortes bei Systemstart

Optionen zur Kennwortabfrage – Schutz des Bios oder des ganzen Systems?

Im BIOS FEATURES SETUP (bei AMI im Advanced CMOS Setup) haben Sie die Möglichkeit zu entscheiden, ob Sie das ganze System mit einem Kennwort schützen wollen, oder nur den Zugang zum Bios. Dafür ist der Parameter „Security Option“ (AMI: „Password Check“) vorgesehen.

```
Typematic Delay (Msec)      : 250
Security Option             : System
PCI/VGA Palette Snoop       : Disabled
```

Abb. 11.9

Auswahl der Passwort-„Reichweite“

Bei Einstellung auf „System“ (AMI: „Always“) erhalten Sie ohne Passwort weder Zugang zum Bios Setup noch wird das Betriebssystem hochgefahren (siehe Abb. 11.8), wenn Sie dagegen auf „Setup“ stellen, fährt der Computer normal hoch. Allerdings ist der Zugang zum Bios Setup dann immer noch passwortgeschützt (siehe Abb. 11.7)

Insgesamt gibt es einige sinnvolle Kombinationen dieser Einstellungen:

Vergabe von		Sec.Option	Schutz des		
USER	SUPERVISOR		Systems	Bios vor Zugriff	Bios vor Änderungen durch den User
ja	nein	Setup	nein	ja	nein
ja	nein	System	ja	ja	nein
nein	*ja*	*Setup*	*nein*	*ja*	*
nein	*ja*	*System*	*ja*	*ja*	*
ja	ja	Setup	nein	ja	ja
ja	ja	System	ja	ja	ja

* Mithilfe des Supervisorpasswortes kann man immer die Bioseinstellungen ändern, die hellgrau unterlegten Felder haben also den gleichen Effekt, als wäre lediglich ein Userpasswort vergeben worden.

Wichtig: Wenn Sie unter „Security Option“ im Bios Features Setup den Wert „Setup“ eingetragen haben, können Sie das Passwort bei Verlust mit einer Software immer noch rekonstruieren. Haben Sie unter „Security Options“ dagegen „System“ eingestellt, kann bei Verlust des Passwortes auch keine Software mehr helfen, da ist dann die pure „Gewalt“ nötig (siehe *Kapitel 15: Tipps und Tricks – was Hersteller verschweigen*)

Troubleshooting: Passwortvergabe im AMI-Win-Bios

Im AMI-Win-Bios werden die Passwörter unter „Security" angelegt: Genau wie bei Award oder AMI hat man dann die Wahl zwischen „User" und „Supervisor", die Länge des Passwortes beschränkt sich allerdings wie bei anderen älteren AMI-Versionen auf sechs anstatt acht Zeichen.

Die Passwortauswahl – so machen Sie es dem Angreifer schwer

Jeder, der schon einmal versucht hat, Zugriff auf einen fremden Rechner zu bekommen, hat bei der Passwortabfrage sicher folgende Möglichkeiten probiert:

ein Name aus der Familie	„geheim"	qwertzu	Nachname rückwärts
Initialen	Lieblingsschauspieler	„Monitor"	DIMPW (Das Ist Mein PassWort)
„Passwort"	12345	Geburtsjahr	VoRnAmE

Bei 75% aller Computernutzer hat man mit diesen „Passwörtern" oder Abwandlungen davon ganz gute Karten, ins System zu kommen. Freundlicherweise hat man ja anders als bei Kreditkarten unbegrenzt oft die Chance, einen neuen Versuch zu starten. Das einzige Hindernis ist hier die Zeit.

Wer auf seinem PC sensible Firmendaten gespeichert hat, sollte sich zumindest bei der Originalität des Passwortes einiges einfallen lassen:

Wer zum Beispiel am 03.Mai.1965 Geburtstag hat, der kann im BGB auf Seite 305 das 65. Wort benutzen. Oder vielleicht bringen Sie in Ihrer Lieblingsblume einen Rechtschreibfehler unter: „Tulbe". Dann fügen Sie noch ein Sonderzeichen und einen Großbuchstaben ein:

„Tu;lBe"

Nun wird es selbst mit elektronischer Hilfe schon schwerer, auf ein gültiges Passwort zu kommen.

Wenn Sie nun noch regelmäßig Ihr Passwort ändern, kann Ihnen zumindest niemand nachsagen, Sie hätten den Datenschutz außer Acht gelassen.

Das Passwort löschen – eine einfache Sache

Ähnlich wie beim Anlegen des Passwortes geht man auch hier vor:

Der Menüpunkt „Supervisor Password" oder „User Password" wird gewählt und mit [↵] bestätigt. Beim „Supervisor Password" muss noch einmal das alte Passwort eingegeben werden. Danach wird, wie auch beim „User Password", nach einem neuen Passwort gefragt. Anstelle nun ein Passwort einzugeben, drücken Sie einfach erneut [↵].

Folgende Meldung zeigt den Erfolg an:

Abb. 11.10

Passwort gelöscht

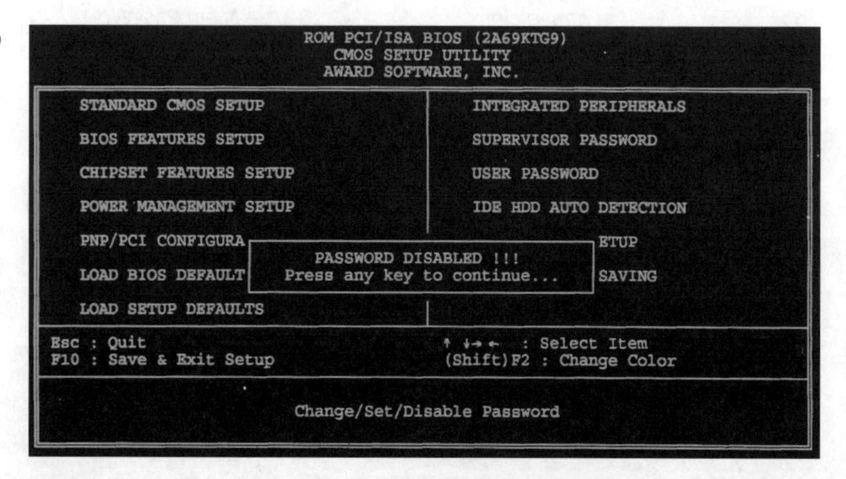

Bios Tuning – die Best Settings für mehr Sicherheit, Stabilität und Geschwindigkeit

Im Notfall:

Sollte bei den Tuningmaßnahmen durch allzu optimistische Einstellungen beispielsweise bei den Speichertimings etwas schief gehen und der Rechner nicht mehr starten, dann nicht verzweifeln, sondern die werkseitigen Voreinstellungen aktivieren. Beim AMI-Bios mit „Auto Configuration With Default Settings", bei AWARD mit „Load Setup Defaults" und beim Phoenix Bios mit „Exit, Get Default Values".

In diesem Kapitel finden Sie die besten Parameter-Einstellungen und ihre Auswirkungen

- auf den Start des Computers,
- auf die Festplatte und deren Geschwindigkeit,
- auf den Arbeitsspeicher und die Gesamtperformance,
- auf die Grafikleistung,
- auf den Datenbus,
- auf die Datensicherheit

und noch eine ganze Menge weiteres Nützliches.

Ein konzentriertes Durcharbeiten dieses Kapitels VOR den Tuningmaßnahmen ist sinnvoll, da viele Einstellungen untereinander ein ziemlich komplexes „Gebilde" darstellen und bei unterschiedlichen Betriebssystemen auch unterschiedliche Wirkungen auf die Leistung des Rechners zeigen.

In den meisten Fällen habe ich die für die jeweils unterschiedlichen Bios-Versionen spezifischen Parameter-Bezeichnungen verwendet, manchmal sind die Unterschiede in den Bezeichnungen allerdings so gering, dass Sie zweifellos in der Lage sein werden, diese Parameter auch dann zu finden, wenn sie nicht wörtlich so im Setup stehen. Man merkt eben, dass Phoenix von Award gekauft wurde. Und dass AMI sich selbst in der Optik schon angleicht, ist auch kein Geheimnis mehr.

Und wie immer, so gilt auch hier: tasten Sie sich langsam an die empfohlenen Einstellungen heran und kontrollieren Sie am besten nach jeder vorgenommenen Änderung die Auswirkung auf das System. Zu viele Änderungen gleichzeitig machen die Fehlerdiagnose schwierig und schlimmstenfalls müssen Sie von vorn beginnen.

Nebenbei werden Sie einige Kleinigkeiten erfahren, die zwar mit dem jeweiligen Thema zusammenhängen, die aber anderweitig als im Bios eingestellt werden. Da diese Hinweise derartig großen Einfluss auf das System (meistens auf die Geschwindigkeit) haben, will ich sie Ihnen nicht vorenthalten und wünsche viel Spaß beim Ausprobieren.

Einflüsse von Parametern auf den Start des Computers – der Bootvorgang wird abgekürzt

Quick Boot / Quick Power On Self Test

AMI: „Advanced CMOS Setup“ , Award: „Bios Features Setup“ , Phoenix: „Boot“

Normalerweise prüft der PC bei jedem Systemstart die einzelnen im Rechner vorhandenen Komponenten. Der meiste Zeitaufwand wird dabei dem Check des Arbeitsspeichers gewidmet. Sicher ist Ihnen schon einmal aufgefallen, dass beim Start des Rechners in der linken oberen Bildschirmhälfte der Speicher drei Mal „hochgezählt“ wird. Je nach Speicherausbau, kann das eine ganze Weile dauern.

Parameterempfehlung: enabled

Auswirkung: Der Speicher wird nur noch einmal „hochgezählt“. Ab 128 MByte dann doch eine gute messbare Größe, die eingespart wird. Übrigens kann man den Speichertest mit dem Druck auf [Esc] auch noch abbrechen. und hat damit noch mehr Zeit gespart.

Boot Sequence / Boot / 1st Boot Device

AMI: „Advanced CMOS Setup", Award: „Bios Features Setup", Phoenix: „Boot"

Hier wird die Reihenfolge angegeben, mit der der Rechner nach bootfähigen Datenträgern sucht. Standardmäßig steht hier A: Daher auch die Geräusche aus dem Diskettenschacht bei jedem Rechnerstart.

Parameterempfehlung: C:

Auswirkung: Der Start wird ein paar Sekunden schneller gehen, da auf A: nicht mehr nach einer bootfähigen Diskette gesucht werden muss. Die eventuelle Fehlermeldung: Disk Boot Failure, insert system disk and press Enter entfällt nun auch.

Floppy Seek / Boot Up Floppy Seek

AMI: „Advanced CMOS Setup" , Award: „Bios Features Setup"

Der Rechner checkt die Anzahl der Spuren eines Diskettenlaufwerks (40 oder 80). 40 Spuren haben jedoch nur die alten 360-KB-Disketten, und wer hat die schon noch? Alle anderen Diskettenlaufwerke beschreiben 80 Spuren. Also kann man diese Funktion getrost außer Kraft setzen.

Parameterempfehlung: disabled

Auswirkung: Ein paar Sekunden Zeitersparnis beim Rechnerstart

Festplattenkonfiguration im Standard CMOS Setup

Am schnellsten kann der Rechner starten, wenn er nicht jedes Mal beim Hochfahren nach Hardware suchen muss. Am sinnvollsten ist es also bei Rechnern ohne Wechselplatte (denn dort ändert sich die Konfiguration öfter) feste Werte einzustellen. Das geht am Besten über IDE HDD AUTO-DETECTION (Award), Auto-Detect Hard Disks (AMI) oder Autotype Fixed Disk (Phoenix). An den Kanälen, an denen keine Festplatte eingebaut wurde, kann man das Suchen nach neuer Hardware (Einstellung Auto) überspringen, indem man NONE eingibt.

```
                      ROM PCI/ISA BIOS (2A69KTG9)
                         STANDARD CMOS SETUP
                        AWARD SOFTWARE, INC.

  Date (mm:dd:yy) : Wed, Oct 11 2000
  Time (hh:mm:ss) : 10 : 17 : 23

  HARD DISKS          TYPE    SIZE   CYLS HEAD PRECOMP LANDZ SECTOR  MODE

  Primary Master    : User    6449    784  255       0 13327     63  LBA
  Primary Slave     : User   12832   1560  255       0 24875     63  LBA
  Secondary Master  : None       0      0    0       0     0      0 ------
  Secondary Slave   : None       0      0    0       0     0      0 ------

  Drive A : 1.44M, 3.5 in.
  Drive B : None                                Base Memory:    640K
  Floppy 3 Mode Support : Disabled          Extended Memory: 261120K
                                               Other Memory:    384K
  Video    : EGA/VGA
  Halt On : All Errors                         Total Memory: 262144K

ESC : Quit                ↑ ↓ →     : Select Item       PU/PD/+/- : Modify
F1  : Help                (Shift)F2 : Change Color
```

Abb. 12.1

Den Start des PC durch optimale Festplattenkonfiguration beschleunigen

Weitere Möglichkeiten für einen schnelleren Start

Wer auf das Bootlogo von Windows verzichten kann, der sollte es einfach abschalten. Das kann man per Hand in der msdos.sys machen.Tragen Sie einfach unter [Options] die Zeile „Logo=0“ ein. „BootDelay=0“ schaltet die Wartezeiten für den Tastendruck F8 *beim Start ab, und sollten Sie keine komprimierten Laufwerke benutzen, geht es nochmal schneller mit „Dblspace=0“ und „Drvspace=0“.Weitaus einfacher ist es jedoch, ein Tuning-Tool wie TuneUp zu benutzen (Shareware auf der Buch-CD)*

Ist der Rechner in ein Netzwerk eingebunden, kann man durch die Vergabe einer festen IP (Rechtsklick auf „Netzwerkumgebung/Eigenschaften“, dann das TCP/IP-Protokoll der Netzwerkkarte auswählen, „Eigenschaften“ anklicken und dann sowohl IP-Adresse, als auch Subnetmask eintragen) eine Zeitersparnis von ca. 30 Sekunden erreichen. Dabei darf anstelle der 23 in diesem Beispiel eine Zahl von 0-255 verwendet werden, um den Rechner eindeutig im Netzwerk zu identifizieren.

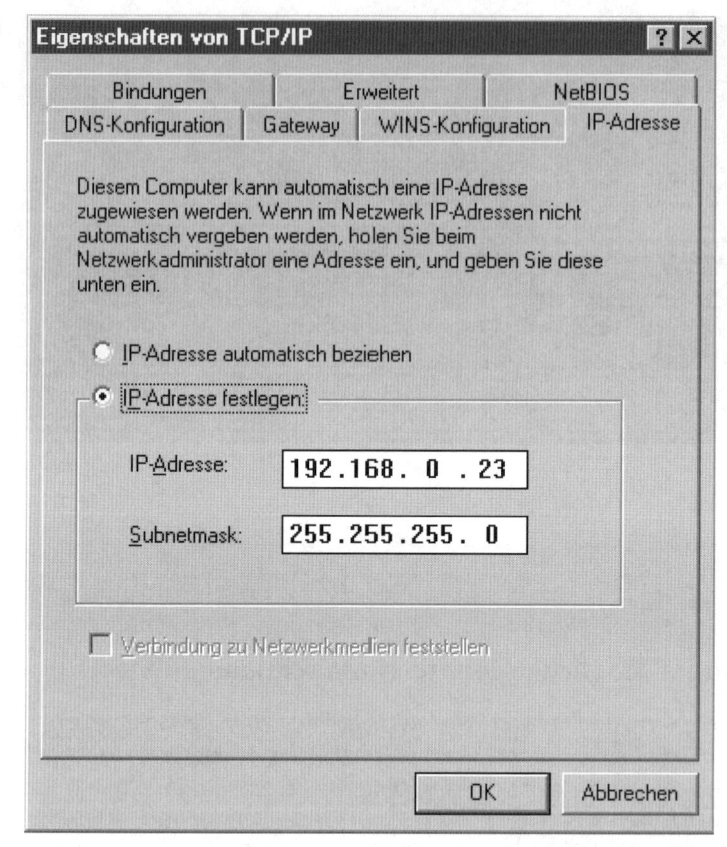

Abb. 12.2

Die Vergabe fester IP-Adressen spart ebenfalls Zeit beim Rechnerstart

Einflüsse von Parametern auf die Festplatte und deren Geschwindigkeit

Blk Mode / IDE HDD Block Mode / Multi Sector Transfers

AMI: „Advanced CMOS Setup“, Award: „Bios Features Setup“, Phoenix: „Advanced IDE Configuration, Primary IDE Master“

Unter Windows 3.11 und DOS werden Daten sektorenweise von der Festplatte zum Controller übertragen (also 512 Byte-weise). Viel effektiver ist jedoch der Zusammenschluss mehrerer Sektoren pro Übertragungsvorgang. Dadurch wird die CPU mit weniger Interrupts und weniger Adressmitteilungen belastet, der PC läuft „flüssiger". Üblich sind Zusammenfassungen in Blöcke von 8, 16 oder 32 Sektoren. Generell gilt: Je mehr, desto besser. So wird die Übertragungsrate erhöht und der Verwaltungsaufwand gesenkt. Eingangs war von Win 3.11 und DOS die Rede. Was ist nun mit Win9x/NT/2000 & Co.? Hier werden eigene Treiber verwendet, die denselben Effekt erzielen.

Parameterempfehlung: enabled / on

Auswirkung: Unter DOS und Win 3.11 ca 50% schnellerer Datentransfer.

32 Bit Mode / 32 Bit Transfer Mode

AMI „Standard CMOS Setup" + „Advanced CMOS Setup", Award: „Bios Features Setup"

Hierbei handelt es sich um eine ziemlich nützliche Funktion. Normalerweise kommen die Daten 16 Bit „breit" von der Festplatte. Seit dem 386er sind die Datenbusse allerdings 32 Bit breit. Diesen breiteren Datenpfad nutzt man aus, um jeweils zwei 16 Bit-Pakete zusammenzufügen und erst dann zu übertragen. Das erhöht die Datenübertragungsrate und ist zusätzlich eine spürbare Entlastung für die CPU, denn normalerweise fügt sie die Pakete zusammen. Jetzt macht das der IDE Controller. Und umgekehrt genauso: Die Datenpakete werden beim Schreiben auf die Platte wieder in handliche 16-Bit-Pakte zerhackt und auf der Platte gespeichert.

Parameterempfehlung: enabled / on

Auswirkungen: Rein rechnerisch sollte sich die Datenübertragungsrate verdoppeln, ein bisschen Zeit geht allerdings für Verwaltungsarbeiten verloren und die Elektronik ist auch träge.

Einflüsse von Parametern auf den Speicher und die Gesamtperformance

Hier lässt sich für alle Systeme das Meiste herausholen. Aber wo viel Licht ist, ist auch jede Menge Schatten! Die Einstellungen gerade in diesem Bereich sind ziemlich empfindlich, so dass hier besonders vorsichtig vorgegangen werden muss. Sehr viele Fachzeitschriften schlagen vor, dass die Speichertimings von ungeübten Anwendern nicht verändert werden sollen, weil auch hier komplexe Zusammenhänge zwischen Prozessor, Takt und Zugriffszeiten bestehen.

Da ein Computer nun nicht nur aus Arbeitsspeicher besteht, sondern noch eine Menge andere Speicher auf dem Mainboard verteilt ist, unterscheiden wir in diesem Buch Einstellungen für die Kommunikation der Speicher untereinander und die Speichertimings im Umgang der Speicher mit der CPU.

Die Speicher untereinander – optimal konfiguriert

Wie schon erwähnt, gibt es im PC mehrere Speicher (Arbeitsspeicher, Cache, Grafikspeicher, Bios-ROM,...), die untereinander Daten austauschen. Dabei sind nicht alle Speicherbausteine gleich schnell. Sinnvoll ist es also, den Inhalt der langsamen Speicher in „ungenutzte" Bereiche der schnelleren Speicher (Arbeitsspeicher bieten sich an) zu „spiegeln".

CPU Internal Cache / Internal Cache / External Cache

AMI: „Advanced CMOS Setup", Award „Bios Features Setup"

Heute gibt es keine CPU mehr, die auf internen oder externen Cache verzichtet. Dank der Hersteller sind diese beiden Zwischenspeicher schon auf der CPU bzw. im Gehäuse des Prozessors untergebracht. Früher gab es (Sockel 7-)Boards, die hatten einen Steckplatz für den L2-Cache. Dort hinein ließ sich dann ein Speichermodul stecken.

Nahezu alle Mainboardhersteller aktivieren diese Funktion schon bei der Auslieferung. Falls nicht:

Empfehlung : enabled

Bei manchen AMI-Versionen Internal Cache auf „WriteBack“ stellen

Auswirkung: ca. 40 – 45% Leistungsgewinn, da der Prozessor auf den wesentlich schnelleren L1- bzw. L2-Cache zugreift, anstelle die Daten jedes Mal aus dem RAM zu holen und wieder zurückzuschreiben.

Video ROM C000, 32k / C000, 32k / Video Bios Shadow / System Bios Shadow

AMI: „Advanced CMOS Setup“, Award: „Bios Features Setup“

An dieser Stelle lassen sich das Video ROM und Bios ROM spiegeln. Dabei wird der Inhalt des Video-ROM (Bios ROM) an die bezeichnete Stelle im RAM gespiegelt und ist dann entsprechend der verwendeten Speicherbausteine wesentlich schneller verfügbar: bei EDO nach 60-70 ns, bei SDRAM schon nach 6-10 ns. Im Vergleich dazu das Bios-ROM mit 170 ns.

Empfehlung : enabled

Auswirkung: Nur für den DOS-Modus relevant, da in Windows eigene Treiber diese Funktion überflüssig machen. Im DOS dann allerdings bis zu 30% schnellere Grafikausgabe, z.B. bei alten DOS-Spielen eine interessante Sache.

Falls ein DOS-Programm wegen zuwenig Speichers abbricht oder gar nicht startet, dann kann das „disablen“ dieser Funktion weiterhelfen.

Die anderen Speicherbereiche, die zum Spiegeln zur Verfügung stehen, sind nur noch für uralte Adapterkarten unter DOS interessant. Auch hier gilt, dass Bereiche des Upper Memory vergeudet werden, die dann dem entsprechenden DOS-Programm nicht mehr zur Verfügung stehen. Hier muss man abwägen, ob man ständig umkonfigurieren will (für jede Anwendung extra ein Setup) oder ob man die Bereiche auf „disabled“ belässt (Empfehlung).

System Bios Cachable / System Bios Cache / Video Bios Cachable / Video Bios Cache

AMI: „Advanced CMOS Setup", Award: „Bios Features Setup"

Das Einschalten dieser Parameter funktioniert nur, falls Sie die System Bios Shadow und Video Bios Shadow zuvor aktiviert haben. Dabei werden also die Daten aus dem Video- (System-) Bios zuerst in den Arbeitsspeicher gespiegelt und von dort aus in den Cache verschoben.

Empfehlung: unter DOS enabled, unter Windows disabled

Auswirkung: das bringt unter DOS einen bemerkbaren Geschwindigkeitszuwachs, unter Windows ist es eher ein Hemmnis. Beim Video Bios können das die betriebssystemeigenen Treiber besser. Das System-Bios kommt bei 32-Bit-Windows-Versionen sowieso kaum in die Verlegenheit, Daten an das Betriebssystem zu übergeben (da wäre im Grunde egal, ob enabled oder disabled wird).

CPU Fast String Move

Diese Option findet man auf manchen Boards für den Pentium Pro und den Pentium II.

Empfehlung: enabled

Auswirkung: Damit beeinflussen Sie die Performance des L1- Caches.

CPU Level2-Cache ECC Check

Moderne Prozessoren verfügen manchmal auch über ECC-tauglichen Cache-Speicher. ECC heißt Error Correction Code und bedeutet, dass während des Arbeitens der Speicherinhalt auf Fehler überprüft wird und notfalls Korrekturen durchgeführt werden.

Empfehlung: disabled

Ein eingeschalteter ECC würde das System stabiler machen, aber auch viel an Leistung kosten, deshalb hier die Empfehlung „disabled". Damit ist die Verwaltung „schlanker" und zügigeres Arbeiten möglich.

Video RAM Cache Methode / Write Combining

Ähnlich wie bei CPU Fast String Move, taucht diese Option nur auf Pentium Pro oder Pentium II – Boards auf. Nur diese Prozessoren lassen eine Einstellung zu, die die Cache-Methode des Framebuffers zur Auswahl stellt.

Empfehlung: enabled oder USCW (Uncached Speculative Write Combining)

Auf den Framebuffer wird schneller zugegriffen, der Bildaufbau beschleunigt sich.

Pipeline Cache Timing

Hier können Sie festlegen, wie schnell der L2-Cache arbeiten soll: Zur Auswahl stehen meistens Fast, Faster , Fastest.

Empfehlung: Fastest, Faster, Fast

Die Empfehlung in der angegebenen Reihenfolge, wenn es sich irgendwie einrichten lässt, dann arbeiten Sie sich „hoch". Also jeweils die nächsthöhere Einstellung wählen, und das so lange, wie das System noch stabil arbeitet.

CPU und Speicher auf Turbo – aber SICHER!

Bisher ging es nur darum, wie man Daten aus langsamen Speicherbereichen des Bios-ROM in den wesentlich schnelleren Arbeitsspeicher oder in den noch schnelleren Cache bekommt. Hier erfahren Sie nun, wie das Zusammenspiel von CPU und Arbeitsspeicher optimiert wird. Eine knifflige Angelegenheit, denn ein „Patentrezept" gibt es nicht. Hier gilt es, in Momenten zu tunen, in denen nicht gerade wichtige Daten bearbeitet werden, denn wenn Sie zu optimistisch an die Werte des Speichers herangehen, droht Datenverlust.

Beginnen wir mit der Art der Hauptspeicherverwaltung:

OS Select for DRAM > 64MB / Run OS/2 >= 64 MB

Award: „Bios Features Setup“, AMI: „Advanced CMOS Setup“

Diese Funktion muss auf „enabled“ gestellt werden, wenn Sie als Betriebssystem OS/2 verwenden und mehr als 64 MByte Arbeitsspeicher eingebaut haben. Ansonsten stellen Sie bitte „disabled“ ein. Manche Versionen bieten auch „yes“/ „no“ oder „OS2“ / „Non-OS2“ an.

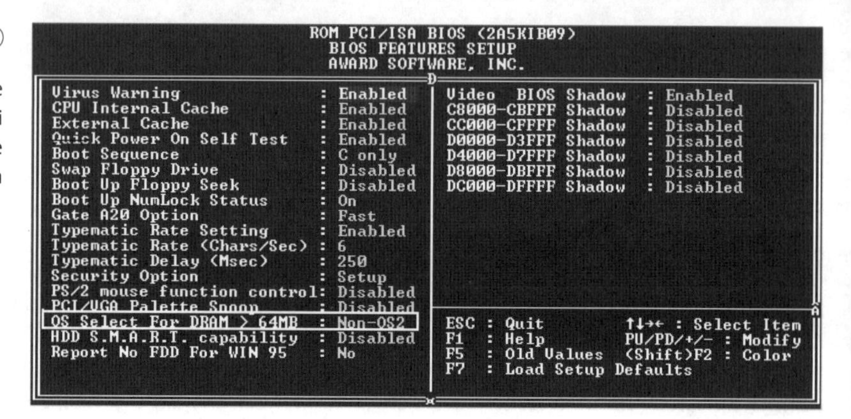

Abb. 12.3

Nur für OS/2, die Speicherverwaltung bei mehr als 64 MByte aktivieren

Soweit nun zu dem einzigen Parameter, der in nahezu allen Biosversionen gleich bezeichnet ist (außer „Autoconfiguration off“). Die folgenden Parameter sind selbst bei einem Hersteller immer wieder unterschiedlich in der Bezeichnung – auch im Umfang der Einstellmöglichkeiten. Abbildung 11.4 zeigt ein typisches Bild aus einem Award Bios.

Einige Bios-Varianten haben einen Parameter „Set SDRAM Timing by SPD“, über den man die Autokonfiguration einstellen kann. Bei anderen ist „SDRAM Configuration“ auf den Wert „by SPD“ eingestellt.

Das Ergebnis ist das Gleiche: Jedesmal werden die Werte aus dem SPD ins Bios übertragen und der Anwender muss sich um nichts weiter kümmern. SPD ist nichts weiter als ein bei manchen SDRAM-Bausteinen integrierter EPROM, der die Leistungsdaten des Speicher eingebrannt hat und bei Bedarf an das Bios übergibt. Sollte Ihr Speicher solch einen EPROM nicht haben, dann hilft der Aufkleber auf dem Speichermodul weiter. Näheres zum Dekodieren der Aufdrucke auf den Speichermodulen erfahren Sie in *Kapitel 3: Hauptspeicher – Systembeschleunigung durch neue Timings*.

Vorschlag für das optimale Tuning

Zuerst einmal die Auto Configuration (zur Not auch die Setup Defaults) laden und dann schrittweise den hier empfohlenen Einstellungen angleichen. Zwischendurch sollten Sie immer wieder die Stabilität überprüfen. Das zieht das Tuning zwar ordentlich in die Länge, schützt im Extremfall aber vor Datenverlusten.

Übrigens: Gerade bei den Speichereinstellungen unterscheiden sich die Bezeichnungen selbst innerhalb eines Bios-Herstellers von Version zu Version. Ich habe die gebräuchlichsten Bezeichnungen verwendet, möglicherweise weichen sie von den Parameternamen in Ihrem Bios ein wenig ab.

Hinweis

Bei diesem wie auch bei den folgenden Parametern muss die Autoconfiguration deaktiviert sein!

SDRAM RAS to CAS Delay / RAS to CAS Delay Time

Award: „Chipset Features Setup", AMI: „Advanced Chipset Setup"

Was passiert? Da der Speicher wie eine Matrix aufgebaut ist, besteht die Adresse einer Speicherzelle aus der Zeilennummer (ROW) und der Spaltennummer (COLUMN). Wenn ein Prozessor auf eine Speicherzelle zugreift, schickt er zuerst die Adresse der benötigten Speicherzelle los. Diese Mitteilung geschieht mit Hilfe von Signalen, dem RAS (Row Address Strobe)-Signal und dem CAS (Column Address Strobe)-Signal. Zwischen den beiden Signalen („Adressmeldung") wird eine Pause (Delay) eingefügt, damit der Speicher auch den Unterschied feststellen kann. Diese Pause ist standardmäßig sehr großzügig bemessen. Voreinstellungen lauten meistens auf „3". Damit ist gemeint, dass der Prozessor drei „Leerlauftakte" zwischen den beiden Signalen macht. Weniger ist hier also mehr.

Empfehlung: 2

Auswirkung: Abhängig von den Speicherbausteinen bringt das ein Geschwindigkeitsplus von ca. 6%. Sollte der Rechner instabil laufen, dann die Werte wieder zurücksetzen. Indiz dafür wären die beliebten „Allgemeinen Schutzverletzungen in Modul..."

Abb. 12.4

Umfangreiche Möglichkeiten bei Award, um die Speicherzugriffe zu optimieren

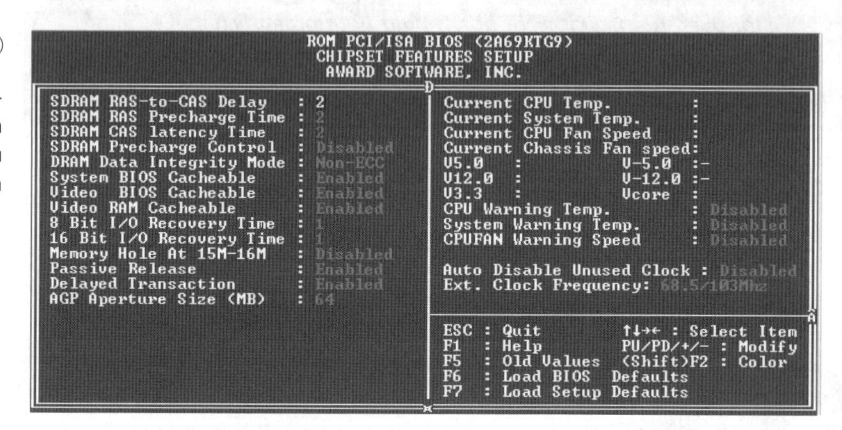

SDRAM CAS# Latency / SDRAM CAS Latency

Award: „Chipset Features Setup", AMI: „Advanced Chipset Setup"

Hier geht es nun schon weit in den Hardwarebereich und in die Physik. Kurz: Die Latenzzeit ist die Zeit, die der Speicher braucht, um nach Erhalt der Speicheradresse (siehe RAS to CAS Delay) die geforderten Daten zu liefern. Diese Zeit können Sie hier festlegen. Es gilt wieder: je kleiner die Zahl, umso schneller liefert der Speicher den Inhalt (in Taktzyklen)

Empfehlung: 2

Auswirkung: Der Lesezugriff wird um ca. 4% beschleunigt.

SDRAM RAS# Precharge / SDRAM RAS Precharge

Award: „Chipset Features Setup“, AMI: „Advanced Chipset Setup“

Hinweis

Vorsicht ist geboten, wenn der FSB übertaktet ist, dann sind SDRAMs PC100 eventuell nicht mehr in der Lage, schnell genug zu „liefern“.Die Verkürzung der „Reaktionszeit“ UND die Erhöhung der Geschwindigkeit kann gutgehen, muss aber nicht.

Nachdem nun beschrieben wurde, wie solch ein Speicher aufgebaut ist und wie er funktioniert, ist der letzte Schritt nicht mehr weit: wenn die Speicherzelle ausgelesen wurde, dann ist die Information in dieser Stelle verloren. Das liegt daran, dass die Ladungen in den Zellen zu schwach sind, um einen solchen Lesevorgang zu „überleben“. Deshalb setzt man diese Zelle auf „inaktiv“, bis der Inhalt wieder zurückgeschrieben wird, denn sonst wäre die Information ja verloren. Diese inaktive Zeit ist die RAS Precharge Time. Klarer Fall, dass auch hier die kürzeren Zeiten die schnelleren sind, denn der nächste Lesezugriff erfolgt in der Regel nicht erst nach 3 (voreingestellt), sondern schon nach 2 Taktzyklen.

Empfehlung: 2

Auswirkung: Hier sind die Geschwindigkeitsvorteile besonders auffällig. Gut 10% macht das aus, und wenn der Rechner stabil läuft, sollte man darauf nicht verzichten.

Wie eingangs erwähnt, gibt es noch zahlreiche andere Bezeichnungen und Möglichkeiten SDRAM zu optimieren, eine weitere verbreitete Option in Abbildung 12.5 zu sehen.

Bank x/y DRAM Timing

Award: „Chipset Features Setup“, AMI: „Advanced Chipset Setup“

Abb. 12.5

Speichertuning in neueren Bios-Varianten

```
Bank 0/1 DRAM Timing       : SDRAM  8ns
Bank 2/3 DRAM Timing       : SDRAM  8ns
Bank 4/5 DRAM Timing       : SDRAM  8ns
SDRAM  Cycle Length        : 2
```

Hier bietet sich die Möglichkeit einzustellen, welche Zugriffszeiten Ihr verwendeter Speicher haben soll. Bei gängigen SDRAM sind das 6 – 10 ns.

Zugriffszeit	maximale Frequenz
6 ns	167 MHz
7 ns	143 MHz
8 ns	125 MHz
10 ns	100 MHz

Nebenbei erwähnt: aus der Zugriffszeit lässt sich die für den Speicher maximale Taktfrequenz errechnen.

Folgende Überlegung: Wenn auf einen Speicher beispielsweise alle 8 ns (=0,000000008 s) zugegriffen werden kann, dann geht das pro Sekunde genau 125 000 000 Mal (=125 MHz).

Mathematisch ein bisschen korrekter:

Frequenz = 1/ Zugriffszeit

Manchmal haben Sie unter dieser Option auch die Möglichkeit zwischen „Normal“, „Medium“, „Fast“ und „Turbo“ zu wählen.

SDRAM Cycle Length",4>

Genau wie die oben beschriebenen Parameter ist auch dieser dafür zuständig, nach welchem zeitlichen Abstand das „Spaltensignal“ folgen darf, und auch hier ist die Empfehlung wieder: 2 Takte.

Fast R-W Turn Around

Beschleunigung des Datendurchsatzes durch schnelleres Umschalten zwischen Lese- und Schreibzugriffen im Arbeitsspeicher.

Empfehlung: enabled

Auswirkung: In den meisten Fällen Performancegewinn bei qualitativ nicht so hochwertigen RAM-Bausteinen Systemabstürze, deswegen: ausprobieren!

Super Bypass Mode

Athlon-Boards mit AMDs hauseigenem Irongate-Chipsatz, haben ab dem Stepping C5 eine Option namens „Super Bypass Mode“. Diese Option ermöglicht dem Prozessor, direkt mit dem Arbeitsspeicher zu kommunizieren, ohne dabei den Umweg über die Northbridge machen zu müssen.

Empfehlung: enabled

Ein Leistungsplus von ca 5% ist angesichts der Risikofreiheit dieser Einstellung eine nette Zugabe zum ohnehin schon fixen Athlon.

CPU Host/DRAM Clock

Eine tolle Möglichkeit, die Taktrate für den Speicher „unabhängig“ vom FSB zu wählen. Sie können – sofern Ihr Speicher das auch verkraftet – den Takt der Speichermodule beispielsweise auf 133 MHz setzen, auch wenn Ihr FSB nur mit 100 MHz fährt. Da diese Einstellmöglichkeit im Zuge der immer schnelleren Speichermodule doch ziemliche Bedeutung hat, hier ein paar Bios-Optionen, die alle das Gleiche meinen, jedoch unterschiedlich heißen und quer durch das ganze Bios Setup zu finden sind:

Parameter	Einstellmöglichkeiten
DRAM CLK	Host CLK, HCLK + 33M
DRAM Clock / Host Clock	3/3 , 4/3

Host Clock bezieht sich dabei auf einen FSB von 100 MHz und entspricht dem Standard für normale PC100 Speicher.

Empfehlung: bei Einsatz von PC133 Speicher natürlich die schnelleren Einstellungen

Auswirkung: Bei aktiviertem 133 MHz Modus ist der Speicher natürlich auch 33% schneller. Rein rechnerisch sollte das mit allen Speichermodulen (auch PC100) funktionieren, die kürzere Zugriffszeiten als 7 ns haben (7ns entsprechen 143 MHz). In der Praxis wird das schon wieder schwierig, denn dann kann man meistens nicht mehr von den schnelleren Speichersettings bei RAS-to-CAS Delay usw. Gebrauch machen. Hier hilft nur testen und benchmarken.

Speichersettings bei älteren Computern

Gerade die Computer bis zum Pentium MMX, haben in der Praxis mit den FPM oder EDO-RAM gearbeitet. Für diese Speicher hat man in den Bioseinstellungen noch weitere Parameter bereitgehalten. Sehr häufig hört man da von Timings, Refresh, Burst oder Waitstates. Was es damit auf sich hat und wie man die Werte optimal einstellt, erfahren Sie in diesem Abschnitt.

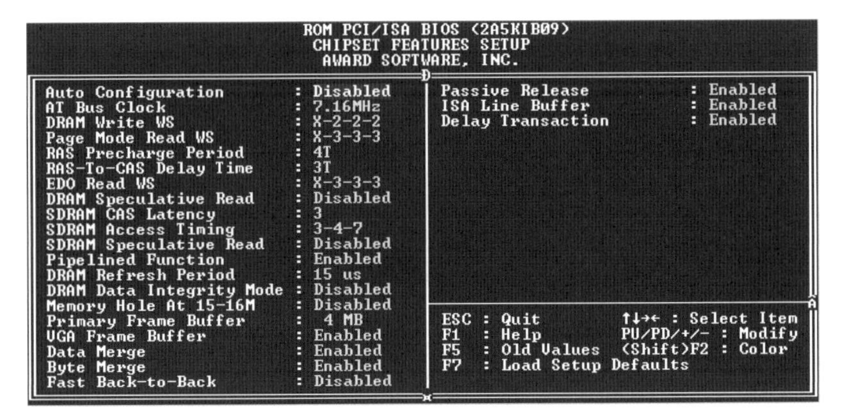

Abb. 12.6

Chipset Features Setup bei Award zur Einstellung von Speichersettings bei älteren PCs

Diese Einstellmöglichkeiten finden Sie immer in den Chipset Features Setup bzw. im Advanced Chipset Setup. Um Ihren Tuningerfolg nicht von subjektiven Eindrücken abhängig zu machen, empfiehlt es sich, vorher mit einem Benchmarkprogramm wie zum Beispiel SiSofts SANDRA (auf der Buch-CD) die Systemleistung zu messen. Empfehlenswert sind da Benchmarks, die hauptsächlich den Speicher betreffen, bei SANDRA würde sich der Memory-Benchmark anbieten, der auswertet, wie CPU, Chipsatz, Cache und Arbeitsspeicher zusammenarbeiten. Was Tuningmaßnahmen im Vergleich zu aktuellen PC-Systemen ausmachen, sieht man sehr deutlich in Abb. 12.7.

Tipp

Sichern Sie unbedingt vor den Veränderungen Ihre aktuellen Einstellungen, um im Falle der Instabilität Ihres Systems die Ausgangswerte wieder einstellen zu können.

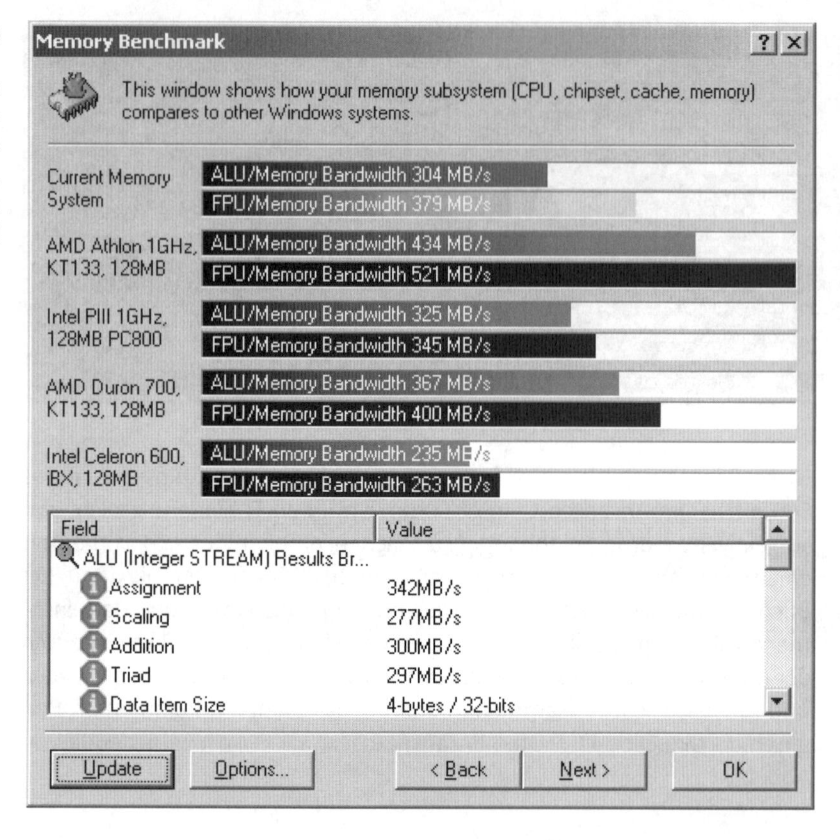

Abb. 12.7 Memory Benchmark nach Tuningmaßnahmen mit einem Celeron 300A, 450 MHz, 256 MB auf einem Tekram P6B40 Board

Den größten Tuningerfolg erzielt man bei den FPM- oder auch bei den EDO-RAM-Modulen durch eine Veränderung der Waitstates, der Burst-Zugriffe und der Refresh-Einstellungen.

DRAM Timing

Hier können Sie einen Wert eintragen (in Nanosekunden), der spezifisch für den verwendeten Speicher ist. In der Regel sind das bei EDO-RAMS 60 ns und bei FP-Modulen 70 ns.

DRAM Refresh Cycle

Arbeitsspeicher ist dynamischer Speicher, d.h., in regelmäßigen Abständen muss der Inhalt wieder aufgefrischt werden, damit die Daten nicht „vergessen“ werden. Manche Hersteller gehen dabei auf die sichere Seite und refreshen die Module unnötig oft. Da auch ein Refresh-Zyklus Zeit verbraucht, sollten die Werte hier höher gesetzt werden.

Empfehlung: 2T oder 3T (2CLK oder 3CLK)

Auswirkung: Anstelle der Standardeinstellung 1CLK (nach jedem Bustakt ein Refresh-Zyklus) werden die Speicherzellen nur nach jedem zweiten bis dritten Bustakt aufgefrischt.

Read WS Options

Waitstates sind Wartezyklen, die der Prozessor einlegen muss, da er in der Regel deutlich schneller arbeitet, als der Speicher Daten liefern oder empfangen kann. Je schneller der Prozessor ist und je langsamer der Speicher, desto höhere Werte müssen hier eingetragen werden. Die Möglichkeiten reichen meistens von 0 bis 4, wobei niedrigere Zahlen gleichbedeutend mit höherer Geschwindigkeit sind. Andere Bezeichnungen können sein: DRAM Read WS, DRAM Read Wait States.

Empfehlung: Beginnen Sie mit „2“.

Auswirkung: Hier eine Empfehlung auszusprechen, ist angesichts der Vielzahl möglicher Kombinationen von Prozessoren und Speichern, nahezu unmöglich. Der Idealfall wäre „0“ und würde bedeuten, dass Sie entweder über einen rasend schnellen Speicher verfügen oder aber über eine extrem langsame CPU. Hier kann man nur ausprobieren.

DRAM Speculative Read / DRAM Speculative Leadoff

Als Einstellungsmöglichkeiten werden enabled und disabled angeboten. Dabei bedeutet „enabled“, dass Daten im Voraus auf Verdacht (spekulativ) gelesen werden. Das kann in einigen Fällen die Performance steigern, da die Daten schon bereitstehen, wo sonst erst die Anfrage gestartet wird. In anderen Fällen war dieses „Vorablesen“ völlig unnütz und hat sinnlos Rechnerleistung gekostet, wenn die Daten dann doch nicht benötigt werden.

Empfehlung: keine

Auswirkung: s.o., im Grunde dieselbe Glaubensfrage, wie die nach dem besseren Browser (Netscape oder Microsoft)

Cache Burst Read Cycle

Hier wird eine 4-stellige Zahlenfolge eingegeben, von der die jeweils kleinere den schnelleren Zugriff auf den Cache-Speicher darstellt.

Empfehlung: 2-1-1-1

Auswirkung: Der Cachespeicher ist normalerweise in der Lage, so schnell zu arbeiten. Sollten sich Systemabstürze häufen, dann wieder zurückstellen.

DRAM R/W Burst Timing

In manchen Bios-Versionen wird diese Option auch aufgespalten und getrennt für den Lesezyklus (DRAM Read Burst Timing) und den Schreibzyklus(DRAM Write Burst Timing) angegeben.

Worum handelt es sich bei einem Burst-Zugriff? Es werden Daten zu einem Block zusammengefasst und gemeinsam übertragen, dadurch sinkt der Verwaltungsaufwand und die Verarbeitungsgeschwindigkeit steigt.

Dabei richtet sich das Bios hauptsächlich nach dem verwendeten Speichertyp: entweder gibt es im Bios selbst für die unterschiedlichen Speichertypen FP- bzw. EDO-Module separate Einstellmöglichkeiten (Abb. 11.6.), oder es richtet sich nach den jeweils langsameren Modulen.

Empfehlung: bei EDO: x222, bei FP-Modulen x333

Auswirkung: Durch die Verringerung der „ungenutzten" CPU-Takte wird der Datenverkehr CPU/RAM deutlich beschleunigt, nirgendwo ist es allerdings wichtiger, das System auf Stabilität zu überprüfen als hier.

Andere Bezeichnungen – gerade bei getrennter Verwaltung von FP – und EDO-RAM- lauten:

Page Mode Read WS, EDO Read WS (Einstellungen für den Lesezyklus)

DRAM Speed: Bei manchen Bios-Versionen sind hier „Werte“ wie „Turbo“ „Fast“ „Normal“ und „Slow“ zu finden. Keine Frage, dass dann „Turbo“ das schnellste darstellt, auch wenn kein Zahlenwert zugeordnet ist. Auch hier gilt: langsam vortasten!

RAS to CAS Delay / RAS to CAS Delay Time

Da der Speicher wie eine Matrix aufgebaut ist, besteht die Adresse einer Speicherzelle aus der Zeilennummer (ROW) und der Spaltennummer (COLUMN). Wenn ein Prozessor auf eine Speicherzelle zugreift, schickt er zuerst die Adresse der benötigten Speicherzelle los. Diese Mitteilung geschieht mit Hilfe von Signalen, dem RAS (Row Address Strobe)-Signal und dem CAS (Column Address Strobe)-Signal. Zwischen den beiden Signalen („Adressmeldung“) wird eine Pause (Delay) eingefügt, damit der Speicher auch den Unterschied feststellen kann. Diese Pause ist standardmäßig sehr großzügig bemessen. Voreinstellungen lauten meistens auf „3“. Damit ist gemeint, dass der Prozessor drei „Leerlauftakte“ zwischen den beiden Signalteilen macht. Weniger ist hier also mehr.

Empfehlung: 2

Auswirkung: Abhängig von den Speicherbausteinen bringt das ein Geschwindigkeitsplus von ca. 6%. Sollte der Rechner instabil laufen, dann die Werte wieder zurücksetzen.

Einflüsse von Parametern auf die Grafikleistung

Die Einstellungen im Bios für die Grafikleistung sind relativ dünn gestreut, dafür aber zum Beispiel für die Leistung unter DOS umso wirkungsvoller.

Video, 32k Shadow / Video Bios Cachable / Cache Video Bios

AMI: „Advanced CMOS Setup“, Award: „ Chipset Features Setup“, Phoenix: „Advanced, Cache Memory“

Mit diesen Einstellmöglichkeiten wird das Bios der Grafikkarte erst ins RAM gespiegelt und von dort aus in den CPU-Cache übernommen. Das ist nur für DOS-Anwender interessant, denn unter WIndows erledigen das die Treiber der Karten, die sich sowieso im RAM befinden.

Eine wichtige Bemerkung für das Bios von Award: natürlich kann man das Bios der Grafikkarte nicht cachen, wenn man es nicht vorher in den RAM gespiegelt hat. Die dafür zuständige Option „Video Bios Shadow" im Bios Features Setup muss natürlich „enabled" sein.

Empfehlung: enabled

Auswirkung: Die Grafikleistung wird um ca. 40% beschleunigt.

USCW / Video Memory Cache Mode

Ähnlich wie beim Zugriff der CPU auf normalen Speicher, so werden auch hier bei Schreibzugriffen auf den RAM der Grafikkarte die Daten vorher in einem Puffer zwischengespeichert. Erst wenn der Treiber sein ok. gibt, oder wenn der Puffer voll ist, werden die Daten in einem Rutsch in den Grafik-RAM geschrieben. Manche Grafikkarten haben diese Funktion schon standardmäßig aktiviert, andere nicht. Das Problem dabei ist, dass nicht alle Grafikkarten diese Funktion unterstützen. Das bemerken Sie sehr leicht daran, dass der Rechner entweder nicht bootet oder irgendwann hängen bleibt.

Empfehlung: enabled oder USCW

Auswirkung: Die Grafikleistung wird um bis zu 60% beschleunigt.

AGP Aperture Size

AGP-Grafikkarten besitzen die Fähigkeit, sich im Falle von Speicherknappheit beim RAM zu bedienen. In einem solchen Fall werden die Daten einfach in den Arbeitsspeicher ausgelagert.

Empfehlung: Standardwert 64 MByte

64 MByte sollten bei den momentanen Anwendungen (hier hauptsächlich hochauflösende Spiele) ausreichen, um Grafikdaten zu bearbeiten. Hinzu kommt ja noch der Speicher auf der Grafikkarte, alles in allem also meistens 96 MByte. Sollte der Speicherbedarf doch höher sein, so kann man den Wert im Bios erhöhen, um die Anwendung lauffähig zu bekommen.

AGP-4x Mode

Wie weiter oben schon erwähnt, sind AGP-Grafikkarten in der Lage, Daten in den Arbeitsspeicher auszulagern. Dabei können verschiedene Modi eingehalten werden, nämlich AGP 1x, AGP 2x und AGP 4x. Die Zahlen stehen dabei für die Anzahl der Informationen, die pro Takt (der AGP-Bus wird mit 66 MHz getaktet) übertragen werden. Das ist schaltungstechnisch ähnlich wie beim DDR-RAM: AGP 1x hat eine Information pro Takt, bei AGP 2x wird sowohl die steigende als auch die abfallende Flanke zum Transport einer Information genutzt, und bei AGP 4x wurde ein weiterer Schaltungstrick angewandt, so dass es noch einmal zur Verdopplung der Informationszahl kommen konnte.

Empfehlung: je höher, umso besser

Diese Empfehlung lässt sich leichter aussprechen, als man sie in der Praxis umsetzen könnte: AGP 4x-Karten gibt es nun schon eine ganze Weile, allerdings sind Mainboard- und Chipsatzhersteller noch nicht allzu lange so modern. Man muss also beim Mainboardkauf schon ein bisschen genauer in die technischen Daten schauen, wenn man ein Board passend zur schnellen Grafikkarte haben möchte.

Einflüsse von Parametern auf das Bussystem

Wenn Sie sich heute Erweiterungskarten zulegen, haben Sie zumeist die Wahl zwischen 3 Bussystemen, dem ISA-Bus, dem PCI-Bus und dem AGP-Bus. Da sich diese Systeme sowohl in der Datenbreite als auch in der Geschwindigkeit voneinander unterscheiden, sind auch hier wieder feine Abstimmungsarbeiten über das Bios Setup möglich.

AT Bus Clock / ISA Clock

AMI: „Advanced Chipset Setup", Award: „Chipset Features Setup"

Das Fossil unter den derzeit gebräuchlichen Bus-Systemen ist der AT-Bus oder auch ISA-Bus. Die Daten werden wahlweise mit 8 oder 16-Bit Breite verarbeitet, und das Ganze geht mit Geschwindigkeiten von max. 8,3 MHz vonstatten. Da heutige ISA-Karten (wenn überhaupt noch verwendet) wesentlich mehr leisten können als die 8,3 MHz der ISA-Spezifikation, kann man folgende Dinge einmal ausprobieren:

Der Takt des ISA-Busses errechnet sich aus dem PCI-Takt (33MHz) und einem Teiler. Voreingestellt ist meistens PCICLK/4, daraus ergibt sich ein ISA-Bus-Takt von 8,25 MHz. Wird der Teiler auf 3 verändert, dann steigt der Wert schon auf 11 MHz.

Empfehlung: Teiler auf 3 setzen

Auswirkung: Wie oben schon beschrieben, laufen die ISA-Karten jetzt mit 11 MHz, sind also ca. 12% schneller. Aber Vorsicht: gerade die älteren ISA-Karten nehmen so etwas krumm. Hinzu kommt, dass bei übertaktetem FSB z.B. auf 112 MHz folgendes Verhältnis gilt:

FSB/3 = PCI = 37,3 MHz PCI/3=ISA=12,4 MHz

Und das wäre schon ein sehr bedenklicher Wert (hier wäre ein Teiler von 4 wieder angebracht). Siehe auch DMA Clock Selection

DMA Clock Selection

Bei vielen älteren Mainboards ist der DMA Takt direkt mit dem ISA-Takt gekoppelt. Das ist nicht weiter schlimm, wenn der ISA-Takt die durch die Spezifikation vorgegebenen Werte von maximal 8,3 MHz nicht verlässt. Liegt dagegen ständig eine Taktfrequenz von 11 MHz oder höher an, kann der DMA-Controller zerstört werden.

Bei Vorhandensein der DMA Clock Selection kann man diesem Übertaktungsproblem begegnen, indem man eine neue Taktfrequenz aus dem AT-Bus-Takt errechnet:

Empfehlung: ATCLK/3

Auswirkung: Der DMA-Bus läuft dann zwar nur noch mit 3,67 MHz, man ist mit diesen Einstellungen jedoch sicher vor Hardwareschäden.

8 Bit I/O Recovery / 16 Bit I/O Recovery

AMI: „Advanced Chipset Setup", Award: „Chipset Features Setup"

Hier lassen sich getrennt für 8- und 16-Bit-ISA-Karten Waitstates einrichten, die nötig sind, wenn die CPU mit den ISA-Karten kommunizieren will. Genau wie überall, ist der Prozessor hier wieder schneller als die Erweiterung und muss entsprechend bei Lese- und Schreibzugriffen eine Zwangspause einlegen.

Empfehlung: 0 oder 1

Auswirkung: die CPU macht keinen oder nur noch einen Takt Pause, bevor wieder auf den Bus zugegriffen wird. Wobei die Einstellung „0" eher Wunschdenken ist und auch die „1" von manchen ISA-Karten nicht klaglos hingenommen wird. Die eigentliche Empfehlung sollte lauten: Verzicht auf ISA-Karten.

DMA CAS Timing Delay

Hier handelt es sich um eine ganz nützliche Einstellungsmöglichkeit aus dem AMI-Bios. Man kann dem DMA Waitstates zuweisen, die dieser einhalten soll. Wer macht seinen DMA-Zugriff jedoch absichtlich langsamer?

Empfehlung: enabled

Auswirkung: Der DMA läuft nun mit voller Geschwindigkeit ab. Sollten Probleme hauptsächlich bei Schreib-/Lesezugriffen auf die Festplatte oder den Brenner auftreten, dann kann man diese Funktion auch wieder disablen.

Local Bus Ready Delay / Latch Local Bus / Check ELBA#-Pin

AMI: „Advanced Features Setup", Award: „Chipset Features Setup"

Diese Einstellungsmöglichkeiten kommen nur auf Mainboards mit VESA Local Bus vor. Der VLB war ein Versuch verschiedener Hersteller, sich auf einen 32-bittigen Bus zu einigen und so Steckplätze für Speichererweiterungs- oder Grafikkarten bereitzustellen.

Hier werden Zahlenwerte eingegeben, die die Anzahl der Waitstates festlegen, wenn der Prozessor auf eine VLB-Karte zugreift. Mögliche Einstellungen sind „enabled", „disabled" und verschiedene Zahlenwerte. Es gilt: je kleiner die Zahlenwerte, umso schneller ist der Rechner. Bei zu optimistischer Vorgehensweise hängt sich der Rechner auf oder schickt mühselig erarbeitete Daten ins Nirwana.

Empfehlung: disabled oder niedrige Zahlenwerte

Auswirkung: genau wie bei den anderen Einstellungen für Waitstates, werden hier durch die kürzeren Wartezeiten höhere Datenraten möglich.

PCI Latency Timer, Latency Timer

AMI: „PCI/Plug and Play Setup“, Award: „PNP/PCI COnfiguration“

Der PCI-Bus hat im Gegensatz zum VLB den Vorteil, von der CPU über eine Host-Bridge (Abb. 1.2 in *Kapitel 1: Prozessoren – die CPU: für jeden Einsatz das Richtige*) entkoppelt zu sein. Das ermöglicht den Erweiterungskarten unter anderem, Daten über das Bussystem auszutauschen, ohne den Umweg über die CPU machen zu müssen, oder auch direkt in den Arbeitspeicher zu schreiben und von dort zu lesen.

Normalerweise hat jeder Computer mehrere Geräte am PCI-Bus „hängen“. In den meisten Fällen sind das Sound- und Grafikkarte, manchmal zusätzlich noch die Netzwerkkarte oder ein SCSI-Controller. Diese Komponenten fungieren beim Datenaustausch sowohl als Sender als auch als Empfänger von Daten. Zusätzlich zum Datenaustausch muss also geklärt werden, wer gerade an wen senden darf und wie die Prioritäten aufgeteilt sind. Manche Karten sind busmasterfähig und bekommen den PCI-Bus exclusiv, belegen den Bus also allein, so dass keine andere Karte senden oder empfangen kann. Diese Exclusivität wird irgendwann (nach bewusster Latenzzeit) unterbrochen und anderen Karten zur Verfügung gestellt. Je höher hier die eingestellte Zahl ist, desto höher ist auch der Datendurchsatz.

Ist dagegen der Wert zu hoch eingestellt, dann kommt die Soundkarte möglicherweise ins Stottern, denn sie benötigt eher den gleichmäßigen Datenstrom als einen hohen Datendurchsatz.

Empfehlung: Bei reinen PCI-Systemen 255, bei PCI-ISA-Systemen ist der Standardwert ok.

Auswirkung: Der Idealfall ist das System, in dem nur PCI-Karten vorkommen, denn der PCI-Bus muss dann nicht kurzfristig für ISA-KArten zur Verfügung gestellt werden. Hier bekommt man mit dem höchsten einstellbaren Wert – in der Regel 255, manchmal auch 248 (Tekram P6B40) – die höchste Performance.

Bei Mischsystemen von PCI- und ISA-Karten können Sie versuchsweise den Standardwert erhöhen, um die Performance zu verbessern. Sollte eine der angeschlossenen Karten Probleme machen (meistens eine ISA-Karte), dann nehmen Sie den Wert wieder zurück.

PCI/VGA Palette Snoop

AMI: „PCI / Plug and Play Setup“, Award: „Bios Features Setup“

Diese Funktion ist in folgendem Fall wichtig: Sie haben eine ISA-Karte, die VGA-Grafikfunktionen nutzt, zusammen mit einer PCI-Grafikkarte im PC installiert. Hier gilt es die Funktion einzuschalten (enabled), um Grafikfehler zu vermeiden. Ansonsten unbedingt auf „disabled“ stellen.

Passive Release

Falls ISA- und PCI-Karten installiert sind, kommt es manchmal zu Verzögerungen im Datenfluss, wenn eine ISA-Karte durch die DMA-Funktion den Busmaster-Betrieb behindert.

Empfehlung: enabled

Auswirkung: Mit Passive Release wird für Kompatibilität zu PCI 2.1 gesorgt, und solche Verzögerungen werden verhindert. Sollten ältere PCI-Karten Schwierigkeiten machen, dann diese Funktion wieder deaktivieren.

Delayed Transaction

Hier wird ähnlich wie bei Passive Release die Kompatibilität zum PCI-Standard 2.1 verbessert. Manche Hersteller fassen auch beide Optionen zu „PCI 2.1 Support“ zusammen.

Empfehlung: enabled

Auswirkung: Der Datenfluss wird ein wenig flotter, wenn die PCI-Karten nicht durch die ISA-Karten ausgebremst werden.

PCI Dynamic Bursting

Hier schalten Sie einen Buffer im Chipsatz ein, der Schreibzugriffe auf den PCI-Bus sammelt, um sie dann im Block zu übertragen.

Empfehlung: enabled

Auswirkung: Geschwindigkeitsplus abhängig von der Hardwareausstattung von bis zu 20 %

Peer Concurrency

Da im Allgemeinen mehrere PCI-Karten im System vorhanden sind, kann man hier einstellen, ob die Karten nacheinander am PCI-Bus aktiv sein dürfen oder ob Daten auch gleichzeitig gesendet bzw. abgerufen werden können.

Empfehlung: enabled

Auswirkung: Wenn alle gleichzeitig arbeiten können, wirkt sich das natürlich positiv auf die Gesamtleistung des Systems aus. In manchen Fällen leidet jedoch die Systemstabilität unter dieser Art des Datenaustausches. Hier hilft entweder das Deaktivieren dieser Option oder das Umstecken und Austauschen der Karten in den verschiedenen PCI-Slots.

PCI Burst Mode

Auch hier lassen sich durch Zusammenfassen der Daten in Blöcke schnellere Übertragungsraten erzielen. Dafür halten manche ältere Bios-Varianten einige Optionen für den Anwender bereit: PCI Burst Mode, PCI Burst to Main Memory, PCI Memory Burst Write oder CPU to PCI Burst Write, um nur einige zu nennen.

Empfehlung: enabled

Auswirkung: Sie beschleunigen den Datenverkehr durch die Aktivierung der Burst-Funktionen erheblich. Sollte es in seltenen Fällen zu Schwierigkeiten durch Systemaussetzer kommen, dann deaktivieren Sie die Optionen wieder.

PCI Streaming

Streaming nennt man den Austausch von Daten in Blöcken, ohne dass der Prozessor aktiv werden muss. Im Prinzip also ähnlich den Burst-Funktionen.

Empfehlung: enabled

Auswirkung: Beschleunigung des Datenflusses durch Vergrößerung der gleichzeitig versendeten Datenpakete.

PCI to DRAM Pipeline

Um den Zugriff auf den Hauptspeicher zu beschleunigen, werden Adressdaten während Lese-/Schreibzyklen übertragen.

Empfehlung: enabled

Auswirkung: Beschleunigung von Speicherzugriffen

Weitere nützliche Bioseinstellungen mit Bezug auf das Bussystem

Einige Parameter, die seltener vorkommen, aber trotzdem Einfluss auf Bussystem und Datenaustausch haben, finden Sie in nachstehender Tabelle:

Option	Empfehlung	Auswirkung
PCI Posted Write Buffer	enabled	Daten wird vorübergehend in einen Puffer geschrieben um die CPU nicht zu unterbrechen (bei disabled würde der langsamere ISA-Bus verwendet)
PCI to DRAM Write Buffer (PCI to DRAM Buffer, PCI to Mem Write Buffer)	enabled	verhindert Prozessorunterbrechungen durch Zwischenspeicherung von Daten, die in den Hauptspeicher geschrieben werden sollen
PCI Mem Line Read	enabled	Daten werden zeilenweise (schneller) gelesen
PCI Mem Line Read Prefetch	enabled	bei aktivierter „PCI Mem Line Read"-Option werden weitere Zeilenadressen im Voraus gelesen

Einflüsse von Parametern auf die Sicherheit

Die im Bios enthaltenen Optionen in Bezug auf die Systemsicherheit sind eher rudimentär. Einzig die geschickte Konfiguration bietet einen Schutz vor Datendieben oder „netten" Kollegen, die sich mal eben einen Scherz erlauben wollen.

In *Kapitel 11: Security – alles gegen Sabotage, Viren und Datenverlust* wird ausführlich auf die verschiedenen Optionen eingegangen. Hier noch einmal kurz die effektivsten Kombinationen:

1. Nutzen Sie als Bootlaufwerk die Festplatte „c:". Dadurch wird verhindert, dass fremde Personen mittels eines bootfähigen Datenträgers Zugang zum Rechner bekommen und so ein eventuell softwaremäßig installiertes Sicherheitssystem umgehen können.

2. Stellen Sie den Schreibschutz für Ihr Diskettenlaufwerk schon im Bios ein. Die Option „Floppy Disk Access Control" muss dabei auf „Read Only" gestellt werden. Damit ist „Datenklau" per Diskette nicht mehr möglich.

3. Vergeben Sie am besten jeweils ein Passwort für Supervisor und für User. Stellen Sie dabei die Security Option auf „System". Personen Ihres Vertrauens können Sie dann das Userpasswort geben. Damit können diese Personen sowohl den Rechner starten und daran arbeiten als auch im Bios das eigene Passwort ändern. Mehr aber auch nicht. Personen ohne Passwort können den Rechner nicht einmal starten. Wer welche Befugnisse hat, können Sie nachstehender Tabelle entnehmen.

Vergabe von		Sec.Option	Schutz des		
USER	SUPER-VISOR		Systems	Bios vor Zugriff	Bios vor Änderungen durch den User
ja	nein	Setup	nein	ja	nein
ja	nein	System	ja	ja	nein

Vergabe von		Sec.Option	Schutz des		
USER	SUPER-VISOR		Systems	Bios vor Zugriff	Bios vor Änderungen durch den User
ja	ja	Setup	nein	ja	ja
ja	ja	System	ja	ja	ja

Am sichersten ist es, wenn Sie sich dabei an die hellgrau unterlegte Zeile halten.

Wer jetzt Zugriff auf Ihre Daten haben möchte, muss sich schon ein wenig anstrengen. Der Nachteil: sollten Sie Ihr Passwort verlieren, dann helfen auch Ihnen nur noch die Maßnahmen aus *Kapitel 15: Tipps und Tricks – was Hersteller verschweigen*.

Bios Update – die Lizenz zum Flashen

13

Das Bios Update ist unberechtigterweise für viele Anwender immer noch ein rotes Tuch. Wie häufig haben Sie schon von der Gefährlichkeit eines Bios-Updates gehört? Natürlich können Fehler beim Flashen ein ganzes System ruinieren. Wenn man allerdings ein paar Regeln einhält und entsprechende Vorsichtsmaßnahmen beachtet, kann nichts passieren.

Die in diesem Kapitel dargestellte Anleitung ist universell einsetzbar und sollte auch ungeübten Anwendern die Möglichkeit geben, ihr System auf den neuesten Stand zu bringen.

Das Bios-Update – wann ist es nötig?

Gründe, die für ein Bios-Update sprechen, gibt es viele. Jedes Mal, wenn sich aus unerfindlichen Gründen Rechnerabstürze häufen, obwohl alles in Ordnung zu sein scheint und alle Treiber auf dem aktuellsten Stand sind, könnte ein veraltetes Bios die Ursache sein.

Das tritt häufig dann auf, wenn eine der nachfolgend beschriebenen Situationen vorangegangen ist:

Vorgang	Wirkung
Ein neuer Prozessor wurde eingebaut	Der Prozessor wird – deutlich an der Bezeichnung auf dem Startbildschirm zu sehen – wird nicht korrekt erkannt und kann damit nicht optimal arbeiten
Eine größere Festplatte wurde eingebaut	Die korrekte Größe wird nicht erkannt und Teile der Platte bleiben ungenutzt
Neue Peripherie (z.B. Grafikkarte) wurde eingebaut	Die hochgelobte 3D-Karte läuft nur mit 16 Farben, oder andere Plug&Play-Geräte werden nicht erkannt

Auf jeden Fall ist es ratsam, ein Bios-Update durchzuführen, wenn eine neue Technik oder schnellere Prozessoren eingebaut werden, die vom Bios und damit dann auch vom Betriebssystem nicht erkannt werden. Wer hat schon Lust, mit viel Geld Leistung zu kaufen und dann nicht nutzen zu können?

Die Voraussetzungen – gründliche Vorbereitung ist die halbe Arbeit

Backup – für den Fall der Fälle

Als Erstes müssen Sie sich über die Möglichkeit im Klaren sein, dass etwas schief gehen könnte. In jedem Fall sollten Sie also vorher alle wichtigen Daten sichern!

Firmware – die neue Datei fürs Bios

Firmware ist die eigentliche Software, die im Bios-Baustein gespeichert wird. Sie bekommen sie vom Hersteller des Boards.

Die für die verschiedenen Modelle jeweils aktuellsten Versionen findet man auf den Supportseiten des entsprechenden Herstellers im Internet, oder für einige Hersteller auch auf der Buch-CD. Um im Internet die lange Suche abzukürzen empfiehlt sich die Nutzung eines Treiberverzeichnisses, wie z.B.

http://www.2Nite.de/Treiber/BiosTreiber/biostreiber.html

Bei der Internetrecherche ist nicht nur der Hersteller wichtig, sondern auch die genaue Boardbezeichnung incl. Revisionsnummer. Wird das nicht beachtet, ist der Absturz im wahrsten Sinne des Wortes vorprogrammiert. Meistens hilft hier das Handbuch weiter, ansonsten das *Kapitel 8: Identifikation leicht gemacht*

Flashprogramm – Werkzeug zum Aktualisieren

Das Programm, das die neuen Daten in den CMOS-Baustein schreiben soll (z.B. AWDFLASH.EXE, AMIFLASH.EXE o.Ä.), bekommt man meistens auf derselben Internetseite wie die Firmware. Ansonsten hilft ein Blick ins Handbuch des Mainboardherstellers, oder in die Readme-Datei, die der Firmware beiliegen sollte.

Bootdiskette – Grundlage für das Flashen überhaupt

Hier wird es ein wenig schwieriger, denn die unterschiedlichen Betriebssysteme gehen mit dem DOS-Modus unterschiedlich bzw. gar nicht um. Eine Fallunterscheidung ist hier unumgänglich, es klingt aber komplizierter, als es ist.

DOS/Win9x: Eine leere Diskette ins Laufwerk schieben und im DOS-Modus oder in der DOS-Box format a:/s eingeben. Was passiert? Die Diskette wird formatiert (deswegen sollte sie vorher leer sein) und dann werden automatisch (durch den Parameter /s) die Systemdateien auf die Diskette kopiert. Das sind COMMAND.COM, DRVSPACE.BIN, IO.SYS und MSDOS.SYS

Windows 2000: Sie brauchen vier formatierte Disketten. Legen Sie die Win 2000 Installations-CD in Ihr CD-ROM Laufwerk und klicken Sie auf dem Desktop auf „Start/Ausführen/Durchsuchen". Wechseln Sie jetzt in das Verzeichnis „BootDisk" auf der CD und starten Sie MAKEBOOT.EXE. Eine andere und einfachere Möglichkeit: im Bootmenü beim Start das Betriebssystem MSDOS auswählen. Das geht natürlich nur, falls man Windows 2000 als Update „überinstalliert" hat. Ansonsten sollte man sich auf einem fremden Win-9x-Rechner eine Bootdiskette erstellen und diese nutzen (offizieller „Tipp" diverser Supportmitarbeiter von Mainboardherstellern). Sollte auf der primären Partition der Festplatte noch eine Version des FAT-Dateisystems genutzt werden, kann man die Firmware getrost in einen Ordner wie z.B. c:\flash\ kopieren. Vom DOS-Prompt aus greift man dann ganz bequem per cd flash auf das Verzeichnis zu und hat Zugriff auf die zuvor kopierten Dateien. Hat man sich bei der Installation von Windows 2000 für das NTFS-Dateisystem von Windows NT entschieden, MUSS man die Firmware mit auf Diskette kopieren, da man mit der DOS-Bootdiskette nicht auf NTFS-Partitionen zugreifen kann.

Windows Me: Über „Start/Einstellungen/Systemsteuerung/Software" auf den Karteikartenreiter „Startdiskette" und dann auf „Erstellen" klicken.

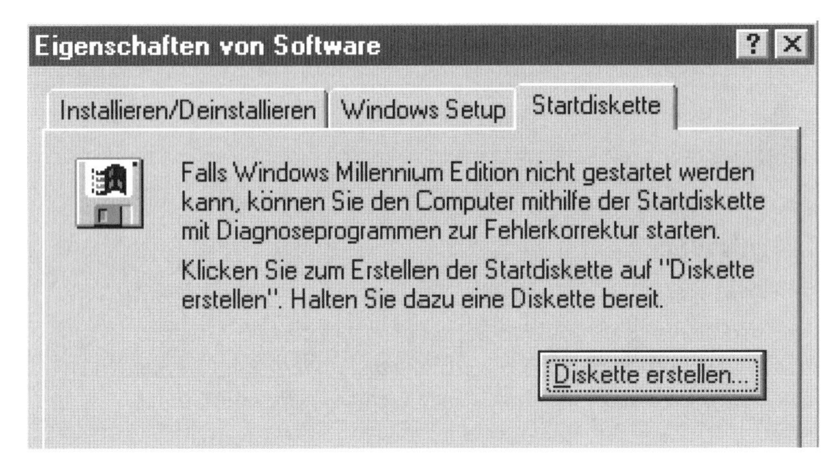

Abb. 13.1

Startdiskette unter Windows Me erstellen

Falls Firmware und Flashprogramm schon entpackt sind, kann man diese Files mit auf die Diskette kopieren. Alternativ kann man auch unter Windows einen Ordner anlegen – z.B. c:\FLASH\ und die Dateien dort hinein kopieren. Es empfiehlt sich übrigens, den Namen der Firmware-Datei (z.B. p6bax109.bin – wer kann sich das schon merken?) zu notieren, denn manche Flashprogramme fragen ihn während der Installation ab.

Bios Einstellungen – Sicherung der alten Parameter

Wer sein System schon einmal optimal konfiguriert hat, möchte die alten Einstellungen aus dem Bios sicher nicht verlieren. Abhilfe kann man auf zwei Arten schaffen:

1. Ausdruck aller Bios-Bildschirme (einfach im Bios die Druck-Taste betätigen), die meisten Bios-Programme gestatten das und steuern den Drucker an
2. Bleistift und Papier zum Notieren der wichtigsten Parameter (empfiehlt sich für erfahrene Anwender eher, da wirklich nur die relevanten Daten aufgenommen werden müssen)

Die Anleitung – Flashen leicht gemacht

HINWEIS

Sollte beim Flashen irgend etwas schief gehen, eine Fehlermeldung erscheinen, oder ähnliches Ungewöhnliches passieren, dann schalten Sie den Rechner auf gar keinen Fall aus, sondern lesen Sie zuerst den Abschnitt Troubleshooting – Hilfe wenn es schief geht *durch!*

1. Falls noch nicht geschehen, wird zuerst die neue Software entpackt (sie kommt zumeist als *.zip – File) und entweder auf die Bootdiskette oder in ein eigenes Verzeichnis – z.B. c:\Flash\ – kopiert. In den meisten Fällen ist eine Datei namens readme.txt dabei, die am besten ausgedruckt werden sollte. Hier finden Sie, vorzugsweise in Englisch, eine detaillierte Flashanleitung. Auf diesem Blatt kann man auch gleich den Namen der *.bin – Datei notieren. In vielen Fällen (bei Award fast immer) wird man zwischendurch nach diesem Namen gefragt.

2. Der Rechner wird nun heruntergefahren. Das Handbuch des Mainboards gibt Auskunft darüber, ob das Bios schreibgeschützt ist. Dafür gibt es zwei Möglichkeiten: den Schreibschutz per Jumper und den per Einstellung im Bios. Sollte ein Jumper das Bios vor Überschreiben schützen, dann wäre jetzt die Gelegenheit, den Rechner zu öffnen, den Jumper mit Hilfe des Handbuchs zu lokalisieren und umzusetzen. Das Kapitel dazu im Handbuch könnte „Flash Write Protection" oder ähnlich heissen. Ist das Bios durch eine Einstellung im Bios geschützt, dann sucht man den jeweiligen Parameter, um ihn zu deaktivieren. Bei Award ist das im „Bios Features Setup" möglich, beim AMI-Bios im „Advanced CMOS Setup" und Phoenix nennt es „Main, Security". Die Parameter heissen „Flash Bios" oder „Flash Enable".

3. Wenn man nicht ohnehin schon des Schreibschutzes wegen im Bios ist, dann ist jetzt der Zeitpunkt gekommen, dort einige wichtige Einstellungen vorzunehmen: Da der Rechner von der Startdiskette aus gebootet werden soll, muss die Bootreihenfolge auf „A,C“ gestellt werden. Den entsprechenden Parameter findet man bei Award im „Bios Features Setup“ unter „Boot Sequence“. Bei AMI könnte es „1st Boot Device“ oder „BootUp Sequence“ heißen und im „Advanced CMOS Setup“ zu finden sein. Phoenix nennt es „1st Boot Device“ und versteckt es im „Boot“Menü.

4. Letzte Bioseinstellung, die vorgenommen werden muss: die Parameter „External Cache“ und „Internal Cache“ müssen auf „disabled“ gesetzt werden. Diese Einstellungsmöglichkeiten findet man bei AMI unter „Advanced CMOS Setup“ , bei Award unter „Bios Features Setup“ und bei Phoenix unter „Main, Memory Cache“. Diese Einstellungen verhindern, dass das Bios in den Cache geschrieben wird. Die neuen Einstellungen werden abgespeichert und der Rechner mit der Startdiskette neu gestartet.

5. Bei den unter DOS bzw. Win9x erstellten Startdisketten erscheint der DOS-Prompt automatisch, bei Windows Me kommt ein Startmenü, das man mit ⇧-F5 verlassen kann (oder mit dem Menüpunkt „4. Mit Minimalkonfiguration starten“) und dadurch zum Prompt gelangt. Sollte sich die neue Software mit auf der Startdiskette befinden, dann gibt man jetzt den Namen des Flashprogramms ein (z.B. awdflash.exe), sollte die Software in einem eigenen Verzeichnis abgespeichert sein, dann wechselt man erst in das entsprechende Verzeichnis und startet dann das Programm (Achtung: amerikanische Tastaturbelegung: : liegt auf Ö, \ auf #, – auf ß, _ auf? und y und z sind vertauscht!). Die Flashprogramme sind ziemlich komfortabel und stellen auch den ungeübten Anwender nicht vor unlösbare Probleme.

6. Ein paar Informationen werden abgefragt: meistens der Pfad und der Name des neuen Files, ob das alte Bios gesichert werden soll (JA!) und das obligatorische „Sind Sie sicher?“ (auch JA! – logisch)

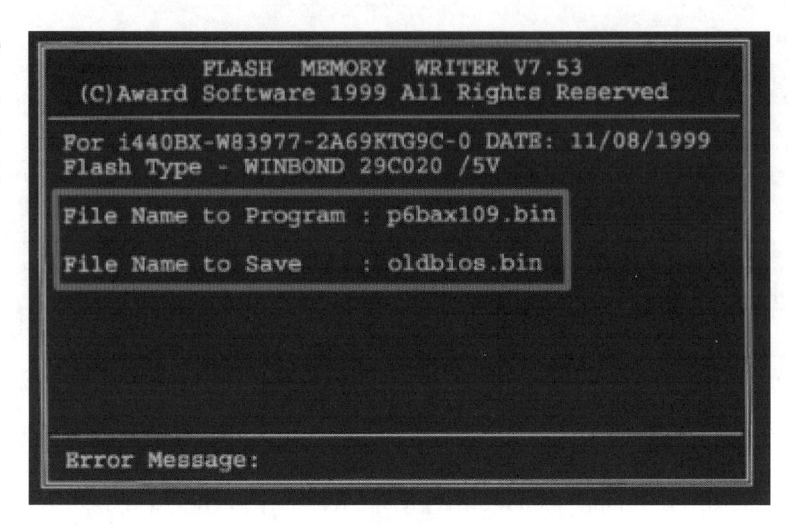

Abb. 13.2

Das alte Bios sollte gespeichert werden, hier unter dem Namen „oldbios.bin"

Nun startet der eigentliche Schreibvorgang, Zeit sich zurückzulehnen und zu warten, dass eine Meldung „Update successfull" oder ähnlich erscheint. Jetzt wird der PC ausgeschaltet.

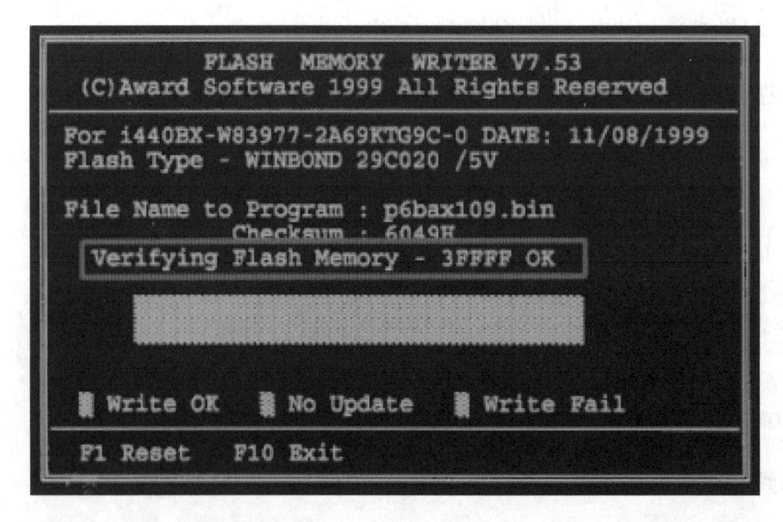

Abb. 13.3

Erfolgsmeldung nach dem Bios-Update

7. Eventuell entfernte Jumper in den Ausgangszustand versetzen und den PC wieder einschalten

8. Sofort ins Bios gehen und „Load Setup Defaults“ starten. Dadurch werden eventuelle neue Parameter im Bios initialisiert und verfügbar gemacht. Nachdem man nun die in der Vorbereitung zum Setup notierten Werte wieder eingestellt hat, wird abgespeichert und neu gestartet.

Fertig!

Troubleshooting – Hilfe, wenn etwas schief geht

Was kann bei einem Bios-Update eigentlich schief gehen? Wenn Sie sich strikt an diese Anleitung gehalten und außerdem die Hinweise aus der readme-Datei und dem Handbuch beachtet haben, eigentlich gar nichts. Im Grunde genommen machen das die „Profis“ genauso und verdienen sogar noch Geld damit.

Das Einzige, was passieren kann, ist das Überspringen einzelner Teilschritte, deswegen sollte man besonders sorgfältig arbeiten. Im Gegensatz zu Fehlern bei einem „normalen“ Treiberupdate, funktioniert hier erst einmal der komplette Rechner nicht mehr.

Nachfolgend sind die häufigsten Probleme und Fehlermeldungen aufgeführt, die Ursachen dafür und, wenn möglich, auch die Lösung:

Problem	Ursache	Lösung
Programmabbruch	Falsches Bios-Update	Das für dieses Mainboard richtige Bios-Update besorgen
	Schreibschutz nicht entfernt	Schreibschutz deaktivieren
	Cache nicht deaktiviert	Internal und External Cache im Bios auf „disabled“ setzen

Problem	Ursache	Lösung
	Zu wenig Arbeitsspeicher (evtl. im DOS-Modus von Windows gestartet)	Bootdiskette verwenden
Nach dem Flashen wird das alte Bios angezeigt	Schreibschutz nicht entfernt	Schreibschutz deaktivieren und neu flashen
	Cache nicht deaktiviert	Internal und External Cache im Bios auf „disabled“ setzen, neu flashen
PC startet nicht mehr	falsche Bios-Version verwendet oder nur unvollständig überschrieben	alte, gesicherte Version (oldbios.bin) zurückspielen, siehe auch readme-Datei, eventuell die „Ultimate Boot Disk“ verwenden und Bios zurückspielen

Falls der Rechner gar nicht mehr startet, bieten einige Hersteller (z.B. Intel) die Möglichkeit, das Board über den Recovery Jumper zu retten:

Dazu wird der Jumper (siehe Motherboard-Handbuch) in die Recovery-Position gesetzt und der Computer von der eben auch benutzten Bootdiskette gestartet. Wenn Sie auf dem Bildschirm nichts sehen, so ist das jetzt normal: der Monitor wird nicht angesteuert, Sie sind auf Ihr Gehör angewiesen. Der PC wird piepen und die Diskette wird im Laufwerk aktiv – der PC rettet sich selbst, indem er eine Recovery-Datei aus einem Bios-Block in das Flash-ROM kopiert. Wenn die Kontrolleuchte der Diskette ausgeht, ist der Vorgang abgeschlossen. Jetzt den Rechner ausschalten, Recovery-Jumper zurücksetzen und neu starten. Der Rechner sollte jetzt wieder starten.

Hat Ihr Board keinen Recovery-Jumper, dann kann Folgendes helfen:

Bios-Baustein ausbauen und in einem Rechner mit gleichem Mainboard brennen: Dazu wird im „Gastrechner“ der Eeprom nur ganz leicht in den Sockel gedrückt und nach dem Start ganz vorsichtig im laufenden Betrieb entfernt (das geht, da das Bios dann sowieso im schnelleren Arbeitsspeicher ist). Dann wird der kaputte Baustein eingesetzt, mit dem vorher gesicherten oldbios.bin geflasht, und der Urzustand ist wieder hergestellt. Ganz wichtig ist dabei, dass keine Kontakte berührt werden.

Sollte das alles nicht helfen bzw. nicht möglich sein, dann gibt es einige Anbieter, die den Eeprom neu brennen. Preiswert und schnell ist da zum Beispiel die Firma BRABIS aus Hannover. Alles Wichtige zum Austausch, Neu brennen, Preise usw. finden Sie übersichtlich im Internet unter http://www.derpcdoktor.de.

Am Hersteller vorbei – Programmieren direkt auf den Chip

14

An einigen Stellen in diesem Buch werden Sie sicher auf Tipps gestoßen sein, die sich auf Ihrem Rechner nicht übertragen lassen. Das könnte u.a. der Fall sein, wenn Sie ein Phoenix-Bios haben. Einige der Optionen (gerade die zur Optimierung der Speichertimings) sind dort gar nicht vorhanden. Das ist besonders schade, denn genau hier ist das größte Leistungspotenzial herauszuholen.

Findige Programmierer haben deshalb Tools entwickelt, die es entweder ermöglichen, direkten Einfluss auf den Chipsatz zu nehmen und dem Bios dann eine neue Konfiguration liefern, oder (und das ist auch nicht uninteressant) im Bios versteckte Optionen freizuschalten.

Einige von diesen Tools werden hier im Folgenden vorgestellt.

TweakBios – 150 KB geballte Kraft

Zuerst das Negative: meistens wird Tweakbios vollmundig als Freeware und damit kostenlos angepriesen (sogar auf dem Screenshot hier sichtbar). Das ist ein wenig verwirrend, denn die Shareware (auf der Buch-CD) kostet in der registrierten Version 20 Dollar. Erst nach Registrierung lassen sich auch die diversen Einstellmöglichkeiten abspeichern. Und damit komme ich schon zum Positiven:

Kein anderes Tool lässt so viele Einstellmöglichkeiten zu wie TweakBios. Dabei umgeht das Tool das Rechner-Bios und greift direkt auf den Chipsatz des Mainboards zu.

TweakBios – eigentlich ein DOS-Programm- läuft auch unter Windows 9x und Millenium Edition. Schwierigkeiten gibt es bei Windows NT und 2000, es wird eine readme.txt angeboten, die (englischsprachig) erklärt, wie bei NT vorgegangen werden soll.

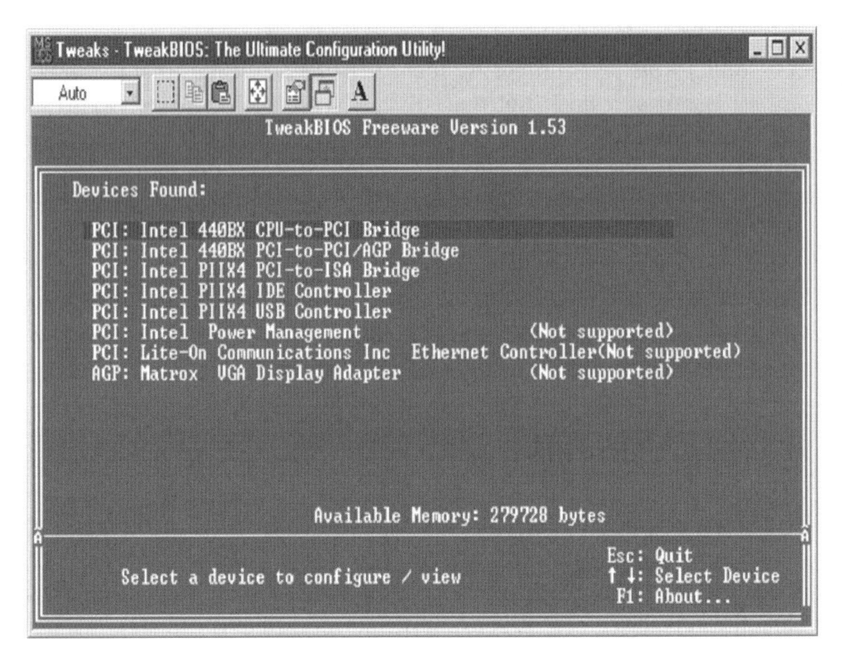

Abb. 14.1

Tweak Bios 1.53, aktuelle Downloads unter http://www.miro.pair.com/tweakbios

Tuning mit TweakBios

Hinweis

Sollte hinter manchen Einträgen auf dem Startbildschirm der Hinweis „Not supported" stehen, dann erkennt TweakBios die Komponenten zwar, lässt aber keine Einstellungen daran zu. Meistens ist das beim Power Management oder bei Grafikkarten so, also nicht weiter dramatisch.

Nahezu alle in diesem Buch veröffentlichen Empfehlungen (s. *Kapitel 12: Bios Tuning – die Best Settings für mehr Sicherheit, Stabilität und Geschwindigkeit*) lassen sich auch mit diesem Tool verwirklichen, selbst wenn Ihr Bios die Einstellungen nicht bereithält. Gehen Sie dazu auf dem Startbildschirm von TweakBios die einzelnen Ordner durch, und Sie werden die wichtigsten Einstellungsmöglichkeiten für Speichertiming, Latenzzeiten usw. finden.

Die Bedienung des Programms ist genau so eingerichtet, als würden Sie sich im Bios Setup befinden, Sie können also mit den Pfeiltasten navigieren und die Werte mit <Bild auf> und <Bild ab> verändern.

In dieser Abbildung sind auch deutlich die Hilfestellungen für nicht so versierte Nutzer sichtbar (rechts unten markiert). Dort erhalten Sie Hinweise, welche Einstellungen den Einsatz Ihres PCI beschleunigen. Aber auch hier ist der Hinweis unumgänglich, dass die verschiedenen Einstellungen eng miteinander verbunden sind und das Setzen aller Optionen auf die Maximalwerte mit ziemlicher Sicherheit zum Absturz führen würde. Übrigens: Mit F4 können Sie einen Screenshot der derzeitigen Einstellungen machen und auf Wunsch als Textdatei abspeichern. Dann sind Vergleiche mit anderen Einstellungen jederzeit möglich.

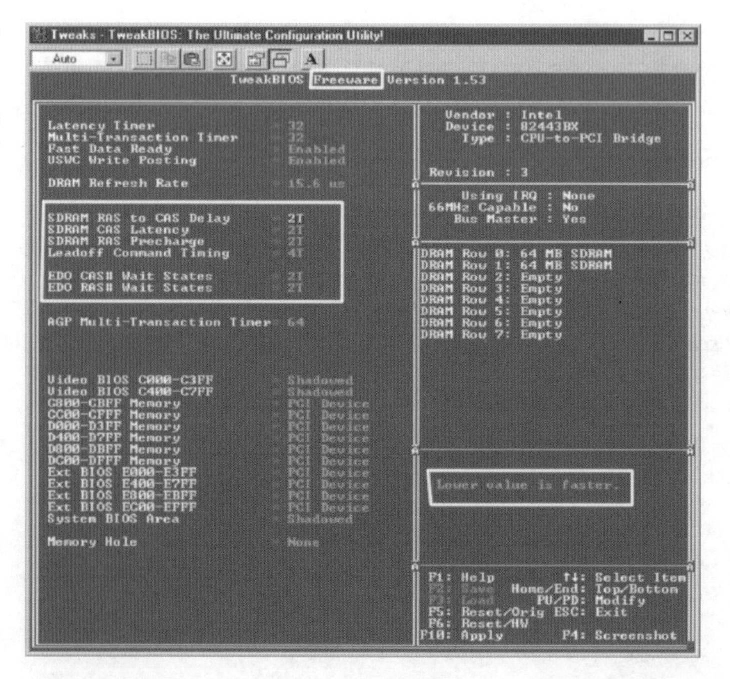

Abb. 14.2

Die Speichersettings im Menüpunkt *CPU-to-PCI-Bridge*

Tweak Bios – Wieso registrieren?

Tipp

Ein Eintrag in der autoexec.bat sorgt für das Laden der Best Settings:
c:\<Pfad>\tweaks.exe /load

Natürlich müssen Sie TweakBios nicht registrieren. Es funktioniert uneingeschränkt in der Sharewareversion. Allerdings könnten Sie in der registrierten Vollversion Ihre optimalen Settings abspeichern. Damit diese dann bei jedem Rechnerstart geladen werden, fügen Sie Tweakbios in Ihre autoexec.bat ein und haben nach einem Neustart sofort die Best-Settings verfügbar.

Modbin – Freischalten versteckter Bios-Optionen

Sie kennen das eventuell: Sie haben ein neues Bios-File als Download von einer Webseite geholt und sind damit noch nicht 100% zufrieden. Das kann daran liegen, dass Einstellungen der Vorgängerversion plötzlich nicht mehr da sind und Sie möchten sie wieder haben. Oder Sie wollen endlich einmal die Gelegenheit haben, Ihr „eigenes" Bios zu kreieren. Alle diese Dinge können Sie mit Modbin machen.

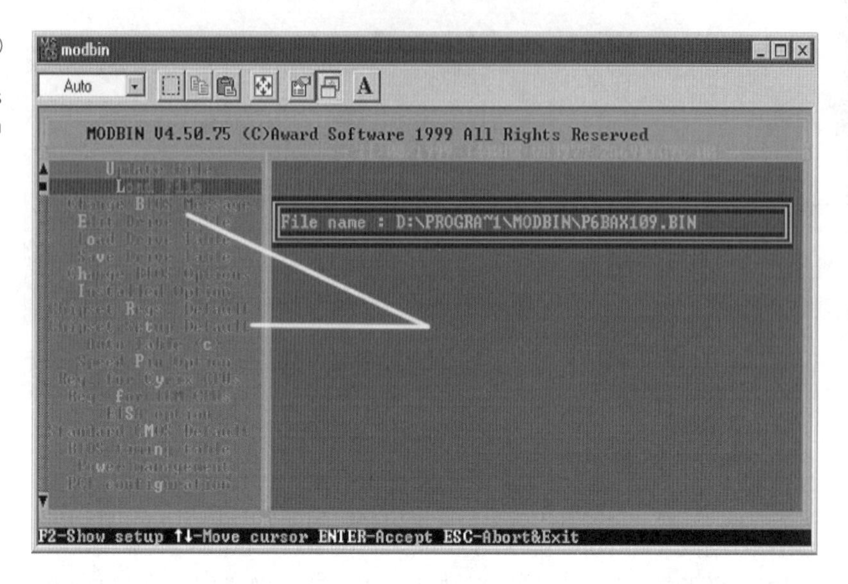

Abb. 14.3 Modbin – das Bios Setup anpassen

Hinweis

Die jeweils aktuellste Version erhalten Sie unter: http://www.pionix.co.kr/award/awprod.htm

Vorab so viel: Modbin eignet sich nur für das Award-Bios und als Voraussetzung für die Anwendung benötigen Sie eine fertige *.bin oder *.awd Datei. Das sind die Dateien, die Sie beim Hersteller Ihres Mainboards für ein Bios-Update herunterladen können. Diese Dateien werden nach dem Start von Modbin geladen und stehen dann zur Veränderung bereit.

Am besten ist es, wenn Sie Ihr Bios-File im selben Ordner gespeichert haben, wie Modbin. Dann brauchen Sie nach dem Start von Modbin nur noch die <Enter>-Taste zu betätigen, und Ihr File wird geladen. Zum Kennen lernen des Programms sollen die in Abb. 14.3 markierten Funktionen genügen.

Unter „Change Bios Massage" können Sie den Schriftzug verändern, der beim Starten des PC erscheint und normalerweise die Biosversion anzeigt. Denkbare Änderungen wären beispielsweise das Eintragen des letzten Updates-Datums und des Namens des Eigentümers. So finden Sie Ihr Board aus Tausenden anderen wieder heraus (es sei denn, das Bios wurde wieder neu geflasht).

Wenn Sie den Eintrag „Chipset Setup Default" wählen, dann erhalten Sie Zugriff auf den Status jedes einzelnen Menüeintrags Ihres Bios. Hier können Sie Einträge freischalten oder verstecken. „Normal" steht dabei für sichtbar und „Disabled" für versteckt. Mit der Bild↑ und der Bild↓ Taste können Sie sich durch die Einträge scrollen.

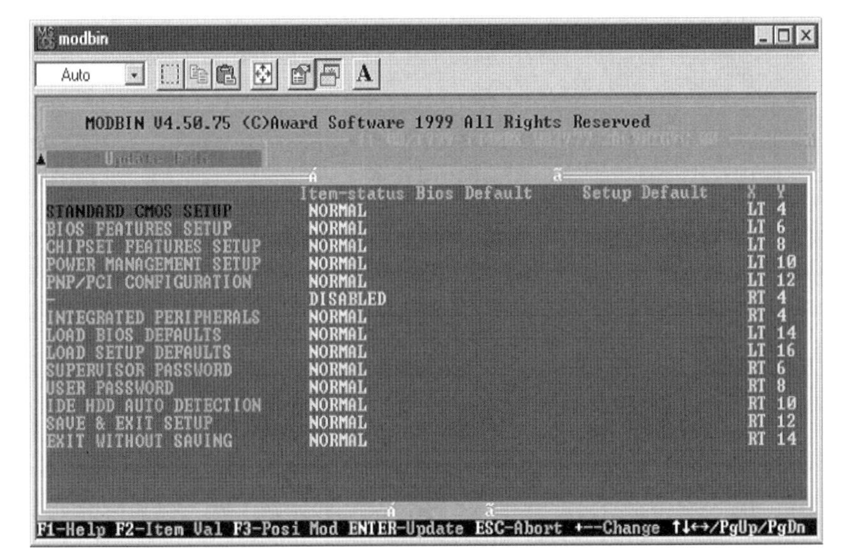

Abb. 14.4

Die Oberfläche von Modbin

Falls Sie sich zwischendurch den Erfolg Ihrer „Programmierarbeiten" anschauen wollen, dann hilft ein Druck auf F2, und Sie können das Bios Setup in seiner endgültigen Ansicht betrachten. Mit Enter können Sie Ihre Veränderungen speichern und über die Option „Update" dem Original-Bios-File zuweisen. Wenn Sie mit diesem File jetzt Ihr Bios flashen, dann haben Sie Ihre Änderungen dem Bios zugewiesen.

Sie sehen also, manche Option (sei es nur ein nicht freigeschalteter Parameter) oder ein „Diebstahlsschutz" in der Art „eindeutige Markierung" lassen sich einfach und kostenlos nachrüsten.

Ein neues Logo für den Rechner – weg mit Energy Star & Co.

Tipp

Sie finden BMP2EXE und CBROM auf Seiten wie: http://www.pionix.co.kr/award/awprod.htm

Falls Sie Ihrem Rechner noch mehr persönliche Note verleihen möchten, können Sie zum Beispiel auch das Logo von Energy Star gegen ein eigenes austauschen.

Dazu können Sie ein einfaches Zeichenprogramm wie MS Paint benutzen und ein (zunächst) schwarz-weisses Logo im Format 136 x 126 Pixel erstellen. Speichern Sie dieses als *.bpm Datei ab. Für den weiteren Fortschritt benötigen Sie zwei Programme: BMP2EXE und CBROM. Jetzt können Sie mit BMP2EXE in das Logo bis zu 16 Farben einfügen und eine konvertierung in das benötigte EPA-Format vornehmen.

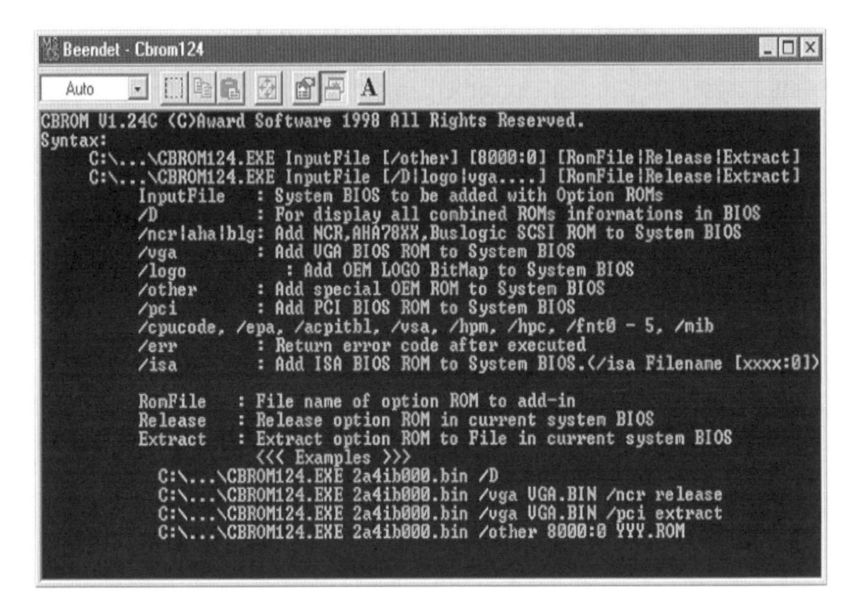

Abb. 14.5

Mit CBROM das Logo ändern

Diese mit BMP2EPA erzeugte Datei können Sie nun mit dem Programm CBROM in Ihre Bios-Datei einbinden. Diese Bios-Datei verwenden Sie beim flashen und schon haben Sie das Energy-Star-Logo ersetzt.

Gerne hätte ich Ihnen die Programme auf CD mitgeliefert, lizenzrechtliche Gründe haben das leider verhindert. Auch sonst scheinen die Autoren sich anzustrengen, dass die Software nicht allzu sehr gestreut wird: diverse Webseiten mussten die Programme schon wieder herunter nehmen. Falls Sie also nicht fündig werden, dann geben Sie in einer Suchmaschine wie Google die Begriffe BMP2EPA oder CBROM ein. Mit Sicherheit bekommen Sie dann Links zu aktuellen Downloadmöglichkeiten. Dort finden Sie meist auch eine Menge vorgefertiger Logos, die nur darauf warten, eingesetzt zu werden.

Andere nützliche Programme fürs Tuning

Wer sich intensiver mit dem Tuning vom Rechner befasst, hat sich sicher schon einmal gewünscht, die Bioseinstellungen abspeichern zu können und danach Veränderungen vorzunehmen. Für solche Zwecke gibt es eine ganze Reihe nützlicher Programme (die teilweise noch viel mehr können, wie z.B. das Passwort knacken usw.). Auch von diesen Tools habe ich eine kleine Auswahl zusammengestellt:

Bios310 und CMOS20 – Backup für das CMOS

Hinter diesen beiden Namen verbergen sich zwei nützliche Tools, die ausführlich in *Kapitel 11: Security – alles gegen Sabotage, Viren und Datenverlust* besprochen werden. Beide bieten Ihnen die Möglichkeit, Ihre Bioseinstellungen zu sichern. Sofern das geschehen ist, können Sie nach Herzenslust herumkonfigurieren, und falls der Benchmarktest schlechter ausfällt als vorher, dann laden Sie einfach die vorherigen Einstellungen wieder ein, und alles ist in den Ausgangszustand zurückversetzt. Ganz nebenbei, wie bei fast allen Tools, lassen sich auch Passwörter ausspionieren.

DIAG – Diagnose des Rechners

Diese Shareware von Dominic Marks eignet sich hervorragend, wenn es darum geht, interne „Geheimnisse" des Rechners offenzulegen. Sei es bei der Überprüfung des eigenen Rechners oder beim Kauf eines neuen: das Programm passt auf Diskette und ist somit überall sofort einsatzbereit:

Mit nur knapp 460 KB Größe erreicht das Programm den Funktionsumfang von großen kommerziellen Analysetools. Dabei macht es vor nichts halt: Prozessoren, Chipsatz, selbst integrierte Hardware wie Soundkarten usw., werden erkannt und angezeigt.

Abb. 14.6

DIAG – kleines Tool für unterwegs

Bios for DOS – Analyse, Sicherung und Passwortcrack in einem

Matthias Bockelkamp hat freundlicherweise zwei seiner Programme für die Buch-CD zur Verfügung gestellt: Bios for DOS und WinBios.

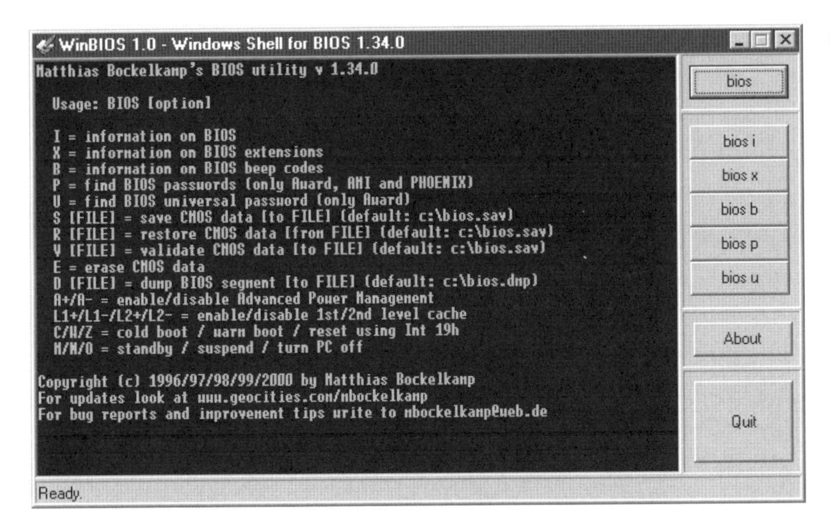

Abb. 14.7

Win BIOS 1.0 dient dem Speichern der Setupeinstellungen des Bios.

Beide Programme ermöglichen das Speichern der aktuellen Setupeinstellungen des Bios in einer Backup-Datei. Dem Screenshot können Sie noch eine Menge anderer Funktionen entnehmen. Das Auslesen des Passwortes funktioniert zuverlässig unter allen Betriebssystemen für Phoenix, Award (bis Version 4.5x) und AMI. Sie finden die Progarmme auf der Buch-CD im Ordner *Bios MB*.

Tipps und Tricks – was Hersteller verschweigen

15

Die Überschrift zu diesem Kapitel lässt schon vermuten, dass es sich um etwas besonders Geheimes handelt. Etwas, das möglichst niemand herausbekommen soll und dann im Stile großer PC-Zeitschriften („Nie mehr Probleme mit Windows-Was Microsoft verschweigt" oder so ähnlich) doch „enthüllt" wird. Ganz so ist das hier nicht: In diesem Kapitel finden Sie hauptsächlich Tipps und Tricks aus der Praxis erfahrener PC-Anwender, zum Teil aus Newsgroups und Foren, zum anderen Teil aus Mails, die mir auf Grund meiner eigenen Webseite (http://www.2Nite.de)zur Veröffentlichung geschickt wurden. Viele dieser Tipps haben schon anderen Anwendern geholfen, ihren PC wieder zum Laufen zu bekommen. Ein Großteil beschäftigt sich mit dem Verlust des Bios-Passwortes, aber lesen Sie selbst:

Das Passwort vergessen – wie der Rechner trotzdem startet

Das scheint eines der größten Probleme überhaupt zu sein: Vor grauen Zeiten hat man dem Bios ein Passwort verpasst, um Unbefugten den Zugriff zu verbieten, eine Zeitlang brauchte man auch selbst nicht ins Bios-Setup und nun hat man es vergessen. Selbst die irgendwo notierte Hilfestellung wird nicht mehr gefunden. Verschiedene Möglichkeiten verhelfen trotzdem zum Starten des Rechners:

Generalpasswörter – wie man AMI und Award austrickst

Manchmal hat man Glück, und das Bios ist schon etwas älterer Bauart (bei Award beispielsweise die Ausgaben vor Version 4.50). Damals hat man seitens der Hersteller Generalpasswörter eingebaut, um den Rechner im Notfall noch starten zu können. Diese Passwörter kursieren zu Dutzenden im Internet, die gängigsten habe ich hier einmal zusammengestellt:

Generalpasswörter für AMI

Versuchen Sie Ihr Glück mit der Eingabe folgender Zeichenketten:

AMI	AMI?SW	AMI_SW	A.M.I.
BIOS	HEWITT RAND	LKWPETER	PASSWORD

Generalpasswörter für Award

Bei Award sollte die Eingabe dieser Zeichenketten weiterhelfen:

award_sw	AWARD_SW	589589	589721
j262	lkwpeter	aLLy	aLLz
biostar	HLT	awkward	efmukl
SER	Syxz	SKY_FOX	

Passwort-Cracker – Auslesen per Software

Sollten Sie Zugriff auf die Betriebssystemebene haben (also booten können), dann besteht die Möglichkeit, ein Tool zum Auslesen des Passwortes zu benutzen:

Dafür würden sich zum Beispiel Bios310 oder CMOSPWD anbieten (beide auf der Buch-CD):

Abb. 15.1

CHOSPWD von Christophe Grenier list Passwörter für nahezu alle Biosvariationen aus

```
Beendet - cmospwd

CmosPwd - BIOS Cracker 2.0, November 20 1999, Copyright 1996-99
GRENIER Christophe, grenier@nef.esiea.fr
http://www.esiea.fr/public_html/Christophe.GRENIER/

Acer/IBM                        [W6]
AMI BIOS                        []
AMI WinBIOS (12/15/93)          []
AMI WinBIOS 2.5                 []
Award 4.5x Supervisor/U1/U2     [21330333][002033][32211333]
Compaq (1992)                   []
Compaq (Try...)                 [;??B ? ]
Dell version A08, 1993          [][ A    4]
IBM (PS/2, Activa ...)          [4   6   ][]
IBM Thinkpad boot pwd           []
IBM 300 GL                      [4   6   ]
Packard Bell Supervisor/User    [] [??????E]
Phoenix 1.00.09.AC0 (1994)      CRC pwd err
Phoenix 1.04                    [f][4   6  ]
Phoenix 1.10 A03/Dell GXi       CRC pwd err
Phoenix 4 release 6 (User)      [   ]
Zenith AMI Supervisor/User      [???????] [???????]
```

Sie werden sich sicher wundern, wenn solch ein kryptisches Passwort ausgelesen wird wie „adaxexzw“ oder „21330333“. Das sind mit Sicherheit nicht die Passwörter, die Sie einmal vergeben haben. Da aber das Bios über einen Algorithmus verfügt, Passwörter in „Prüfsummen“ umzurechnen und nur diese dann vergleicht, kommen Sie mit den errechneten Passwörtern meistens auch ins Bios (weil sie die gleiche Prüfsumme haben).

Das Passwort löschen – einfacher als gedacht

Sollten Sie keine Software finden, die auf Ihrem Betriebssystem lauffähig ist, dann hilft der Debug-Befehl wieder einmal weiter:

Gehen Sie im Fall Windows auf „Start/Ausführen“ und geben „command“ ein.

Im jetzt erscheinenden Fenster können Sie folgende Zeilen eingeben:

```
debug
-o 70, 2e
-o 71, 0
-q
```

Unter DOS geht das natürlich auch (c:\dos\command\) und dann oben erwähnten Zeilen eingeben.

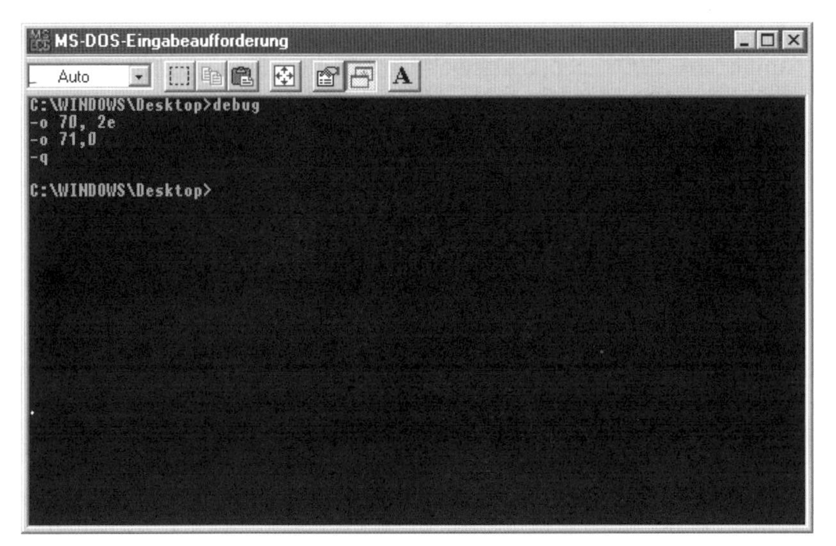

Abb. 15.2

Die Passwörter wurden gelöscht.

Jetzt haben Sie sowohl bei AMI als auch bei Award das Biospasswort gelöscht. Das geschieht durch die Veränderung eines Bytes – die Prüfsumme stimmt nicht mehr und alle Werte werden auf die Ausgangsposition gesetzt.

Clear-Jumper – dem CMOS das Gedächtnis rauben

Vorsicht: im Bios werden alle Einstellungen gelöscht und auf die Default-Werte zurückgesetzt!

Falls Ihr Mainboard über einen Clearjumper verfügt (so etwas sollte im Handbuch stehen), dann ziehen Sie zuächst den Netzstecker, öffnen das Gehäuse des Rechners und suchen den Jumper, der meistens mit RTCCLR, Clear CMOS, PWRD oder ähnlich bezeichnet ist. Stecken Sie den Jumper in die entsprechende Position, warten eine Weile (ca. 1 Stunde sollte reichen), stecken ihn zurück, und die Bios-Einstellungen sind gelöscht.

Der Batterie-Trick – schon fast kriminell

Sollte Ihr Board nicht über einen solchen Jumper verfügen, dann können Sie alternativ auch die Batterie ausbauen, die das CMOS mit Strom versorgt. Auch hier sollten Sie wieder eine Stunde warten, bis Sie die Batterie wieder einbauen.

Wichtig: das hilft in JEDEM Fall. Sollten Sie trotzdem keinen Erfolg haben, dann ist Ihr CMOS zäher als gewöhnlich: trennen Sie zusätzlich das Mainboard vom Netzteil und schliessen die Kontakte des Batteriehalters mit einem 10 Ohm-Widerstand kurz (inoffizieller Tipp: eine Büroklammer wirkt manchmal Wunder).

Keine Batterie, kein Jumper – und nun?

Nur in Fällen wie diesem wenden Sie bitte folgenden Trick an:

Wenn Ihr Mainboard mit einer Echtzeituhr vom Typ DALLAS DA1287A, DS12887A oder DS12B887 versehen ist, dann können Sie hier Pin 21 auf Masse legen. Damit erreichen Sie die Clearfunktion.

Genügt auch das nicht, dann können Sie Ihr Board für ca. 3-4 Tage im Gefrierschrank versenken (vorher in Antistatiktüte packen) und hoffen, dass sich der Akku hinterher wieder beleben lässt. Auf jeden Fall ist das Passwort dann gelöscht...

Siemens Xpert und das erweiterte Bios Setup

Das Bios in manchen Siemens Xpert Rechnern zeigt nicht alle Funktionen an. Diese Funktionen wurden gesperrt, um Benutzern „fatale Fehler“ zu ersparen und lassen sich wie folgt freischalten:

Starten Sie Ihren Rechner neu und gehen Sie mit ⇩ 2 ins Bios. Um zu den Advanced Settings zu gelangen, drücken Sie jetzt gleichzeitig Strg und F4. Das Hauptmenü erhält nun den gewünschten Eintrag „Advanced Options“ und auch die Untermenüs erhalten einige zusätzliche Einträge. Jetzt können Sie nach Herzenslust herumkonfigurieren, On-Board-Komponenten deaktivieren usw.

Dieser Tipp funktioniert allerdings nicht auf allen Siemens Xpert Rechnern, ob Ihr Rechner davon profitieren kann, müssen Sie selbst ausprobieren.

Zugang zu Rechnern von Vobis & Co.

Einige Hersteller von Komplettsystemen „verbauen“ Generalpasswörter:

Hersteller	Passwort	Hersteller	Passwort
AST	SnuFG5	Biostar	Biostar, Q54arwms
CyberMax	Congress	DELL	DELL
Enox	xo11nE	Epox	central
HP Vectra	hewlpack	IBM	IBM, sertafu
Iwill	iwill	Megastar	Star
Micron	xyzall	Packard Bell	Bell9
QDI	QDI	Shuttle	Spacve
Siemens Nixdorf	SKY_FOX	Toshiba	Toshiba, toshy99
Vobis	merlin		

IBM Aptiva: Beide Maustasten beim Booten gedrückt halten

Toshiba Laptops: beim Booten linke [⇧]-Taste gedrückt halten

Vobis: [Strg]+[Alt]+[Esc]

EPROM-Brenner kostenlos

Manchmal würde sich ein privater EPROM-Brenner anbieten. Die Situationen sind aber zu selten, als dass sich eine Anschaffung lohnen würde. Sie können Ihren PC aber als EPROM-Brenner missbrauchen, wenn Sie sich eine Kopie Ihres Bios anfertigen wollen. Dazu ist ein wenig Geschick und ein bisschen Mut zum Risiko notwendig, aber im Wesentlichen kein Riesenaufwand. Mit ein paar Arbeitsschritten können Sie sich Ihr Bios auf einen neuen Chip brennen:

Beschaffen Sie sich zunächst einen CMOS-Baustein, wie in Ihrem Board schon einer steckt. Sie erkennen Hersteller und Typ, wenn Sie den silbernen Aufkleber abziehen. Mit dem MRBios Flasher können Sie nun Ihr Bios kopieren. Dieses Flash-Programm moniert den noch leeren, neuen Baustein nicht.

Als Zweites benötigen Sie eine Bootdiskette wie in *Kapitel 13: Bios Update – die Lizenz zum Flashen* beschrieben.

Wenn Sie das alles beisammen haben, kann es losgehen:

Lösen Sie zunächst den Bios-Baustein aus seinem Sockel und stecken Sie ihn ganz sacht wieder hinein. Er darf nur mit den Spitzen noch Kontakt zum Sockel haben.

Schalten Sie nun Ihren Rechner ein und rufen Sie das Bios-Setup auf. Aktivieren Sie hier die Shadow-RAM Funktion für das System Bios. Dadurch wird das Bios in den RAM kopiert und der Rechner läuft weiter, auch wenn Sie später den Original-Bioschip während des Betriebs ausbauen.

Abb. 15.3

Berühren Sie die Kontakte des Chip auf keinen Fall!

Starten Sie nun den Rechner mit der Bootdiskette neu, rufen Sie das Flashprogramm wie bei einem normalen Flashvorgang auf und sichern Sie das Bios auf Diskette.

Ziehen Sie jetzt ganz vorsichtig den Bios-Chip aus seinem Sockel und ersetzen ihn durch den neuen, auf den gebrannt werden soll.

Wichtig: Berühren Sie die Kontakte des Chips auf keinen Fall!

Haben Sie das geschafft, ist der Weg zur Sicherungskopie schon so gut wie erledigt: jetzt müssen Sie nur noch die eben gesicherte Datei auf den neuen Chip schreiben.

Dieselbe Vorgehensweise bietet sich an, wenn Sie sich ein Bios beim Flashen „zerschossen" haben und über einen zweiten identischen Rechner verfügen. Dort können Sie den „kaputten" Bios Baustein wieder zum Leben erwecken.

Fehlgeschlagenen Flashversuch retten

Sollte ein Flashversuch fehlgeschlagen sein, so können Sie meistens einen Rettungsversuch mit den versteckten Schaltern des Flashprogramms starten.

Im Bios ist ein 4 KByte großer Boot-Block-Modus vorhanden, der beim Update nicht überschrieben wird. Das wird für die Reparaturarbeiten ausgenutzt:

Dazu brauchen Sie allerdings einen zweiten PC, um Ihre Sicherungsdiskette des fehlgeschlagenen Flash-Versuchs zu bearbeiten.

Bei AMI müssen Sie nur die alte Sicherungsdatei in amiboot.rom umbenennen und beim Starten [Strg] + [Pos 1] drücken.

Bei Award verwenden Sie Ihre Bootdiskette und legen darauf eine autoexec.bat an, diese folgende Zeile enthalten muss:

Name1.exe Name2.bin /py /sn

Für Name1 tragen Sie den Namen des Flashprogramms und für Name2 den Namen der alten Biosdatei ein. Die Schalter /py stehen für „Programm Bios:yes" und /sn für „Security Copy:no".

Wenn die Lampe am Diskettenlaufwerk verlischt, ist die Rettungsaktion beendet und Sie sollten normal wieder booten können.

Bios-Besonderheiten – Nützliches leider nicht alltäglich

16

Zum Schluss dieses Buches noch ein kleiner Ausblick auf das, was verschiedene Hersteller planen, in Vorbereitung haben bzw. in vereinzelten schon Fällen bereits zum Kauf anbieten.

Gigabyte – das Dualbios

Gigabyte, zur Zeit meiner Recherchen einer der wenigen Anbieter eines „Doppelbios“ hat die Zeichen der Zeit erkannt: auf den meisten dieser Boards werden zwei Bios-Bausteine angeboten, die sich im Falle eines Fehlers selbst rekonstruieren.

Abb. 16.1

Ausschnitt einer Anzeige von Gigabyte

Andere Hersteller, wie zum Beispiel MSI, speichern zwei Biosversionen auf einem Chip. Der Vorteil von zwei „Biossen“ liegt auf der Hand: zum einen ist es nicht ganz so tragisch, wenn ein Flashversuch misslingt. Andererseits sind auch Angriffe von Viren (man denke nur an den CIH-Virus) nicht mehr so verheerend. Teure Reparaturen sind damit seltener und der Rechner arbeitet wie gewohnt zuverlässig, auch im Schadensfall.

Wie funktioniert das?

Während des Bootens werden die Startsequenz des Bios, das ESCD und der Plug&Play-Bereich überwacht. Kommt es dabei zu Fehlern, dann wird automatisch auf das Sicherheitsbios umgeschaltet.

Falls Sie Ihr Bios (egal, welches von beiden) flashen wollen, wird automatisch überprüft, ob das jeweils andere funktionsfähig ist und damit ein Totalausfall vermieden. Nach dem Flashen wird die Funktionsfähigkeit des neuen Bios überprüft und das andere Bios durch das neue ersetzt. Somit sind beide Biosversionen gleichzeitig auf dem neuesten Stand. Dasselbe gilt auch bei der Funktionsüberprüfung ohne Flashvorgang: weist eines der beiden Biosse Fehler auf (Viren o.Ä.), wird es automatisch mit den Daten des jeweils anderen überschrieben.

Noch ein Vorteil: Sie können selbst entscheiden, mit welchem Bios gestartet wird. Somit bietet sich die Möglichkeit, ein Bios auf Geschwindigkeit zu optimieren und eines auf Stabilität. Wahlweise kann dann entsprechend gestartet werden.

Nicht zuletzt profitieren auch Systemverwalter von diesem hohen Maß an Sicherheit.

Live-Bios, @Bios usw. – wozu ist das gut?

Einige Hersteller wie Asus, Gigabyte oder MSI haben sich auf die Unmenge verschiedener Betriebssysteme eingestellt (allein Windows hat im Moment ca. acht verschiedene auf dem Markt, zuzüglich der verschiedenen Releases) und bieten an, über ein entsprechendes Programm Online ein neues Bios-Update (bei Verfügbarkeit) downzuloaden. Mit diesem Update kann dann sogar unter Windows ein Flash durchgeführt werden. Leider konnte ich ein solches Live-Bios noch nicht testen, so dass ich mit einer Anleitung auf die nächste Auflage des Buches vertrösten muss.

Das Bios in Deutsch – Intel macht es möglich

Auf dem Intel D815EEA gibt es laut PC Professional ein deutschsprachiges Bios. Es liegt mir fern über den Sinn eines solchen Bios zu urteilen, denn die Computersprache ist nun einmal englisch, aber sicher fällt es Einsteigern damit leichter, Berührungsängste zu überwinden. Eine Neuauflage dieses Buches für die deutschen Bezeichnungen im Bios-Setup wird es aber sicher nicht geben.

Das CPU-Soft Menu – Übertakten gewollt

An einigen Stellen im Buch wurde schon darauf hingewiesen: viele Hersteller verzichten auf die Integration von Jumpern oder DIP-Schaltern und setzen dafür (oder auch zusätzlich) das CPU-Soft-Menu ein. Damit ist es möglich, Einfluss auf Kernspannungen, Multiplikatoren, FSB und andere prozessortypische Kenndaten zu nehmen. Das kommt besonders Overclockern entgegen, die dann entsprechend weniger Hardware-Bastelei über sich ergehen lassen müssen.

Abb. 16.2

CPU Softmenu, hier in Version III von Abit

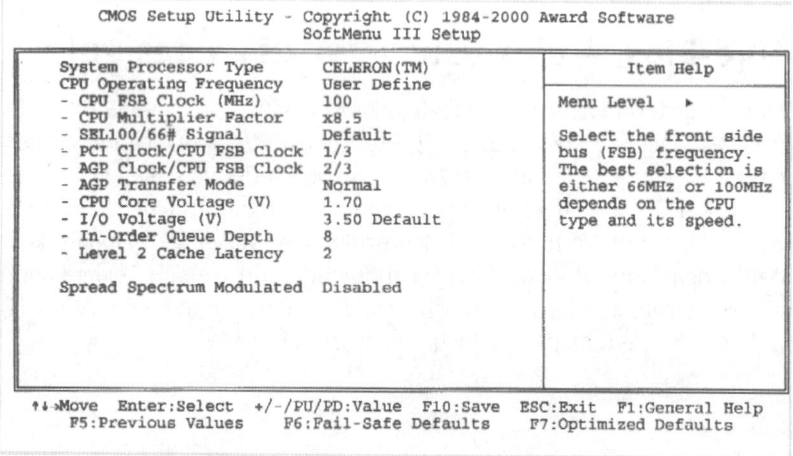

```
        CMOS Setup Utility - Copyright (C) 1984-2000 Award Software
                            SoftMenu III Setup
System Processor Type        CELERON(TM)        Item Help
CPU Operating Frequency      User Define
- CPU FSB Clock (MHz)        100                Menu Level   ►
- CPU Multiplier Factor      x8.5
- SEL100/66# Signal          Default            Select the front side
- PCI Clock/CPU FSB Clock    1/3                bus (FSB) frequency.
- AGP Clock/CPU FSB Clock    2/3                The best selection is
- AGP Transfer Mode          Normal             either 66MHz or 100MHz
- CPU Core Voltage (V)       1.70               depends on the CPU
- I/O Voltage (V)            3.50 Default       type and its speed.
- In-Order Queue Depth       8
- Level 2 Cache Latency      2

Spread Spectrum Modulated    Disabled

↑↓→Move  Enter:Select  +/-/PU/PD:Value  F10:Save  ESC:Exit  F1:General Help
   F5:Previous Values    F6:Fail-Safe Defaults    F7:Optimized Defaults
```

Ursprünglich gedacht – so zumindest die einhellige Ausführung in den Handbüchern – war es für zukünftige Prozessortypen, die im Halbjahrestakt noch schneller und noch leistungsfähiger werden. Damit ist der ständige Neukauf des Mainboards bei Prozessorwechsel Vergangenheit (falls der Sockel noch passt)

Im engen Zusammenhang damit steht auch der PC Health Status:

Hier überwachen Sie so wichtige Parameter wie CPU Temperatur, diverse Spannungen und andere Größen, die für ein langes Rechnerleben nötig sind.

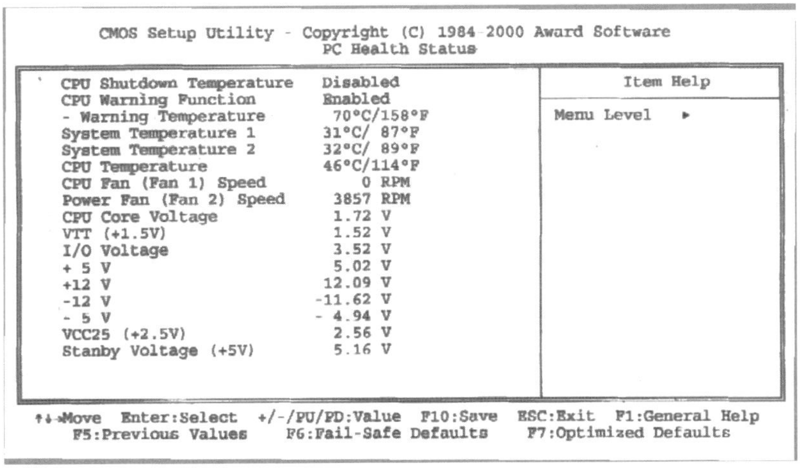

```
        CMOS Setup Utility - Copyright (C) 1984-2000 Award Software
                          PC Health Status

  CPU Shutdown Temperature    Disabled        |        Item Help
  CPU Warning Function        Enabled         |
  - Warning Temperature        70°C/158°F     |  Menu Level   ►
  System Temperature 1        31°C/ 87°F      |
  System Temperature 2        32°C/ 89°F      |
  CPU Temperature             46°C/114°F      |
  CPU Fan (Fan 1) Speed          0 RPM        |
  Power Fan (Fan 2) Speed     3857 RPM        |
  CPU Core Voltage            1.72 V          |
  VTT (+1.5V)                 1.52 V          |
  I/O Voltage                 3.52 V          |
  + 5 V                       5.02 V          |
  +12 V                      12.09 V          |
  -12 V                     -11.62 V          |
  - 5 V                     - 4.94 V          |
  VCC25 (+2.5V)               2.56 V          |
  Stanby Voltage (+5V)        5.16 V          |

 ↑↓→Move  Enter:Select  +/-/PU/PD:Value  F10:Save  ESC:Exit  F1:General Help
   F5:Previous Values     F6:Fail-Safe Defaults     F7:Optimized Defaults
```

Abb. 16.3

Der PC Health Status, eine Art Hardwaremonitor im Bios

Benchmarks – wie Sie den Tuningerfolg kontrollieren

17

Jede Maßnahme, jede Einstellung, die Sie im Bios verändern, wirkt sich unmittelbar auf die Leistung und die Stabilität Ihres PC aus. Dabei gibt es gravierende Einstellungen, an denen Sie sofort merken, dass der Rechner schneller ist. Dazu gehören zum Beispiel die Einstellungen für den Arbeitsspeicher. Ein Leistungsschub von 30% ist da nicht selten und auch subjektiv spürbar.

Andere Einstellungen nimmt man weniger wahr. Manchmal sind die Veränderungen auch nur so gering, dass mit subjektiven Empfindungen kein Unterschied festzustellen ist. Man benötigt ein Messprogramm, welches das neu konfigurierte System unter die Lupe nimmt und anhand standardisierter Programmabläufe einen Wert festlegt, der dann als Vergleichswert dienen kann.

Solche Programme nennt man Benchmark-Programme. Auf nahezu jeder Begleit-CD von PC-Zeitschriften findet man welche, und schon da werden Sie feststellen, dass es unzählige dieser Programme gibt. Welches ist nun das beste? Eindeutige Antwort: Es gibt kein bestes Benchmarkprogramm, alle haben Vor- und Nachteile und ein paar davon werden im Folgenden beleuchtet.

SiSoft Sandra – mehr als nur Analyse

Sandra von SiSoft ist schon an mehreren Stellen im Buch erwähnt worden. Das liegt einerseits an der Vielseitigkeit des Programms, andererseits ist es den Programmierern gelungen, die vielen Funktionen sehr übersichtlich in eine Oberfläche zu integrieren. Die derzeit aktuellste Version finden Sie auf der Begleit-CD zum Buch.

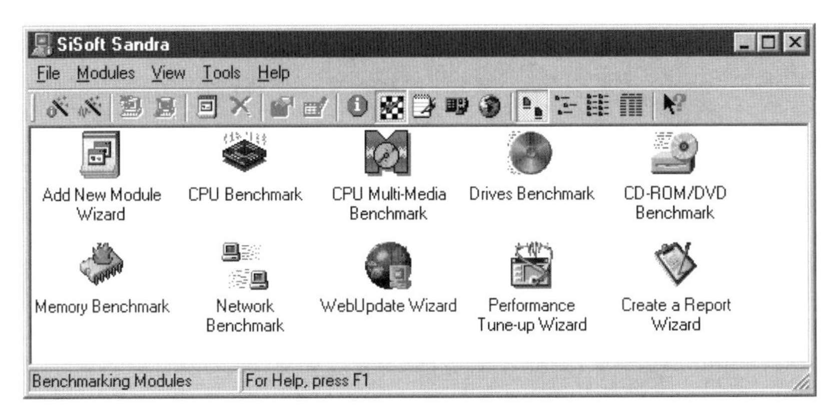

Abb. 17.1

Die verschiedenen Benchmarkmodule bei Sandra

Hinweis

Die jeweils aktuellste Version findet man im Web unter: http://www.sisoftware.co.uk/sandra, http://www.sisiftware.demon.co.uk/sandra.

Aus dem großen Funktionsumfang interessiert an dieser Stelle nur die Auswertung der Hardware mittels Benchmarkprogrammen: Bei Sandra lassen sich die verschiedenen Bereiche getrennt voneinander untersuchen und mit typischen aktuellen Konfigurationen vergleichen: Das ist vor allem für jene interessant, die mit dem Neukauf eines Computers liebäugeln. Der Leistungsvorsprung aktueller PC ist hier deutlich ablesbar:

Abb. 17.2

Was bringt ein neuer Prozessor?

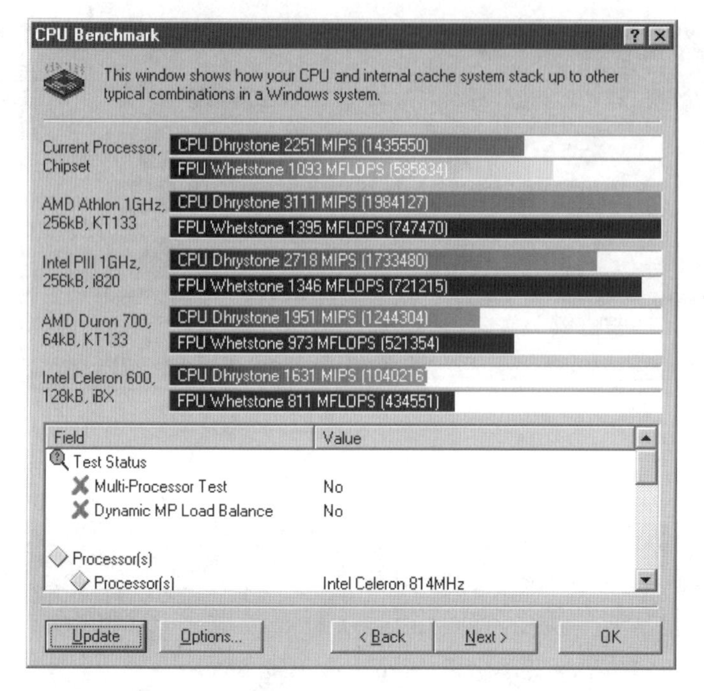

Abb. 17.3

Wie optimal arbeiten die Speicher mit der CPU zusammen?

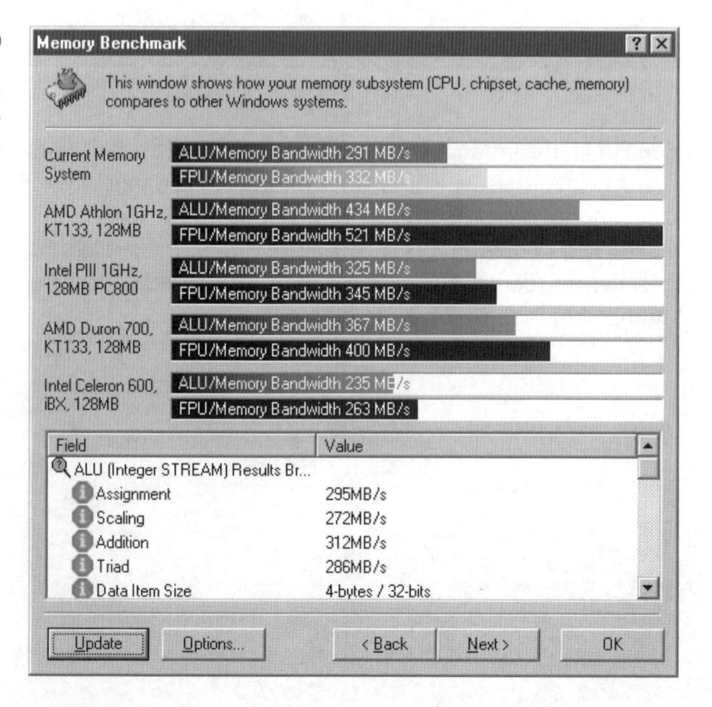

Die hier abgebildeten Screenshots sind mit einem auf 808 MHz übertakteten Celeron 566 gemacht worden (siehe *Kapitel 4: Bustypen – mehr Geschwindigkeit durch Optimieren*). Eindeutig hat der Kauf eines neuen Systems noch Zeit.

Vorteile von Sandra

Es ist ein schöner Vergleich zu aktuellen PC-Systemen möglich.

Das Programm ist für den privaten Gebrauch kostenlos und ohne Zeiteinschränkung nutzbar.

Es lassen sich Auswertungen in verschiedenen Dateiformaten speichern, u.a. als HTML-Datei.

Ein Troubleshooter ist eingebaut, der die wahlweise Verarbeitung von Startdateien zulässt.

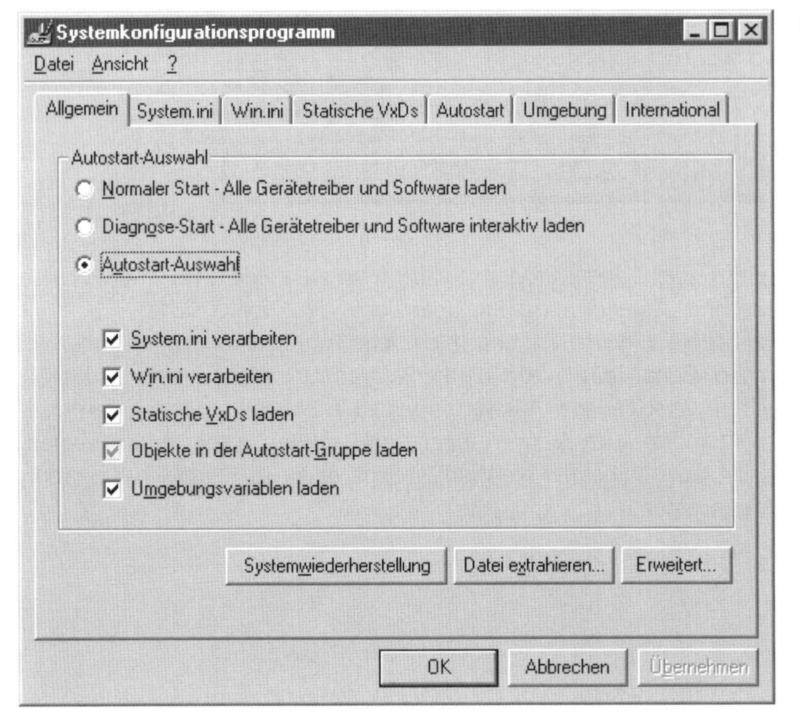

Abb. 17.4

Sandras Troubleshooter

Es werden nach jeder Auswertung Tipps zur Performancesteigerung gegeben.

Passmark – effektive Vergleiche beim Tuning

Passmark (auf der Begleit-CD zum Buch) ist ein relativ unbekanntes Programm. Das verwundert zum einen, denn es bietet ein paar ganz interessante Dinge, die selbst „großen" Programmen fehlen, andererseits sind die Zahlenwerte der Ergebnisse mit etwas Vorsicht zu genießen. Es wird ein „Passmark Rating" angeboten, welches wohl eher zur eigenen Kontrolle dienen soll, sonst aber keine Relevanz hat:

Abb. 17.5

Passmark Rating

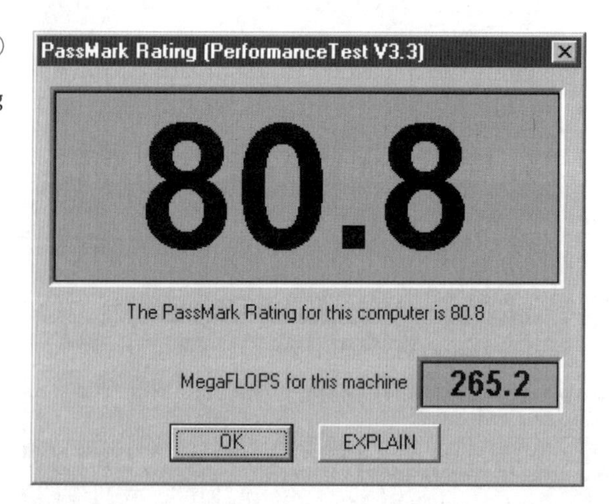

Eines macht dieses Programm allerdings zu meinem Favoriten: Wer seinen Rechner einer Tuning-Kur unterzieht, der wollte sicher schon einmal Benchmark-Werte vor und nach dem Tuning direkt miteinander vergleichen. Genau das macht dieses Programm möglich: Es lässt das Abspeichern verschiedener Auswertungen zu. Gleichzeitig werden natürlich (wie bei Sandra) auch Auswertungen von Referenzcomputern angeboten und lässt dem Anwender die Wahl, welche davon zu Vergleichszwecken geladen werden.

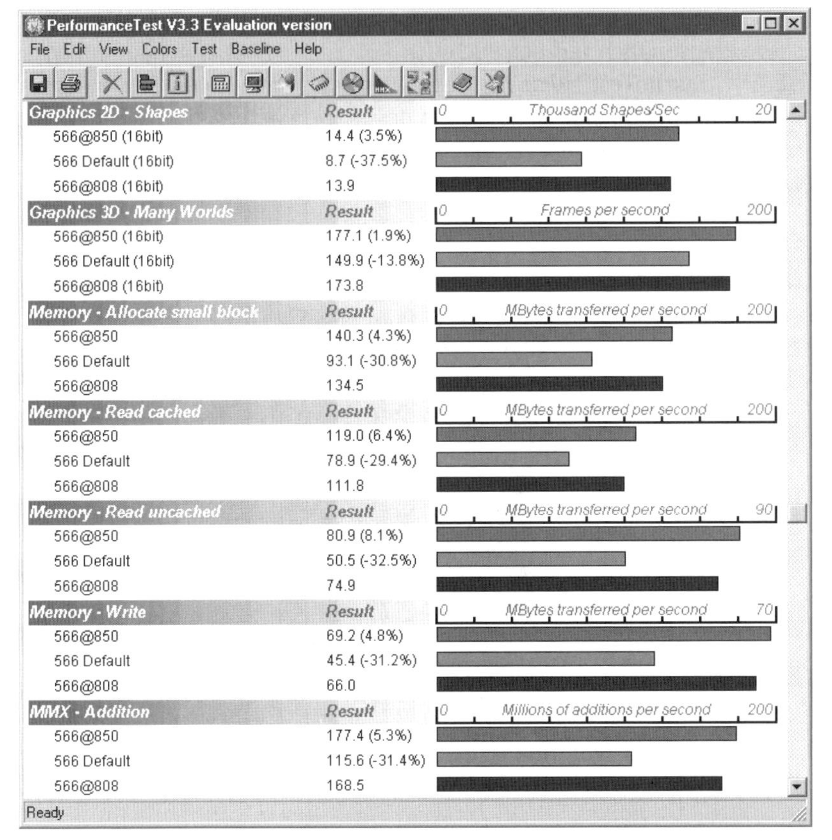

Abb. 17.6

Tuningerfolge mit Passmark (auf CD) kontrollieren

Nach solch einer Auswertung kann man genau die Tuningerfolge anhand von (mehr oder weniger genauen) Absolutwerten ermitteln, spannender sind allerdings die Prozentwerte in Klammern: in Abbildung 17.6 sehen Sie den Vergleich eines Celeron 566 in Normalkonfiguration, bei 850 MHz und bei 808 MHz jeweils mit den „Best Settings". Für Besitzer der Vollversion werden noch einige Extras angeboten, wie zum Beispiel die Downloadmöglichkeit weiterer Referenzwerte usw.

Alles in allem ein Programm, das in Kombination mit „BurnInTest" aus gleichem Hause (auch auf der Buch-CD) für jeden Privatanwender ein Muss ist. Mit „BurnInTest" wird der Rechner einer 15-minütigen Stabilitätskontrolle unterzogen. Hat er die bestanden, kann weitergetunt werden, falls nicht, waren die letzten Veränderungen zu „optimistisch" für diese Hardwarezusammenstellung und sollten zurückgenommen werden.

Abb. 17.7

Der Stabilitätstest

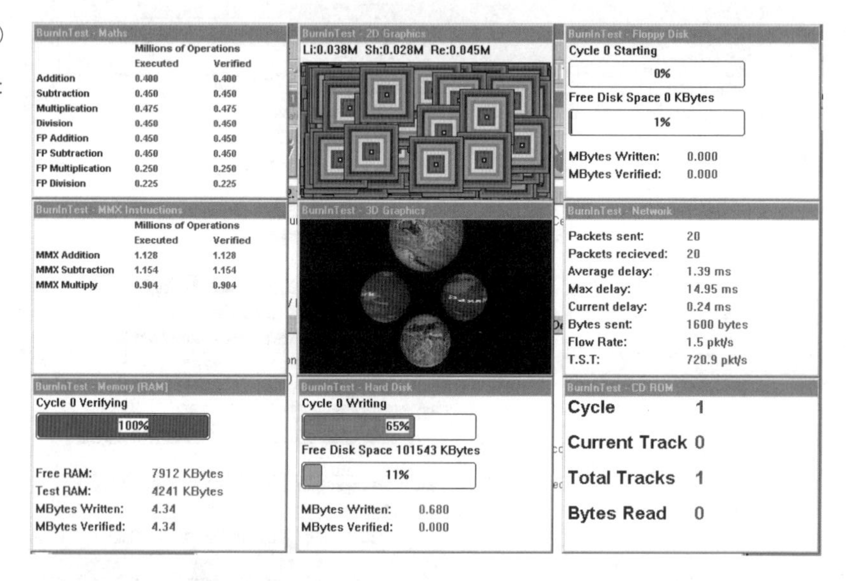

Das System wird hier gleichzeitig mit Aufgaben ausgelastet, die in dieser Konzentration in der Praxis selten sind.

Die Autoren bieten unter der Adresse http://www.passmark.com noch jede Menge anderer nützlicher und ausgesprochen preiswerter Software an.

Ist Benchmark gleich Benchmark?

Natürlich nicht! Wie in den Programmbeispielen schon gezeigt, haben alle Benchmarkprogramme irgendwo ihre Qualitäten: Ein sehr beliebtes Programm zum Messen von Bildwiederholraten ist z.B. Q3A.

Nahezu alle PC-Zeitschriften nutzen das indizierte Spiel, um die Frameraten verschiedener Computerkonfigurationen zu vergleichen. Die Beliebtheit dieses Spiels für solche Zwecke veranlasst nun schon manche Hersteller von Grafikkarten, die Treiber speziell auf dieses Spiel abzustimmen, ein relativ fragwürdiges Vorgehen beim Kampf um den Titel „schnellste" Grafikkarte.

Aber nicht nur die verwendeten Treiber haben Einfluss auf die Leistungswerte eines PC. Schauen Sie sich folgende Tabelle an, hier habe ich nur einige wenige Größen aufgeführt, die auf die ermittelten Benchmarkwerte Einfluss haben:

Größe / Umstand	Einfluss
Festplattenpartition	Bei einer partitionierten Festplatte liefern die Benchmarkprogramme in jeweils unterschiedlichen Partitionen auch unterschiedliche Werte (je nach Lage der Partition), obwohl es sich physikalisch um denselben Datenträger handelt
Programme im Hintergrund	Wenn der Prozessor mit anderen Aufgaben „nebenbei" beschäftigt ist, werden die Benchmarkwerte natürlich schlechter (Beispiele: eingeschaltetes Audioschema zur akustischen Signalgebung bei Ereignissen, Bildschirmschoner u.ä.)
Virenscanner	Die meisten Virenscanner sollten keinen Einfluss auf Benchmarks haben, völlig auszuschließen ist das jedoch nicht
Temperatur	je höher Umgebungs- oder Prozessortemperatur sind, umso schlechter sind die Benchmarkwerte (s. Abb. 17.8)

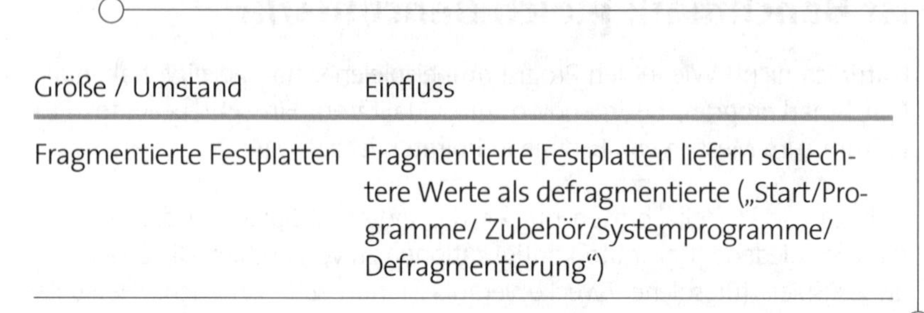

Größe / Umstand	Einfluss
Fragmentierte Festplatten	Fragmentierte Festplatten liefern schlechtere Werte als defragmentierte („Start/Programme/ Zubehör/Systemprogramme/ Defragmentierung“)

Hier sehen Sie, welchen Einfluss die Betriebstemperatur auf das Leistungsverhalten hat (dabei braucht man die Temperatur noch nicht einmal als absoluten Wert anzugeben). Auch das ist ein Beispiel für die Wichtigkeit von effektiver Kühlung und die Wahl der richtigen Kühlpaste.

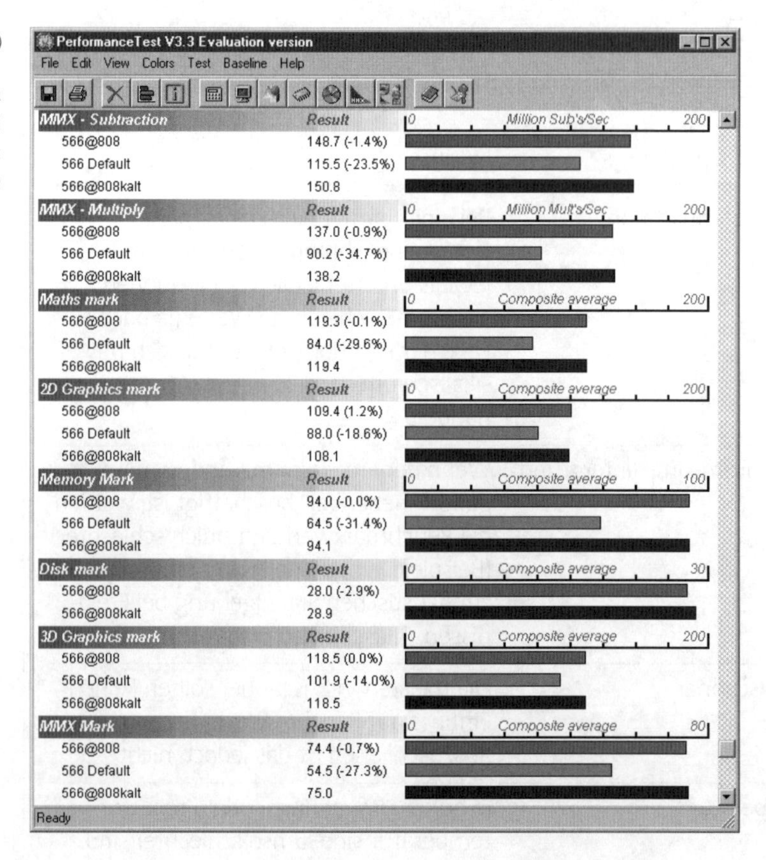

Abb. 17.8

Benchmark nach 2 Stunden Betrieb und dann nach 10 Minuten Pause

Das sind nur einige wenige Beispiele für Benchmarkprogramme. Sollten Ihre Werte nicht mit denen mancher Übertakter im Web konkurrieren können, dann verzweifeln Sie bitte nicht. Profis machen für bessere Werte alles möglich: Schauen Sie sich im Web um und schauen Sie sich den Aufwand an, der zum Beispiel bei einer selbstgebauten Stickstoffkühlung entsteht. Hier gilt dann meistens das Prinzip: Seht her, was ich kann. Rücksicht auf ein gutes Preis-/Leistungsverhältnis wird dabei selten genommen. In den meisten Fällen würde man einen leistungsfähigeren Prozessor für weniger Geld bekommen, als die Kühlung kostet (eine Kompressorkühlung kostet um die DM 1500,-). Ausserdem darf manchmal auch ein wenig am Wahrheitsgehalt der Informationen aus dem Web gezweifelt werden.

Ziff Davis – genauer geht's fast nicht

In schöner Regelmäßigkeit erscheinen die Benchmarkprogramme des Ziff-Davis Verlags (z.B. PC Professional) meistens am Ende eines Jahres.

Der Kauf einer solchen Zeitschrift lohnt schon alleine wegen der aktualisierten Benchmarkprogramme.

Abb. 17.9

Benchmark-Programme bei PC-Professional

Diese Programme sind nichts für den Test „zwischendurch", sondern können am Ende der Tuningmaßnahmen durchgeführt werden. Sie dauern meistens ziemlich lange und sind mit diversen Programminstallationen verbunden. Beim sogenannten „Applikations-Benchmark" wird der PC unter Alltagsbedingungen getestet. Dabei werden typische Arbeitsabläufe von Anwendungsprogrammen mittels Script abgearbeitet (Markieren, Ausschneiden, Formatieren usw.). Grundlage sind sehr häufig Programme von Corel (Corel Suite), Microsoft (MS Office) und ähnliche, die in der (Büro-)Alltagswelt auftreten. Gemessen wird die benötigte Zeit und mit Referenzrechnern verglichen. Einzelne Programmteile können auch die Grafik-, Festplatten- oder Prozessorleistung messen:

Abb. 17.10

WinBench von Ziff-Davis

Gute Benchmarkprogramme von schlechten unterscheiden

Die Fülle verschiedener Benchmarkprogramme im Share- oder Freewarebereich macht eine qualitative Unterscheidung unumgänglich. Lassen Sie die Programme einfach mehrmals laufen. Liegen die Messwerte dabei immer relativ nah beieinander, dann ist das Benchmarkprogramm ok, bei starken Abweichungen ohne Systemveränderungen ist der Test unbrauchbar.

Auf vielen Webseiten wird auch angegeben, mit welchen Programmen die Tests durchgeführt wurden, ziehen Sie diese Programme dann für Ihren Rechner in die engere Wahl, wenn Sie mit den Werten dieser Seiten vergleichen wollen. Häufig werden Sie dabei WCPUID begegnen (Bestandteil von SoftFSB-auf Buch CD), welches die interne Taktfrequenz des Prozessors aus Multiplikator und FSB ermittelt. Eigentlich das optimale Programm, wenn es darum geht, Übertaktungserfolge zu dokumentieren.

Benchmarkprogramme effektiv nutzen

Je nachdem, welche Komponente Sie gerade optimieren wollen (Grafik, CPU, Speicher, Gesamtleistung,...) gibt es unterschiedliche Programme auf dem Markt, die speziell den Bereich Grafik, CPU usw. unter die Lupe nehmen. Diese Programme haben den Vorteil, schneller abgearbeitet zu sein wie beispielsweise WinBench o.ä. Am günstigsten sind darüber hinaus die Programme, die es gestatten, Messwerte für spätere Vergleiche abzuspeichern. Für eine effektive Leistungsmessung würde sich folgendes Vorgehen anbieten:

Messen Sie zuerst die Gesamtleistung Ihres Systems mit einem Programm wie WinBench und notieren (speichern) Sie die Ergebnisse.

Danach messen Sie beispielsweise mit SiSoft Sandra die Leistung des PC im Bereich Speicherzugriffe mit „Memory-Bench“.

Jetzt können Sie Veränderungen im Bios oder an den Jumpereinstellungen des Mainboards vornehmen und jeweils danach mit (in diesem Fall) Sandra erneut messen.

Hat sich der Wert verbessert ist alles ok und Sie können die nächsteEinstellung vornehmen. Ist der Wert schlechter geworden (oder das System läuft nicht mehr stabil), dann stellen Sie die letzte Veränderung auf den vorherigen Wert zurück.

Das machen Sie so lange, bis sämtliche durchzuführende Maßnahmen erledigt sind.

Abschließend bietet sich ein erneuter Messdurchgang mit WinBench an, der die Systemleistung ermittelt, die nun natürlich höher liegen sollte als am Anfang.

Auf diese Art und Weise kommen Sie systematisch zu einem schnellen und stabilen Computersystem, welches den Vergleich mit professionell eingerichteten Rechner nicht zu scheuen braucht und manchmal sogar noch schneller ist. Schliesslich können Sie sich die Zeit nehmen, die mancher Händler nicht hat.

Viel Spaß dabei!

Bleibt mir nur an dieser Stelle Ihnen Dank zu sagen für die aufmerksame Lektüre. Ebenfalls Dank sagen möchte ich meiner Familie für die Geduld, während ich dieses Buch geschrieben habe.

Glossar

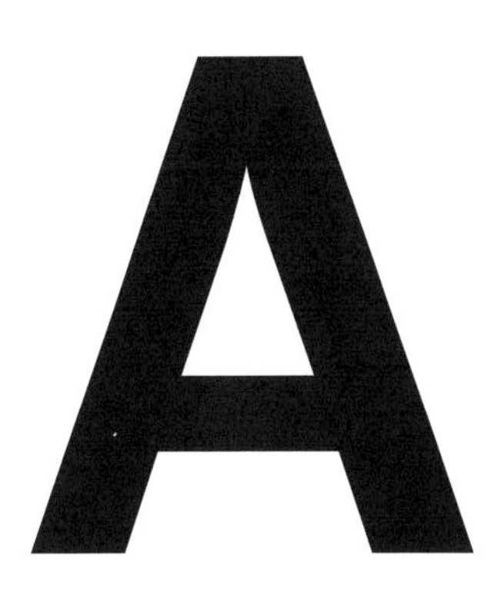

32-Bit-Mode

Mit dem 32-Bit-Mode werden die Daten mit 32-Bit-Bandbreite vom EIDE-Controller zur Festplatte übertragen.

ACPI

Power Management nach Windows 98, (ACPI = Advanced Configuration and Power Interface) genannt, hat gegenüber dem APM ein erweitertes Energiemanagement.

AGP

Spezieller Steckplatz für Grafikkarten (AGP = Accelerated Graphics Port).

APM

Powermanagement, mit dem verschiedene Komponenten in den Stromsparmodus versetzt werden können. (APM = Advanced Power Management)

ATA

Standard für den Anschluss von Festplatten und CD-ROM-Laufwerken.

Benchmark

Meist standardisiertes Testverfahren, in dem die Leistung des PC anhand der Messwerte der einzelnen Komponenten ermittelt und mit anderen PC-Komponenten gleicher Bauart verglichen werden kann.

BIOS

BIOS = Basic Input/Output System, Firmware, die den Großteil der Ein- und Ausgabefunktionen eines PC steuert. Es wird permanent im ROM des PC gespeichert.

BIOS-ID-Codes

Standardisierte Zeichenfolge, die beim Start des PC auf dem Bildschirm angezeigt wird und u.a. die Identifikation von Bios-Version, Chipsatz und Mainboardhersteller ermöglicht.

Bit

Das Bit ist die kleinste Informationseinheit in der Computertechnik. Es besteht aus einer binären Zahl, die Ladungszustände (Low/High) über den Wert 0 oder 1 ausdrücken.

Booten

= Starten des PC.

Bootsektor

Der Bootsektor ist der erste Sektor auf der Festplatte, in dem sich ein Programmcode zum Starten des Betriebssystems befindet.

Bootstrap-Loader

Ein kleines Programm, das die Dateistruktur des Speichermediums kennt und so die Startroutine des Betriebssystems aufrufen kann.

Burst

Zusammenfassen und Übertragen möglichst vieler Daten in Blöcke, das spart Zeit und Ressourcen bei der Adressierung.

Byte

Ein Byte ist eine Zusammenfassung von 8 Bits.

Cache

Schneller Zwischenspeicher für häufig genutzte oder im Moment zu bearbeitende Daten.

CAS

CAS (Column Address Strobe) = Steuersignal für die Spaltenadresse im Speicherchip.

Checksum

Prüfsumme, die beim Speichern von Daten hinzugefügt wird und später als Vergleichswert auf eine Veränderung dient.

Chipsatz

Elektronische Bausteine, die die Kommunikation verschiedener Komponenten wie z.B. die Controller, Schnittstellen, Speicherbaustein ermöglichen und das Bussystem auf dem Mainboard steuern.

CHS

CHS-Modus (Cylinders-Heads-Sectors) wurde bei alten Festplatten verwendet. Die Festplatte wird über Zylinder, Köpfe und Sektoren angesprochen. Im CHS-Modus konnten maximal 504 MB verwaltet werden.

CMOS

Das CMOS (Complementary Metal Oxide Semiconductor)-RAM ist ein Permanent-Speicher, in dem die Daten des BIOS dauerhaft durch eine Batterie gehalten werden.

Controller

Steuerelekronik der Laufwerke, die direkt in den Festplatten-, CD-ROM-, CD-Brenner- oder ZIP-Laufwerken usw. selbst integriert ist.

CPU

CPU = Central Prozessing Unit ist der Prozessor.

CPU SOFT MENU

CPU SOFT MENU ermöglicht über das BIOS-Setup ohne Jumper-Einstellung auf dem Mainboard den verwendete Prozessor zu konfigurieren (Einstellungen FSB, Multiplikator, Corespannung,...).

Debug-Utility

DOS-Utility zur Anzeige des Speicherinhalts. Dabei werden Adressen und Daten hexadezimal angezeigt.

DIMM

Das DIMM (Dual Inline Memory Modul) wird als Hauptspeicher verwendet und besteht aus SDRAM-Bausteinen (Synchrones DRAM). Je nach Ausführung direkt an den FSB gekoppelt (derzeit bis 133 MHz).

Direct RAMbus

Speichertechnik, die Taktraten bis 800 MHz verkraftet und eine Datentransferrate von bis zu 1,6 GB/s erreicht. Die Bandbreite ist auf 16 Bit beschränkt. Dadurch ist er gegenüber „normalem“ SDRAM mit 64 Bit und 100 MHz rechnerisch gerade einmal doppelt so schnell. Als Speichermodule kommen RDRAMs auf RIMM-Modulen (Rambus Inline Memory Modul) zum Einsatz.

Disabled

disabled = ausgeschaltet

DMA

DMA = Direkt Memory Access, Daten werden von den Komponenten direkt in den Hauptspeicher geschrieben bzw. von dort gelesen, ohne den Prozessor zu bemühen.

DPMS

DPMS = Display Power Management Signaling-Standard. Bei DPMS-fähigen Grafikkarten kann der Monitor durch ein Signal der Grafikkarte abgeschaltet werden.

DRAM

DRAM = Dynamisches RAM wird für Hauptspeicher verwendet. Es besteht in erster Linie aus integrierten Schaltkreisen, die Kondensatoren und Widerstände enthalten. Ladungsverlusten der Kondensatoren wird durch einen regelmässigen Refresh entgegengewirkt.

ECC

Automatische Fehlerkorrektur (ECC=Error Correction Code) bei SDRAM-Modulen. Ist sie im Baustein integriert, kann im BIOS die entsprechende Option aktiviert werden.

(E)CHS

(E)CHS = Extended CHS-Mode. Erweiterter Modus, der auch Festplatten über 504 MB unterstützt. Er funktioniert aber nur unter DOS.

ECP

ECP = Extended Capabilities Port-Mode ist ein erweiterter Modus für den parallelen Port. Er besitzt einen 16 KByte großen FIFO-Puffer, ähnlich wie die serielle Schnittstelle. Zusätzlich wird noch eine Datenkompression eingesetzt.

EDTP

Eine EDTP (Enhance-Drive-Parameter-Table) ist für die LBA-Übersetzung nötig. Spezielle „Festplattenparameter-Umrechnungs-Tabelle", die zwei Datensätze mit den Informationen der Zylinder, Köpfe und Sektoren enthält. Mit ihr werden die Festplattenparameter umgerechnet, so dass eine eindeutige Adressierung möglich ist.

EEPROM

Das EEPROM (Electrically Erasable Programmable ROM) ist ein Speicherbaustein, der ohne zusätzliche Geräte elektronisch beschrieben und gelöscht werden kann.

EIDE

Bei EIDE (Enhanced Integrated Device Electronics) ist der Controller direkt im Laufwerk integriert und nicht mehr als separate Einsteckkarte im PC. Der EIDE-Standard gestattet Laufwerke mit Kapazität von mehr als 528 MB zu verwalten und erlaubt, bis zu vier Geräte am selben Adapter anzuschließen.

Enabled

enabled=eingeschaltet

EPA

Standards der US-amerikanischen Umweltschutzbehörde EPA (Environmental Protection Agency) sorgen dafür, dass der Anwender auf freiwilliger Basis einiges an Strom einsparen kann. Dazu sind im zertifizierten Gerät die nötigen Vorrichtungen eingebaut.

EPP-Mode

Der EPP (Enhanced Parallel Port)-Mode ist ein erweiterter Modus für die parallele Schnittstelle. Er unterstützt nur Nicht-Drucker-Geräte (z. B. Scanner).

EPROM

EPROM = Erasable Programmable ROM ist ein Speicherbaustein, der elektronisch mit einem EPROM-Brenner beschrieben und mit einem EPROM-Löschgerät wieder komplett gelöscht werden kann.

ESCD

ESCD = Extended System Configuration Data. Hier werden die Daten des Plug & Play-Systems abgespeichert.

externer Takt

Ist der Systemtakt (oder auch FSB = Front Side Bus), der über verschiedene Multiplikatoren oder Teiler den jeweiligen Bussen bzw. dem Prozessor den Takt vorgibt. Der externe Takt wird von einem Taktgeber auf dem Mainboard erzeugt und beträgt in der Regel 66 MHz, 100 MHz oder 133 MHz.

FAT

FAT = File Allocation Table, ist gewissermassen das Inhaltsverzeichnis der Festplatte. Hier werden die Adressen der Cluster gespeichert, die wiederum die abgespeicherten Daten beinhalten.

FIFO

FIFO = First In First Out. Zwischenspeicher für Datenein- und -ausgang. Beschleunigt den Datentransfer der seriellen und parallelen Schnittstelle.

Firewire

Umgangssprachlich für IEEE 1934 (Institute of Electrical and Electronics Engeneers). Damit wird eine Schnittstelle bezeichnet, die eine Verbindung von bis zu 63 Geräten herstellen kann und dabei ohne Hubs auskommt. Transferraten von 400 MBit/s sind erreicht, 1,2 GBit/s sind geplant.

Firmware

Programme, die dauerhaft auf Chips gespeichert sind, beispielsweise Bios-Daten und EEPROM, oder CD-Brenner mit Steuerungssoftware.

Flash-ROM

Bezeichnung für ein Bios, das per Software upgedatet werden kann.

Flasher

Software, mit der das Bios geflasht wird.

Gate A20

Das Gate A20- Signal dient zur Umschaltung des Prozessors vom Real- in den Protected-Mode. Damit ist der Prozessor in der Lage, nicht nur die ersten 1024 KByte des Hauptspeichers (Real-Mode), sondern auch den Bereich darüber (Protected Mode) anzusprechen.

Grafikbeschleuniger

Grafikkarte mit eigenem Prozessor, dadurch erhebliche Beschleunigung bei Berechnung und Ausgabe von Grafik- oder Videodaten.

Grafikkarte

Schnittstellenkarte zur Ansteuerung eines Monitors.

Handshake

Ist der Vorab-Austausch von „Kommunikationsgrundregeln" zwischen zwei Hardwareteilen, bevor der eigentliche Datenaustausch einsetzt. Zu hören ist solch ein Handshake beispielsweise beim Einwählen eines Modems an den Geräuschen vor Aufnahme des Datenaustauschs.

Hardcopy

Ist der zu Papier gebrachte Ausdruck des momentanen Bildschirminhalts. Eine Hardcopy startet man mit der Druck-Taste.

Hauptplatine

Auch Motherboard oder Mainboard, eigentlich die Systemplatine, die Prozessor, Speicher und Schnittstellenkarten zur Kommunikation aufnimmt.

ICU

ICU = ISA Configuration Utility, Software, die die Hardwareausstattung des PC und danach die Parameter der einzelnen Einsteckkarten ermittelt. Durch die Simulation eines Plug&Play-Systems ist es möglich, die Ressourcen neu zu vergeben.

IDE

IDE = Integrated Device Electronics, Standard für Festplattenlaufwerke, die einen integrierten Controller besitzen und somit keine Signalleitung mehr benötigen. Dadurch werden höhere Geschwindigkeiten erreicht und Kosten gesenkt.

Integrated Peripherals

Bezeichnung der Onboardschnittstellen des PC im Bios Setup.

interner Takt

Ist der Arbeitstakt der CPU und errechnet sich aus dem externen Takt (FSB) und einem für den jeweils vorhandenen Prozessor spezifischen Multiplikator.

I/O-Adresse

Die I/O-Adresse wird für die Kommunikation der Zusatzkarten benötigt. Jeder Karte wird dabei eine I/O-Adresse im Speicher zum ZWischenlagern von Daten zugewiesen.

IrDa-Port

Ist eine Infrarotschnittstelle, die für kabellose Datenübertragung genutzt wird.

IRQ

IRQ = Interrupt Request Number, ist eine jedem Gerät zugeordnete Nummer, die verwendet wird, um Dienste der CPU anzufordern. IRQ 7 ist beispielsweise die standardmäßige IRQ des Druckers an LPT1. Über diese Nummer wird das gerade ablaufende Programm unterbrochen und der CPU ein neuer Auftrag zur Bearbeitung zugewiesen. Danach setzt die CPU an der Stelle der Unterbrechung fort.

IRQ-Sharing

Hier teilen sich mehrere Geräte einen IRQ.

ISA-Bus

ISA = Industry Standard Architecture, Der ISA-Bus war ursprünglich ein 8-Bit-Bus im 8088 PC und wurde für den 286er als 16-Bit-Bus weiterentwickelt. Auf Pentium Boards wird er häufig für ISDN-, Sound- oder Netzwerkkarten verwendet.

Jumper

Jumper sind kleine, zweipolige kunststoffummantelte Steckbrücken, die verwendet werden, um Schaltkreise zu schließen oder zu öffnen und so die Konfiguration von Hardware zuzulassen (Einstellung des Multiplikators, CPU-Spannung usw.).

Large Modus

Format, das Festplatten im Bereich zwischen 504 MByte und 1 GByte unterstützt.

LBA

LBA = Logical Block Addressing, durch einen Übersetzungsmodus des Bios ist es möglich, Festplatten anzusprechen, die größer als 504 MByte sind.

Master

Bezeichnung für das jeweils erste angeschlossene Gerät (Festplatte, CD ROM) am jeweiligen (E)IDE-Port.

MBR

MBR = Master Boot Record: Sektor, der an den Anfang einer Diskette oder Festplatte geschrieben wird und die Informationen über den Datenträger und die Betriebssystemprogramme zum Hochfahren des Computers enthält.

NMI

NMI = Not Mascable Interrupt: Interrupt, der vom Prozessor sofort ausgeführt werden muss. Der NMI hat absoluten Vorrang vor anderen Interrupts und kann vom Prozessor nicht unterbrochen werden.

oberer Speicher

Ist der Bereich der Speicheradressen von 640 KByte bis 1024 KByte und war ursprünglich dem Systembios vorbehalten. Wird mittlerweile durch Treiber und TSR-Programme (z.B. Virenscanner oder Bildschirmschoner) verwendet.

Overclocking

Overclocking ist die englischsprachige Bezeichnung für Übertakten und bezeichnet das Betreiben von Hardware außerhalb der Spezifikation.

PCI-Bus

PCI = Peripheral Component Interconnect: Standard-Bus für die meisten Erweiterungskarten, wird 32 Bit breit mit einer Taktfrequenz von 33 MHz betrieben.

Peripherie

Geräte, die an den Computer angeschlossen werden, um dessen Fähigkeiten zu erweitern (z.B. Drucker, Scanner, Maus ...).

PIO-Mode

PIO = Programmed Input/Output: Industriestandard für Geräte am EIDE-Port zur Festlegung der Datenübertragungsmethode (und damit auch des Datendurchsatzes) zwischen Controller und Gerät.

Plug&Play-Bios

Bios für Plug&Play-Geräte, die bei der Installation automatisch vom Computer erkannt werden (sollen).

Plug & Play

Technologie, bei der Betriebssystem und Bios so konstruiert sind, dass bei Installation neuer Hardware die Ressourcenvergabe automatisch erfolgt und Konflikte im Zusammenspiel der Hardwarekomponenten vermieden werden.

Port

Port: Anschlussmöglichkeit für ein Gerät (Festplatte, Diskettenlaufwerk, Modem, CD-ROM-Laufwerk, Drucker, Maus).

POST

POST = Power On Self Test, ist ein Selbstdiagnoseprogramm, das für die einfache Überprüfung von CPU, RAM und diversen E/A-Geräten eingesetzt wird. Der POST wird gleich nach Einschalten des Gerätes durchgeführt.

RAID

RAID = Redundant Array of Inexpensive Disks: Hierbei handelt es sich um Methoden zur Konfiguration mehrerer Festplatten, um Daten zu speichern, dabei die logische Speicherkapazität zu vergrößern und die Performance zu verbessern. Verwendet wird es hauptsächlich in Servern, da bei Ausfall einer Platte die Daten auf der/den anderen Platte/n noch zur Verfügung stehen.

RAS

RAS (Row Address Strobe) ist das Steuersignal für die Zeilenadresse im Speicherchip.

Real Mode

Modus, der von den Prozessoren der 8088-Systeme verwendet wurde, um Speicher bis zu 1 MByte zu adressieren.

Refresh

Der Refresh ist ein kurzer Stromstoß, der die Kondensatoren nach einer bestimmten Zeitspanne, die im *s (Mikrosekunden)-Bereich liegt, im RAM-Modul wieder auflädt.

ROM

ROM = Read Only Memory: Nur-Lese-Speicher. Er wird nach der Chipfertigung endgültig programmiert und kann auch nicht mehr gelöscht werden.

SCSI-ID

Die SCSI-ID ist die Identität des jeweiligen SCSI-Gerätes, die mittels Jumper oder Switch eingestellt werden kann. Dabei wird jede ID nur einmal vergeben (Eindeutigkeit).

SCSI-Host-Adapter

SCSI-Host-Adapter = Controller des SCSI Systems, an den bis zu sieben weitere SCSI-Geräte angeschlossen werden können.

Shadow-RAM

System- und Video-ROM des BIOS werden ins RAM gespiegelt. Die RAM-Bausteine sind deutlich schneller im Zugriff als das ROM, weshalb mit einer deutlichen Performancesteigerung zu rechnen ist.

SIMM

SIMM = Single Inline Memory Modul: wird als Hauptspeicher verwendet und besteht aus DRAM-Bausteinen (Dynamisches RAM). SIMMs gibt es als 30polige SIMM-Module oder als 72polige PS/2 Module. SIMM-Module haben die RAM-Chips abgelöst und sind mit Kapazitäten von 1 MByte bis 64 MByte erhältlich.

Slave

Bezeichnung für das jeweils zweite angeschlossene Gerät (Festplatte, CD ROM) am jeweiligen (E)IDE-Port.

SPP

SPP = Standard Parallel Port: herkömmlicher Drucker-Port ohne Erweiterungen.

Terminator

Der Terminator ist ein Abschlusswiderstand für SCSI-Systeme (50 Ohm), mit dem die erste und die letzte, am SCSI-Strang befindliche Komponente ausgestattet sein muss.

UART

UART = Universal Asynchronus Receiver Transmitter (Universaler asynchroner Empfänger/Sender): Chip, der für die Übertragung der Daten von und an eine Schnittstelle zuständig ist.

UDMA

Ermöglicht den Transport von Daten von der Festplatte zum Hauptspeicher, ohne den Prozessor zu belasten. Der UDMA-Modus besitzt im Gegensatz zum DMA-Modus, ein neues Protokoll mit automatischer Fehlerkorrektur.

USB

USB = Universal Serial Bus: Bussystem, das den Anschluss von 128 Geräten mit einer maximalen Gesamt-Datenübertragung von 12 MBit/s ermöglicht. Voraussetzung ist ein geeignetes Betriebssystem, wie etwa Windows 95b/98.

Waitstates (WS)

Da Prozessor und Systembus schneller arbeiten, als der Hauptspeicher reagieren kann, werden seitens des Prozessors Wartezyklen eingelegt.

Y2K

Y2K ist die Kurzform für die „Jahr-2000-Tauglichkeit“.

Supportadressen der Hersteller im Internet

B

Hersteller	Internetadresse zum Download
2theMax	http://www.2themax.com/english%20web/cdmboard.htm
AAEON	http://www.aaeon.com/html/supp-2.htm
Ability	http://www.ability-tw.com/download/index.html
ABit	http://www.abit.nl/german/index.htm
Acard	http://www.acard.com/download/BIOS.htm
Aceex Corp.	http://www.aceex.com/su-bios.htm
Acer	http://www.acer.de/service/TechInfo/bios.htm
Advance Integration Research (DTK)	http://www.dtk.com.tw/download.html
All Well	http://www.allwell.com.tw/Download/download.html
Alton	http://www.pcware.com/BIOS.htm
A-Max	http://www.amaxhk.com/html/download.htm
Amaquest	http://www.amaquest.com.tw/support.htm
AMI American Mega-trends	http://www.ami.com/support/download.cfm oder http://ftp.megatrends.com/
Amptron	http://www.amptron.com/html/download.html
Antec	http://www.antec-inc.com/contact/dowload/dwload.htm
AOpen	http://www.aopen.com.tw/tech/download/default.htm
AST	http://www.ari-service.com/support/file/ftplist.asp
ASUS	http://www.asuscom.de/de/ASUS_Deutschland.html
A-Trend	BIOS http://www.atrend.com.tw/download/bios.htmlTreiber http://www.atrend.com.tw/download/driver.html
Award	http://www.phoenix.com/pcuser/BIOS/bios_upgrades.htmoder http://www.award.com/

Hersteller	Internetadresse zum Download
Biostar	http://www.biostar-usa.com/Bios/bios_index_page.htmoder für ältere http://www.biostar-usa.com/museum/Museum_Index.htm
Bioteq	http://www.bioteq.nl/support/support.html
Chaintech	www.chaintech.com.tw/BIOS/Bios.htm
Clevo	http://www.clevo.com.tw/Download/default.asp
Commate	http://www.tcommate.com.tw/EN/support_en/support_en.htm
Compaq	http://www.compaq.com/support/
CTX International	http://www.ctxintl.com/drivers/desktop/
CyberMax	http://www.cybmax.com/support/drivers/
Deawoo	http://www.daewoo.ca/
Dataexpert	http://www.dataexpert.com.tw/service/
Daytek	http://www.daytek.ca/menu/menu05.html
Dell Computer	http://www.dell.com/filelib/
Digital Equipment	http://www.windows.digital.com/support/support.asp
DTK	http://www.dtk.com.tw/download.html
EFA Group	http://www.efacorp.com/download/index.htm
Elitegroup (ECS)	http://www.ecsusa.com/product.htm#Mainboard
EPOX	http://www.epox.com/html/english/support/Default.htm
FIC	http://www.fic.com.tw/techsupport/bios/index.htm
Freetech	http://www.freetech.com/support/00.html
Gateway 2000	http://www.gw2k.com/support/product/drivers/index.shtml
Gigabyte	http://www.giga-byte.com/gigabyte-web/newindex.htm
GVC	http://www.gvc.com/eng/index.htm
HighTech	http://www.hightech.com.hk/html/driver.htm

Hersteller	Internetadresse zum Download
IBM	http://www.pc.ibm.com//searchfiles.html
Intel	http://ftp.intel.com/pub/bios
Iwill	http://www.iwill.net/support/bios.asp
Jaton Corp.	http://www.jaton.com/newsite/ddown.htm
Jetway	http://www.jetway.com.tw/evisn/download/index.htm
Leadtek	http://www.leadtech.com/
Legend (QDI)	http://www.qdigrp.com/eng/sub-qdihome.htm
MachSpeed	http://www.machspeed.com/udb.htm
Magic Pro	http://www.magic-pro.com.hk/bios.html
Mega Star	http://megastar.kamtronic.com/support.htm oder http://www.mycomp-tmc.com/downloads.htm
Megatrend (AMI)	http://www.ami.com/support/default_support.htmloder http://ftp.megatrends.com/
Micron	http://support.micronpc.com/file_lib/bbs/biosupdt.html
Micronics	http://www.micronics.com/index2.html
Micro Star International (MSI)	http://www.msi.com.tw/product/index.htm
NEC	http://support.neccsdeast.com/kbtools/drivers/neccsddrivers.asp
NexGen (AMD)	http://www.amd.com/support/software.html
Olivetti	http://www.olecomp.com/
Packard Bell	http://www.pbnec.nl/support/drv/cat114.html
PC-Chips	http://www.pcchips.com/newbios2.html
PC-Partner (VTech)	http://www.pcpartner.com/downloads.html
QDI	http://www.qdi.nl/german/mb.htm oder http://www.qdigrp.com/eng/sub-qdihome.htm
Quantex	http://www.quantex.com/members/support/aboutsup.asp

Hersteller	Internetadresse zum Download
Shuttle	http://ftp.spacewalker.com
Siemens Nixdorf	http://www.siemens.com/pc/service/online_e.htm
SiS	http://www.sis.com.tw/support/download/driver.htm
Soyo	http://www.soyo.com.tw
Super Micro	http://www.supermicro.com/TECHSUPPORT/Download.htm
Taiwan Mycomp Co.	http://www.mycomp-tmc.com/drivers.htm
Tekram	http://www.tekram.com/updatesmain.asp
Texas Instruments (TI)	http://www.acer.com/aac/support/
Toshiba	http://www.csd.toshiba.com/tais/csd/support/techsupport.html oder http://www.csd.toshiba.com/tais/csd/support/products/bios/
Totem	http://www.totem.com.tw/download.htm
Tyan	http://www.tyan.com/support/html/bios_support.html
Vextrec	http://www.vextrec.com/vtitech/vtitech.htm
VIA	http://www.via.com.tw/support/index.htm
Yakumo	http://www.mycomp-tmc.com/downloads.htm oder http://www.yakumo.de/support/biosupdates.htm
Zenith	http://www.zdsftp.com/support/drv.html oder http://support.zds.com/support/software/index.asp

!

A

B

C

D

J

K

L

M

N

O

P

Q

R

S

T

U

V

W

Y

Z